全面推进美丽中国建设出版工程·绿色低碳
城市建设关键技术丛书

建筑低碳建设关键技术

丛书主编　王清勤　樊金龙

主编　李晓萍　杨彩霞　吴春玲

副主编　李以通　王建军　孟　冲　何更新　周立宁

组织编写　中国建筑科学研究院有限公司

中国建筑工业出版社

图书在版编目（CIP）数据

建筑低碳建设关键技术 / 李晓萍，杨彩霞，吴春玲
主编；李以通等副主编；中国建筑科学研究院有限公司
组织编写. -- 北京：中国建筑工业出版社，2025.7.
（绿色低碳城市建设关键技术丛书 / 王清勤，樊金龙主编
）. -- ISBN 978-7-112-31454-6

Ⅰ. TU-023

中国国家版本馆 CIP 数据核字第 2025L3581G 号

责任编辑：高　悦　周娟华　曹丹丹
书籍设计：锋尚设计
责任校对：芦欣甜

全面推进美丽中国建设出版工程·绿色低碳城市建设关键技术丛书
建筑低碳建设关键技术
丛书主编　王清勤　樊金龙
主编　李晓萍　杨彩霞　吴春玲
副主编　李以通　王建军　孟　冲　何更新　周立宁
组织编写　中国建筑科学研究院有限公司

*

中国建筑工业出版社出版、发行（北京海淀三里河路9号）
各地新华书店、建筑书店经销
北京锋尚制版有限公司制版
建工社（河北）印刷有限公司印刷

*

开本：787 毫米×1092 毫米　1/16　印张：14¼　字数：320 千字
2025 年 7 月第一版　2025 年 7 月第一次印刷
定价：**68.00**元
ISBN 978-7-112-31454-6
（43949）

丛书编委会

本书编委会

主　编：李晓萍　杨彩霞　吴春玲

副主编：李以通　王建军　孟　冲　何更新　周立宁

编　委：孙雅辉　魏　兴　张成昱　陈　晨　朱荣鑫

　　　　贺　芳　成雄蕾　董妍博　周广健　田　露

　　　　丁宏研　李思源　杨怀滨　王　恬　刘剑涛

　　　　寇　月　张洪波　杨忠治　耿云皓　程雪皎

　　　　刘　平　杨　晋　苏　栋

近年来，为贯彻落实国家"双碳"战略，中国政府相继发布了多项重要指导文件。党的二十届三中全会指出，中国式现代化是人与自然和谐共生的现代化，必须完善生态文明制度体系，协同推进降碳、减污、扩绿、增长，积极应对气候变化，健全绿色低碳发展机制。中共中央、国务院印发的《关于加快经济社会发展全面绿色转型的意见》提出，大力发展绿色低碳建筑，提升新建建筑中星级绿色建筑比例。由此可见，我国经济社会全面绿色低碳发展已经成为未来重要发展方向。

绿色建筑是在全寿命期内节约资源、保护环境、减少污染与自然和谐共生的高质量建筑，截至2023年底，全国城镇累计建成绿色建筑面积约120亿m^2，每年减少运行碳排放约1亿t。住房和城乡建设部、国家发展改革委等部门联合印发文件指出，到2025年，城镇新建建筑将全面达到绿色建筑要求。绿色建筑在我国已呈现全面普及之势，在城乡建设绿色低碳发展中将占据重要地位，成为当前促进建筑领域碳达峰碳中和的重要抓手和行业发展热点。

本书按照理论篇、技术篇和示范篇分别介绍了绿色建筑在国内外的发展历程、碳排放计算方法，设计阶段、施工阶段及运行阶段的低碳碳中和技术，以及典型示范工程等内容。在理论篇，详细总结了美国、英国、德国、日本、新加坡等典型国家的绿色建筑标准体系和发展趋势，系统梳理了我国绿色建筑的发展现状和发展需求；借鉴国内外碳排放计算标准，建立了绿色建筑碳排放计算边界和计算方法，并开发了基于BIMBase的碳排放快速评估工具，深入分析了绿色建筑直接碳减排、间接碳减排和隐含碳减排潜力。在技术篇，首先提出了被动式降低用能需求、主动式提高能源效率、低碳建材选用的绿色建筑碳中和设计策略与方法，其次构建了绿色低碳施工技术体系，提出了聚苯免拆模板技术、装配式抗震支吊架技术、能源桩技术等绿色低碳施工新技术，再次提出了环境保障、节能低碳、服务提升三方面的典型绿色低碳运行技术，最后分别建立了既

有绿色建筑和新建绿色建筑碳审定核查方法。在示范篇，选择全国不同气候区的绿色居住建筑和公共建筑开展了设计阶段、施工阶段、运行阶段的低碳、近零碳和零碳建筑技术应用示范。

希望本书的出版，为推动绿色建筑全寿命期减碳技术发展提供参考和借鉴，为贯彻落实城乡建设领域碳达峰碳中和目标贡献力量。限于编者们水平局限，书中难免存在疏漏和不足之处，恳请广大读者们批评指正、不吝赐教。

本书出版受中国建筑科学研究院有限公司科研基金课题"居住建筑和公共建筑低碳、碳中和设计方法与关键技术研究"（20222001330730006）资助，特此致谢。

编委会

2024年10月

▶ 目录 ◀

第 3 篇　示范篇

参考文献

第 1 篇

理论篇

1

第 1 章　绿色建筑发展现状及趋势

气候变化是全球面临的共同问题与严峻挑战，回首过去30年，自1997年《京都议定书》通过，到2009年哥本哈根世界气候大会上共同商讨《京都议定书》一期承诺到期后的后续方案，再到2023年12月13日《联合国气候变化框架公约》第二十八次缔约方大会（COP28）就《巴黎协定》首次全球盘点、减缓、适应、资金、损失与损害、公正转型等多项议题达成具有重要里程碑意义的"阿联酋共识"，多年来各国都在积极应对气候变化并付诸行动。

城市化是社会发展的历史过程，是工业革命的伴生现象，城市建设承载着经济社会快速发展，也在助推着现代化进程。在这一过程中，必然带来能源消耗和碳排放，这也使得建筑领域在应对气候变化、降低能耗和碳排放方面具有必然使命。建筑作为人们生活、工作的载体，在建设、运行过程中持续消耗着能源资源，而绿色建筑将节能低碳、健康环保、资源节约等理念贯穿于设计、施工、验收、运行全过程，辅以标识认证手段对运行减碳效果进行客观评价，发展绿色建筑已受到多国重视，成为当前促进建筑领域低碳发展的重要抓手。

1.1
国外绿色建筑发展历程

▶ 绿色建筑起源于20世纪60年代，美籍意大利著名建筑师保罗·索勒瑞（Paola Soleri）把生态学（Ecology）和建筑学（Architecture）概念综合在一起，提出了著名的"生态建筑"（绿色建筑）新理念。自此，绿色建筑应运而生，经历了启蒙阶段、起步阶段、发展阶段和内涵完善阶段四个阶段。

1. 启蒙阶段

1960年到1989年是国外绿色建筑发展的启蒙阶段。自1960年保罗·索勒瑞"生态建筑"理念提出后，达成并出现了一系列相关协议与著作，包括1969年美国伊恩·麦克哈格《设计结合自然》一书出版，标志着生态建筑学正式诞生；1972年第一届全球环境大会通过《联合国人类环境宣言》，开启了全球人类环境意识觉醒和环境保护的新纪元，各领域开始了一系列绿色生态探索；1987年，以挪威首相布伦特兰（Gro Harlem Brundtland）为主席的联合国世界与环境发展委员会发表了一份报告《我们共同的未来》，正式提出可持续发展概念；一直到1989年的《蒙特利尔议定书》，倡导停止使用氟氯化碳和类似的消耗臭氧层化学物质，提出了包含建筑领域在内的控制措施，并提出了可持续建筑（当时也称为"生态建筑"）的定义和理念。

2. 起步阶段

1990年到2001年是国外绿色建筑发展的起步阶段。标志性的成果是英国于1990年率先制定了全球第一个绿色建筑评估标准（BREEAM, Building Research Establishment Environmental Assessment Method）认证体系；此后，1992年美国提出能源之星认证（Energy Star），其标准比美国联邦标准节能20%~30%，应用产品从电器、照明逐渐扩展到建筑；同年，在巴西召开的"联合国环境与发展大会"上，首次提出了绿色建筑概念；1993年加拿大发布绿色建筑评价标准（BEPAC, Building Environmental Performance Assessment Criteria），法国提出高环境质量评价体系（HQE, High Quality Environment），以及同年美国绿色建筑委员会成立；到1998年，美国发布能源与环境设计先锋（LEED, Leadership in Energy & Environmental Design

Building Rating System）认证体系，十年间绿色建筑发展起步迅速，各国绿色建筑认证与评价体系快速涌现。

3．发展阶段

2002年到2014年是国外绿色建筑的发展阶段。2002年，世界绿色建筑协会（WGBC，World Green Building Council）成立，成为全球绿色建筑行业最大的非营利组织和行业加速发展的"催化剂"；同年，韩国发布绿色建筑认证体系（GBCC，Green Building Certification Criteria in Korea）和《住宅建筑的绿色评估准则》；此后，日本（CASBEE，Comprehensive Assessment System for Building Environmental Efficiency）认证体系、澳大利亚的Green Star、新加坡的Green Mark、德国可持续建筑评估体系（DGNB，German System of Sustainable Building Certificate）、迪拜的EPRS、墨西哥的SICES、意大利的ITACA Protocol、马来西亚的GBI、菲律宾的BERDE、卡塔尔的GASA以及南美、东南亚其他国家等国在先进绿色建筑评价标准基础上逐步开发本国标准，绿色建筑在多个国家实现了更系统的标准体系认证，以及更大规模的项目建设推进，绿色建筑实现快速发展。

4．内涵完善阶段

绿色建筑在经历了前三个阶段发展后，进入2015年，内涵逐渐延伸拓展，在生态、可持续理念基础上逐步深入，融入了健康、以人为本等更丰富的元素。2015年，世界银行发布了适用于140多个国家的绿色建筑标准、认证体系和建筑设计的评价工具EDGE，通过计算年运行能耗、运营成本、碳减排量等，在早期绿色建筑设计的基础上更加关注舒适度提升、运营费用降低和碳排放量降低；同年，美国发布健康建筑评价标准WELL，将医学环境健康研究结果与建筑紧密关联，其认证监测体系中涵盖了空气、水、营养、光、健身、声环境、热舒适、心理、社区等建筑环境特征的100余项健康指标；同年，受欧洲联盟委员会邀请，Active House国际联盟正式成为"欧盟建筑环境评价指标共同框架协议第一工作小组"主要成员之一，该联盟推动"Active House"成为国际知名主动式建筑标准评价体系，在建筑的设计、建造、运行维护全寿命期内，以使用者生理健康和身心愉悦（Well-being）为第一目标，通过提升建筑主动感知和主动调节能力，实现健康舒适、节约资源和保护环境综合平衡。

1.2
国外典型国家绿色建筑标准体系及发展趋势

▶　　　通过回溯国外绿色建筑发展历程可以看到，标准体系在引领绿色建筑发展过程中发挥了举足轻重的作用，典型国家绿色建筑评价标准的颁布成为整个发展史上重要的里程碑节点，贯穿着绿色建筑从无到有的突破、从典型到普适的发展，也推动着从单一内涵到逐步丰富的转变。现就典型绿色建筑标准体系介绍如下。

1.2.1 英国 BREEAM

英国BREEAM体系由英国建筑研究院（BRE）于1990年制定，是世界上首个绿色建筑评估体系，开创了世界绿色建筑评估认证先河，也标志着绿色建筑由理念启蒙阶段进入工程实践阶段。BREEAM体系以衡量建筑的可持续性和环保性能为目标，为绿色建筑项目提供了一个综合评估框架。该体系特点之一是覆盖全面，考虑了建筑设计、建设和运营多个阶段，系统化涵盖了管理、能耗、水资源、室内环境、材料使用、土地利用与生态等多个方面。特点之二是适用类型广，体系采用星级评级的方式，适用于教育建筑、住宅建筑、办公建筑、工业建筑等不同建筑类型。特点之三是适用范围广，体系提供了一套国际通用的评估标准，使得不同地区的建筑项目可以进行可比性比较，因此在市场上也具有很高的知名度和声誉，通过认证后可为项目带来商业竞争优势和跨地域，甚至跨国家的统一性市场认可。特点之四是用户友好，BREEAM可以作为指导设计的工具，用于改善建筑的性能，并增进设计师对建筑可持续性的了解和经验；也可以供物业管理者使用以降低运营成本，实施管理和发展方案，监测和报告建筑的使用性能。

BREEAM体系自颁布之初先后历经多次修订，通过对比BREEAM 2018年版与2014年版，可以发现如下特点和趋势。

1．关注绿色建筑运行效果及后评估

BREEAM 2018年版在2014年版开展设计阶段、施工阶段两阶段评价的基础上增加了一个新的评价阶段——运营阶段，该阶段要求在建筑被使用至少12个月之后进行；评估内容主要是入住后的实际建筑环境，重点是对能源和水资源进行评估，通过后评估结果帮助设计团队、建筑业主、使用者了解绿色建筑的实际性能，并进一步反馈进行设计优化。

2．提升"健康舒适"类评价指标权重

BREEAM 2018年版针对部分建筑出现的"夏热冬冷"现象、实际使用效果及舒适性体验并不如普通建筑的现实问题，针对性地增加"健康舒适类"评价指标权重，以此倒逼设计及标识认证进一步关注绿色建筑的实际使用品质和建筑舒适性能。

2020年5月，该体系再次更新，发布了最新版的BREEAM In-Use V6.0.0，更加关注绿色建筑运营品质，首次对集中式住宅社区的绿色管理和运维表现进行全面系统评估，并设定了六星认证作为该体系的最高认证等级。2021年11月，英国建筑研究院（BRE）与德国莱茵TÜV集团在中国国际进口博览会上联合发布了净零碳建筑认证评估体系，该体系对建筑的全寿命期碳排放进行量化验证和管理体系评估，涵盖建筑材料隐含碳排放、建筑运营期（新建建筑、既有建筑）的运营碳排放，以及建筑整个寿命周期内的碳排放。该体系发布的同期也正式开启了净零碳建筑认证先锋项目招募活动，推出了净零碳建筑认证服务，给出了申报程序及技术路线图，界定了碳资产管理体系定性评价等级：得分百分比≥40%为通过，≥60%为优秀，≥80%为卓越。2023年，BRE结合ESG评估新形势对BREEAM体系再次更新，将全寿命期碳和能源得分作为重点，对跟踪建筑物朝向净零碳的进展、全寿命期碳性能测量、使用隐含碳和运营能源基准、识别和解决建筑物全寿命期内的性能差距、了解资产与减碳路径的契合度等内容进一步提高关注度并增强相关条文功能。2023年6月，BRE邀请所有客户和利益相关者参与BREEAM V7公众意见征询和净零碳调查，为最新版V7版发布进行前期准备。

1.2.2 美国 LEED

美国LEED评价体系由美国绿色建筑委员会（USGBC）于1998年发布并负责管理，旨在促进建筑行业可持续发展、能源效率提升和环境保护。该体系涵盖了建筑设计、建造、运营和维护等方面，强调建筑在节能、资源利用、室内环境质量、循环经济等方面的可持续性。LEED体系分为五大类，分别为：新建建筑设计及施工（LEED BD C）、既有建筑运营及维护（LEED O M）、室内装修设计及施工（LEED ID C）、住宅建筑（LEED HOMES）、社区开发（LEED ND）。其中，LEED BD C又可细分出新建建筑（LEED NC）、核心与外壳（LEED CS）、学校、零售、数据中心等。LEED体系设立了四个等级认证，分别为Certified（认证级别）、Silver（银级别）、Gold（金级别）和Platinum（铂金级别），评价体系对各个领域设置了不同的评分指标，申报项目依据对应领域指标所达到的积分数确定认证等级。

LEED自1998年发布V1.0版本后，一直保持动态更新。2000年发布LEED V2.0。2003年发布LEED V2.1。2005年发布LEED V2.2。2009年，体系进入V3.0时代，相比之前版本有较大变动：一是发布了LEED认证在线工具（LEED On-line）；二是基于ISO标准发生认证模式变更；三是认证体系进一步扩充至适合不同建筑类型的九种体系，其中应用最广泛的为LEED NC；四是LEED V3.0认证评价体系增加了本地优先的评价内容，强调绿色建筑应该因地制宜；五是在评价指标的分值配置上，"选址与可持续施工""耗水优化"和"能源与大气"的比重增加，反映了对"气候变暖""水资源紧张"等国际共性问题的日益重视。此后，2013年发布LEED V4.0，成为LEED迭代至今应用最为广泛的一个版本。2018年，为更加积极响应改善气候变化的需求，LEED V4.1首次在LEED体系中引入了考核成本和温室气体排放的能源指标，增加了能源性能的要求。在2019年Greenbuild全球绿色建筑峰会上，针对LEED V4.0版本的拟定更新正式启动，其中"能源更新（Energy Update）"指标通过提升得分点和先决条件的得分门槛，更直接地帮助建筑项目提高能效表现、减少排放。2018—2021年期间，USGBC陆续发布V4.1并不断修正，以LEED V4.1 O+M为例，主要更新内容聚焦在建筑各个版块在实际运行过程中的"性能表现"，如位置与交通版块中的"替代交通

建筑低碳建设关键技术

（Alternative Transportation）"指标，原先仅计算基于传统汽车通勤出行的减少百分比，而在LEED V4.1 O+M中则需要基于每个乘客单程出行的二氧化碳排放量来进行评价。

此外，在LEED体系的基础上，为鼓励绿色建筑在建设和运营过程中达成净零目标，2018年11月14日，USGBC正式推出全新的LEED Zero认证体系。该体系常被称为"LEED净零标准"，包括"LEED Zero Carbon Certification（零碳认证）""LEED Zero Energy Certification（零能源认证）""LEED Zero Water Certification（零水认证）"和"LEED Zero Waste Certification（零废弃物认证）"四个方向。其中，LEED净零碳认证是基于对项目过去12个月的CO_2当量进行平衡计算，以碳排放总量与碳减少总量的差值来表征碳平衡水平；碳排放总量计算包括建筑运行碳排放和交通碳排放，碳减少总量包括项目现场可再生能源的生产和向电网输送、离场的可再生能源认购以及购买碳排放量的抵消，当项目碳平衡计算结果不大于0才能获得LEED净零碳认证。

1.2.3 德国 DGNB

德国DGNB评价体系于2007年编制发布，属于国外绿色建筑发展历程中"发展阶段"的重要体系之一，常被行业内称为"代表着世界最高水平的第二代绿色建筑评估认证体系"。该体系除绿色性能外，还涵盖了生态、经济、社会三大因素，是可持续性及综合环境性能的系统性评价体系，具有以下突出特点：一是基于全寿命期评估（LCA）的原则，以建筑的全寿命期为评估对象，涵盖建筑设计、施工、运营、维护、拆除等各个阶段，而不单单是聚焦某个阶段或某件产品；二是DGNB评价体系，包括场地与环境、建筑质量、健康与舒适、能源与气候、经济、功能与美学、社会七大类指标、36个子指标，全面覆盖了建筑的可持续性要素；三是该体系适用评价对象较广，基本涵盖了所有建筑类型，如办公建筑、商业建筑、工业建筑、居住建筑、教育建筑、酒店建筑以及城市开发等。除单体建筑评价外，该体系还包括了区域评价标准体系，针对社区、商务区、商业区、工业厂址、体育场馆、休闲度假区和城市垂直空间进行系统评价。

近年来，该体系也在持续更新，2020年发布的最新版本——DGNB国际版，其评价体系主要由六大核心要素组成，分别是环境质量、经济质量、社会文化及功能质量、技术质量、过程质量和区位质量，六大要素涵盖了包括建筑全寿命期评估、空气质量、热舒适、声学舒适、视觉舒适、项目文件的可持续管理、施工、交通连接等总计38项评价条款。该体系始终以可持续发展作为核心，将以人为本、循环经济、设计质量、可持续发展目标、气候保护和创新领域作为重点关注目标，整个体系有全面的评价方法和庞大数据库以及软件支持，适用于除欧盟以外全世界多个国家的气候与经济环境特点。据相关机构统计，截至2021年年底，全球约35个国家的8700多个开发项目按照DGNB的原则完成了规划、实施和认证。

1.2.4 日本 CASBEE

日本CASBEE认证体系于2003年7月发布，该体系区别于其他国家绿色建筑评价体系的突出特点是依托于日本政府背景开发——由日本三个国家部门主导联合成立的建筑环境综合性能评价工具委员会（JSBC）开发搭建，并陆续发布了CASBEE系列配套工具。该体系的开发原则及特点包括以下方面：一是借鉴BREEAM体系全寿命期理念，认证体系与建筑全寿命期各阶段对应，细分预设计CASBEE、新建CASBEE、既有CASBEE和改造CASBEE四种工具，服务于建筑各个阶段进行全面评估；二是使用"BEE（建筑环境效率）"的概念进行评估，对环境质量（Q）、环境负荷（L）两方面进行评价；三是认证结果与项目推动相结合，日本许多地方政府会强制要求在申请建筑许可时要包含CASBEE评估结果，这种评估工具使用与管理手段相结合——即基于认证体系评估结果与地方政府推广绿色建筑相挂钩的方式是日本独有的，实现了认证体系推广与实际项目落地的双重效果，有效推动了绿色建筑大规模建设。据有关机构统计，截至2023年8月30日，日本已通过CASBEE认证的建筑有759个，住宅区有1360个，独立住宅277个，社区有8个，智慧城镇2个。

1.2.5 新加坡 Green Mark

新加坡Green Mark评价体系由新加坡建设局（BCA）于2005年发布，是第一个专门为热带气候而设立的绿色建筑评级系统，并从新加坡拓展至其他东盟国家。Green Mark的评估对象包括商业、住宅、学校、医院、工厂等各种类型的建筑，鼓励和促进建筑物在节能、水资源管理、环境保护、可持续材料使用、室内环境质量和创新技术方面提升建筑性能。通过采用Green Mark评估系统，建筑物可以获得不同级别的认证，包括绿色标识、绿色标识+、超级绿色标识等。除了评估建筑的整体性能，评价体系还注重对建筑区域的可持续性和周边环境的影响进行评估。此外，通过参与Green Mark评估认证，可以为建筑物带来较多利好，比如Green Mark认证能提高建筑物绿色性能与市场价值，利于消费者接受并提升开发企业等相关企业形象；获得Green Mark认证的建筑可以享受政府提供的一系列税务优惠、资金支持等激励措施，进一步推动绿色建筑规模化发展。

Green Mark评价体系每隔2～3年进行一次修订，在2019—2021年的修订周期内，该体系迎来了"变革性"的修订调整，打破了以往版本的评价指标组织框架，重新构建了以节能、智能、健康与福祉、全寿命期碳排放、可维护性、韧性为一级指标的全新评价体系，对绿色建筑的内涵外延不断拓展，创新性地提出了全寿命期碳排放、绿色租赁、碳补偿、数字孪生等前瞻性要求。在全寿命期碳排放一级指标中，包含"碳排放""建造"及"装修"三部分，要求建筑为实现2030年净零碳排放目标制订过渡计划；同时，以建筑碳足迹视角关注建筑隐含碳、可持续建造及减碳装修，在碳的计算边界和深度上提高评价要求；此外，体系在"装修"指标中设置"3.3 租赁碳排放抵消"指标，规定"非居住建筑业主要求并帮助租户购买可再生能源或碳减排产品抵消运行能耗；居住建筑业主通过购买可再生能源或持续购买碳减排产品抵消公区运行能耗"，通过规范业主和租户行为来进一步倡导运行减碳和碳补偿策略。

除上述5个典型评价体系，其他一些国家在绿色建筑评价体系逐渐成熟之后，也结合应对气候变化共识和碳达峰碳中和相关要求，开展了零碳建筑相关标准的探索。如加拿大绿色建筑委员会（CaGBC）于2017年5月发布了《零碳建筑标准》，成为全球第一个发布国家性零碳建筑标准的绿建委；随后基于研究和实践更新，该标准拆分成《零碳建筑设计标准》和《零碳建筑运行标准》，且两者均在2021年7月进行更新。法国国家建筑热工规范（RT）系列标准属于国家强制性标准，在经过半个世纪的迭代更新后于2020年更名为建筑环境规范（RE2020）。该标准强制要求建筑需作全寿命期碳排放计算，提出了建筑碳排放限值和纯净水使用指标，并在提出建筑整体碳排放量限值要求的基础上，进一步提倡节约用水并减少生产纯净水导致的碳排放。此外，伦敦、巴黎、波士顿、洛杉矶等主要城市签署了《零碳建筑承诺》，旨在2030年前所有新建建筑达到零碳标准，在2050年前所有建筑成为零碳建筑。

1.3
我国绿色建筑发展现状

1.3.1 发展历程

▶ 我国绿色建筑发展起源于建筑节能工作推进，20世纪80年代，伴随我国第一部建筑节能标准——《民用建筑节能设计标准（采暖居住建筑部分）》JGJ 26—1986颁布，建筑节能工作拉开帷幕；在气候变化引起全球日益关注的同时，从20世纪90年代起，绿色建筑概念引入中国。自此，在绿色建筑政策法规建设和标准规范制定方面，我国启动了一系列工作。

1. 政策法规建设历程

2004年9月，建设部启动"全国绿色建筑创新奖"评选，成为政府关于绿色建筑的首次"发声"。2005年5月，建设部发布了首个推动绿色建筑发展的行业部门政策文件——《关于发展节能省地型住宅和公共建筑的指导意见》，指出"积极引进和推广国外日益普及的绿色建筑、生态建筑和可持续建筑等新理念和新技术"。为界定绿色建筑定义并推动标识管理，2007年8月出台了《绿色建筑评价标识管理办法（试行）》。进入"十二五"期间，绿色建筑政策导向由鼓励引导逐渐转向量化目标制定与约束，2013年1月国家发展改革委、住房和城乡建设部印发《绿色建筑行动方案》，明确提出了"'十二五'期间完成新建绿色建筑10亿m^2"的量化发展目标。进入"十三五"期间，绿色建筑规模化目标进一步提高，在2017年2月住房和城乡建设部发布的《建筑节能与绿色建筑发展"十三五"规划》中，确立了"到2020年城镇新建建筑中绿色建筑面积比重超过50%"的发展目标。在"碳达峰碳中和"战略提出后，国家对绿色建筑的定位已转变为普适化发展，在住房和城乡建设部印发的《"十四五"建筑节能与绿色建筑发展规划》，以及住房和城乡建设部、财政部联合印发的《城乡建设领域碳达峰实施方案》中，均明确提出了"到2025年，城镇新建建筑全面执行绿色建筑标准"的发展要求。

2．标准规范制定历程

2005年建设部、科技部联合发布了我国首个绿色建筑技术指导文件——《绿色建筑技术导则》，与此同时，也在同步开展着国家标准的编制工作；2006年6月，我国第一部绿色建筑国家标准《绿色建筑评价标准》GB/T 50378—2006发布实施，正式开启了标准引领绿色建筑在国内划时代意义发展的序幕。伴随国外标准体系更新及新技术、新理念涌现，该标准于2014年修订，修订后的《绿色建筑评价标准》GB/T 50378—2014增加了施工管理、提高与创新要求，在适用范围上也从住宅建筑与公共建筑中办公、商场、旅馆范畴扩展至各类民用建筑。在国内绿色建筑经历"浅绿"向"深绿"发展、鼓励向强制转变的进程中，绿色建筑高质量发展备受关注，国家标准也进行了第二次较大动作的修编工作，于2019年发布《绿色建筑评价标准》GB/T 50378—2019，由原来的"四节一环保"体系变革为安全耐久、健康舒适、生活便利、资源节约、环境宜居"五大发展体系"，在条文及指标赋值方面更加关注绿色建筑实际运行效果和更高标准的使用品质。在2022—2023年间，伴随着"碳达峰、碳中和"战略提出以及可再生能源等相关通用规范发布，该标准进行了局部修订工作，以更高质量为导向，增加了碳管理、可再生能源、智能化管控与用户体验等具体要求，推动节能、绿色、低碳等更多元内涵的高质量绿色建筑发展。

1.3.2 发展现状

经过"十五"期间先行先试、"十一五"期间搭平台建体系、"十二五"期间给激励促普及、"十三五"期间由倡导到强制的四阶段发展，我国绿色建筑政策体系不断完善，标准体系日益完备，推动绿色建筑实现了较好的规模化发展与品质提升，带来了较为显著的生态效益。

1. 绿色建筑实现量质齐升

在政策带动和标准引领下，我国绿色建筑年建成量和规模总量均实现了持续增长。每年建成量自2012年的400万m^2增长到2021年的19亿m^2，十年间实现了500倍的跨越式增长；累计建成的绿色建筑规模同样增幅明显，住房和城乡建设部《"十四五"建筑节能与绿色建筑发展规划》中提到，"截至2020年，全国累计建成绿色建筑面积超66亿m^2"，这一数据在2021年进一步增长至85亿m^2，如图1-1所示。在85亿m^2的绿色建筑中，基本以民用建筑为主，其中公共建筑占比超过一半，达到51.5%；居住建筑次之，占比达到47.4%；工业建筑占比很小，仅为0.8%。此外，绿色建筑在我国经历了近20年的发展，已基本转向全域化普及，新建建筑中绿色建筑占比逐年提高，2020年全国城镇新建建筑中绿色建筑占比已达到77%，天津、北京、上海、江苏、广州等省市这一比例已接近80%；2021年全国城镇新建建筑中绿色建筑占比达到84%[30]，在2022年上半年已经超过90%，按照住房和城乡建设部《"十四五"建筑节能与绿色建筑发展规划》目标任务，在2025年这一比例将达到100%。

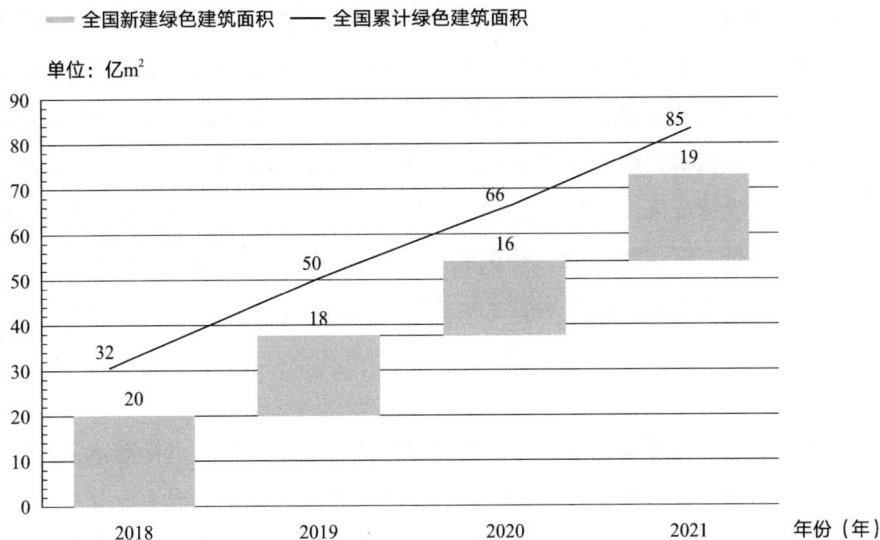

图1-1 2018—2021年全国绿色建筑面积统计

绿色建筑在总量增长的同时，性能品质也实现了提升。在《绿色建筑评价标准》GB/T 50378—2006发布后，2008年我国正式开展绿色建筑评价认证工作，绿色建筑标识项目数量逐年增加，据住房和城乡建设部《建筑节能和绿色建筑发展"十三五"规划》统计，截至2015年，星级绿色建筑项目达到4071个，建筑面积约4.7亿m^2；在2016—2019年间，标识项目量增长十分迅速，4年间实现了相比2008—2015年8年间项目总量的3～4倍增长，截至2019年，全国获得绿色建筑标识项目的数量已达到19992项。绿色标识项目统计情况如图1-2所示。

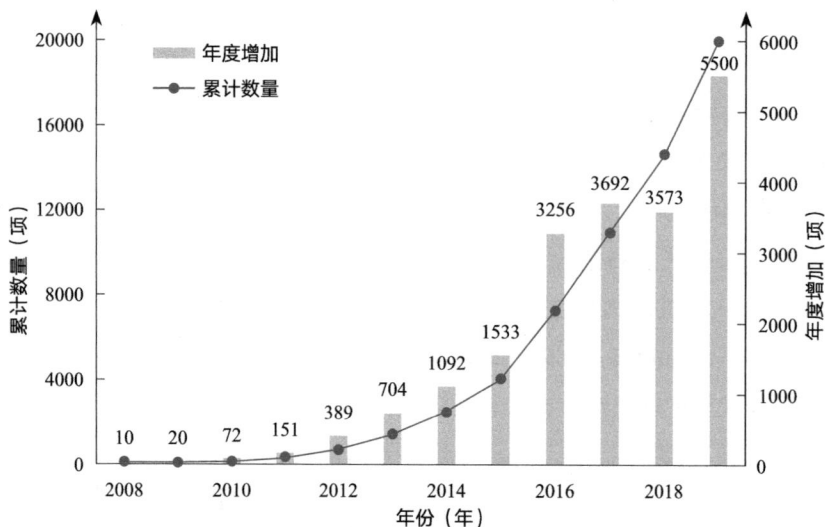

图1-2 2008—2019年全国绿色建筑标识项目统计[31]

绿色建筑标识项目在经过评价标准认证后，在设计保障及性能方面相比普通绿色建筑实现了一定的品质提升，但绿色建筑真正节能、减碳效果的发挥更多依赖于运行阶段，以真实的能源资源消耗来真实反映和表征，因此，绿色建筑运行标识评价十分必要。据中国建筑科学研究院有限公司王清勤、周海珠等团队研究梳理，截至2017年，绿色建筑运行标识项目相对较少，只占标识建筑项目总量的5%左右；而据西安建筑科技大学刘加平院士团队及骏绿网的数据梳理成果，2022年全国评出的704项绿色建筑标识中，运行标识项目仅有56项，占比仍然较低，不足8%。运行标识项目较少可能受项目开发主体申报意愿、激励政策减少等众多因素综合影响，但也折射出我国绿色建筑发展在取得前期成果的基础上，向更高运行品质方向迈进的必然性和紧迫性。

2．绿色建筑标准体系

回顾国内外绿色建筑发展历程，可以看到共性的特征是绿色建筑标准体系在整个工作推进中起到了标杆性引领作用，我国绿色建筑标准体系日益完善也成为行业发展的突出特点之一。从标准体系覆盖的阶段来看，绿色建筑标准体系源头始于评价标准设立，此后设计、施工、竣工、运行、改造标准相继颁布，建筑全寿命期的绿色标准体系已初步形成。在建筑类型方面，以现行《绿色建筑评价标准》GB/T 50378为基础，相继发布了《绿色医院建筑评价标准》GB/T 51153—2015、《绿色商店建筑评价标准》GB/T 51100—2015、《绿色科技馆评价标准》T/CECS 851—2021等，针对不同建筑类型、细分度更高、适用性更强的绿色建筑评价标准体系逐步完善。此外，评价标准从最初以新建建筑为主逐步转向新建与既有同步推进，从最初为民用建筑转向民用建筑、工业建筑双向推进，从以单体建筑为评价对象拓展为更大范畴的生态城区评价。我国绿色建筑标准（核心标准）体系如图1-3所示[①]。

----

① 主要统计主要的国家标准、行业标准，地方标准及团体标准数量多且内容分散，不是本章节的研究重点。

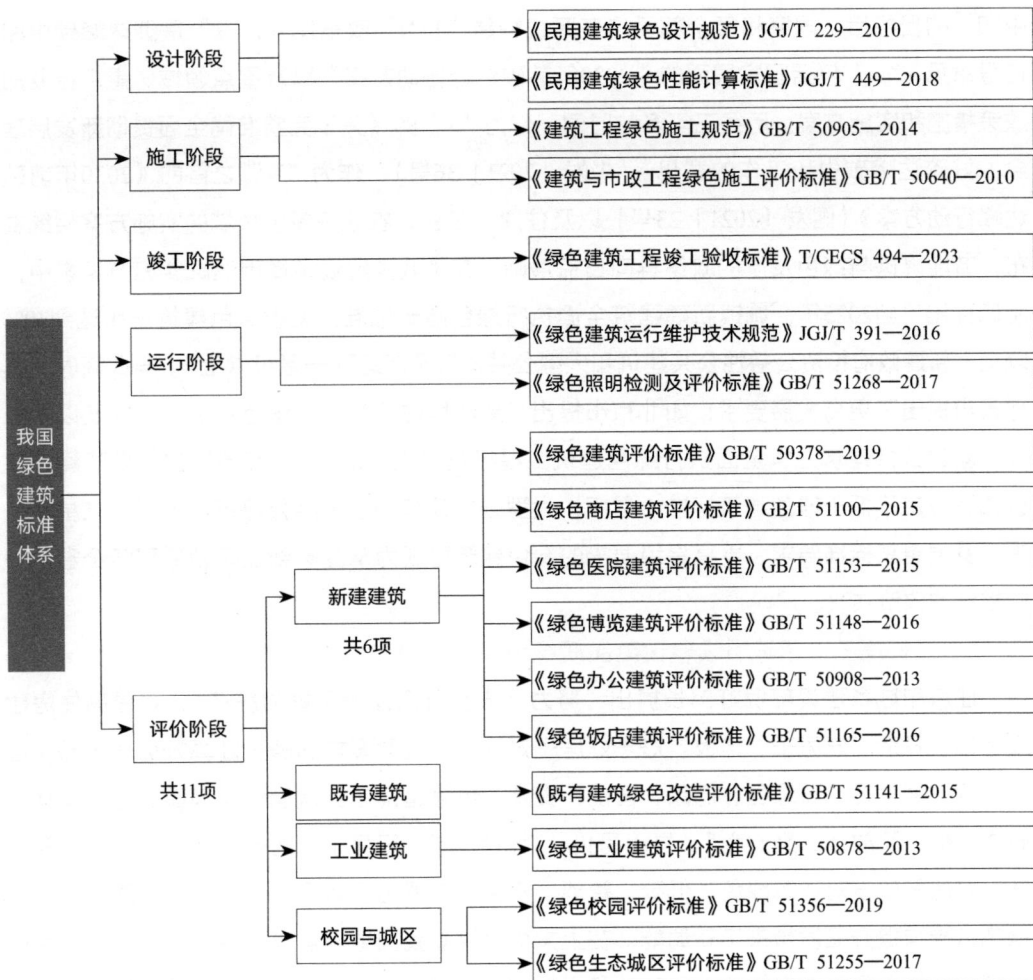

图1-3 我国绿色建筑标准（核心标准）体系

1.4
我国新形势下绿色建筑发展要求与面临挑战

1.4.1 发展要求

1. "碳达峰碳中和"战略对绿色建筑提出深度发展要求

▶ 在习近平总书记提出力争"2030年前碳达峰、2060年前实现碳中和"的目标后，国家和各个部委均在系统构建"1+N"政策体系，"1"是碳达峰碳中和指导意见，"N"包括国家层面的"2030年前碳达峰行动方案"以及重点领域、重点行业的政策措施和实施方案。历经三年多的时间，作为"1"的《关于完整准确全面贯彻新发展理念做好碳达峰碳中和工作的意见》（中发〔2021〕36号）、作为"N"之首的《2030年前碳达峰行动方案》（国发〔2021〕23号）以及住建、工业、农业等多个领域的实施方案相继发布，节能降碳与绿色发展的政策导向日益清晰。在《城乡建设领域碳达峰实施方案》中，明确提出"到2025年，城镇新建建筑全面执行绿色建筑标准，星级绿色建筑占比达到30%以上，新建政府投资公益性公共建筑和大型公共建筑全部达到一星级以上"。与此同时，典型省市提出了更高发展要求：如北京市提出"新建居住建筑执行绿色建筑二星级及以上标准，新建公共建筑力争全面执行绿色建筑二星级及以上标准"；深圳市提出"新建建筑建设和运行应不低于绿色建筑标准一星级，大型公共建筑和国家办公建筑应不低于二星级"等，发展更高标准要求、更高星级要求的绿色建筑已成为从国家到住建领域到各个省市一脉相承的政策共识。

2．"好房子"建设引领建设高品质绿色建筑产品

住房和城乡建设部倪虹部长提出"努力让人民群众住上更好的房子"，要提高住房建设标准，打造"好房子"样板。对于好房子好在哪？究竟怎样的房子才算好房子？部长给出解读，那就是"要绿色、低碳、智能、安全，也就是说让群众能住得健康、用得便捷，成本又低、又放心、又安心"。显而易见，"绿色"是"好房子"的核心要义，也是首要内涵。好房子建设对建筑绿色、低碳、智能、安全性能提出了新要求，也为绿色建筑进一步绿色低碳与提升品质带来了新动能。在上文梳理当前我国绿色建筑发展现状过程中，可以看到，在绿色建筑取得快速发展势头和规模效益的同时，也暴露了运行标识项目占比低、绿色建筑运行效果与设计初衷偏差较大的现实问题。绿色建筑品质如何保证？强化正向设计引领、加强施工过程监管、提升运行管理水平、增强核查认证科学性等是未来"好房子"建设给绿色建筑行业提出的亟需攻关的关键课题。

1.4.2 面临挑战

1．基础性绿色建筑碳排放计算方法存在缺失

绿色建筑减碳的前提是有系统、科学的碳排放计算方法，否则减碳仍将停留在定性的概念和粗劣的估算阶段。绿色建筑碳排放计算方法是系统分析各项绿色技术的前提，也是构建基于减碳实际效果的绿色技术策略的基础。但绿色建筑的碳排放计算边界如何界定，涵盖五大性能、多项指标的计算方法如何确定，这些仍然存在一定的理论研究空白。2022年10月，《建立健全碳达峰碳中和标准计量体系实施方案》（国市监计量发〔2022〕92号）印发，提出了"到2025年，碳达峰碳中和标准计量体系基本建立"的发展目标；在"重点任务（二）：加强重点领域碳减排标准体系建设"中，明确提出了"加强节能基础共性标准制修订，完善能源核算、检测认证、评估、审计等配套标准""研究制定绿色建造""完善公共机构低碳建设、低碳评估考核等相关标准"等要求。绿色建筑作为建筑领域单体减碳的落实抓手，发展绿色建筑的重要作用不言而喻。探索契合绿色建筑本质和内涵特征的碳排放计算方法，不仅是解决行业发展中的关键问题，也是建筑领域落实政策要求的任务与使命。

2．全寿命期品质提升关键技术体系急需建立

回溯发展历程，在绿色建筑设计、施工、评价等系列标准相对完善的背景下，绿色建筑已经具备了系统化的技术体系。但从绿色建筑设计标识项目尤其是普通绿色建筑项目在运行阶段后评估的反馈结果来看，一些绿色技术未能真正发挥绿色减碳效果。尤其是在"碳达峰碳中和"政策背景下，一系列"碳指标"要求、"可再生能源应用"要求、"碳汇"要求等被日益关注，绿色建筑的技术体系也被植入更高要求，即在保障建筑品质前提下以真实减碳量为衡量标准的关键技术体系。2023年7月，中央深改委发布《关于推动能耗双控逐步转向碳排放双控的意见》，提出从能耗双控逐步转向碳排放双控，要坚持先立后破，加强碳排放双控基础能力建设，健全碳排放双控各项配套制度。在上述能耗双控转向碳排放双控政策要求下，一系列推动全面绿色低碳转型的重大制度设计及配套政策将应运而生，绿色建筑全过程的系列标准也将进行适应性的修编调整，在此背景下，绿色建筑全寿命期品质提升的关键技术体系亟需攻关。

基于此，本书开展了"碳达峰碳中和"背景下绿色建筑全寿命期减碳关键技术研究与应用案例介绍，分为三个篇章——"理论篇"、"技术篇"和"示范篇"。

"理论篇"：第1章以综述视角系统梳理国内外绿色建筑发展现状与趋势，对标先进国家典型绿色建筑评价标准的新要求，结合我国绿色建筑当前现状与政策背景，厘清未来绿色建筑发展面临的理论空白与技术不足；第2章针对性地提出契合绿色建筑特征的碳排放计算方法，明确计算边界，构建计算模型，并开发绿色建筑全过程碳排放快速动态评估工具；第3章根据第2章确定的碳排放计算方法，分析绿色建筑各项技术的碳减排潜力，基于计算工具得出不同气候区、不同建筑类型的全寿命期碳排放水平特征，形成不同气候区、不同建筑类型、不同星级的碳减排贡献度。

"技术篇"：在上述理论成果的基础上构建了涵盖设计、施工、运行、审定核查多阶段的绿色低碳技术体系，并介绍工程应用情况。第4章从设计环节提出面向碳中和的设计策略与方法，重点介绍了空间自然性（空间生长）设计方法和兼具建筑信息快速提取功能及优化分析功能的数字化设计工具；第5章介绍绿色低碳施工技术体系，对标绿色施工、绿色建筑相关标准提炼绿色低碳技术体系关键内容，并从技术概况、适用范围、技术要点、应用效果四方面对9类关键的绿色低碳施工新技术展开详细介绍；第6章面向运行环节首先探析绿色建筑低碳运行的技术特征，进一步基于当前比较突出的运行阶段存在的环境保障、能源利用、水资源利用等问题，提出了建筑环境多参数协同监测与反馈控制技术、建筑系统用能诊断技术等3个维度、8项绿色低碳运行关键技术；第7章从审定核查的角度，研究碳减排量化指标的审定核查方法及技术要点，建立绿色建筑碳中和审定与核查认证认可规则，提出认证模式、认证环节、认证实施基本要求，为绿色建筑碳审定核查与认证提供方法指导与技术支撑。

"示范篇"：第8章将全书的研究成果及关键技术内容进行了具象化展示，依托6项示范工程的实际应用情况，详细展示了项目的建设目标、关键技术指标、低碳技术应用情况及最终的量化碳减排效果。

第 2 章 绿色建筑碳排放计算方法

2.1

绿色建筑碳排放计算边界

1.国外碳排放计算标准

1)《温室气体核算体系》(GHG Protocol)

2009年由世界可持续发展工商理事会(WBCSD)与世界资源研究所(WRI)共同发布了《温室气体核算体系》(GHG Protocol),其将碳排放根据来源分为三个范围(图2-1),为核查提供指导。

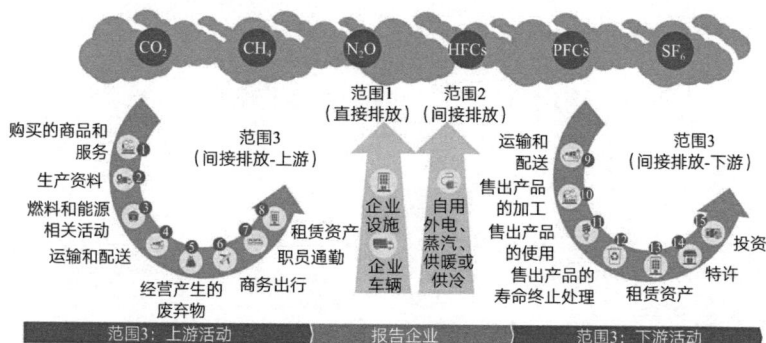

图片来源:《温室气体核算体系》(GHG Protocol)

图2-1 温室气体排放核算范围示意图

范围1排放,即直接排放,指实体拥有或控制的排放源所产生的温室气体排放。典型的范围1排放涵盖燃煤发电、自有车辆使用、化学材料加工和设备的温室气体排放。范围2排放,即间接排放,指与特定实体的活动直接相关,而发生于其他实体拥有或控制的能源生产所产生的温室气体排放。范围3排放,即其他间接排放,指价值链上下游各项活动的间接排放,包括活动所产生的,发生于其他实体拥有或控制的,且不属于范围2排放的温室气体排放。范围3排放不受项目直接控制,量化难度较大,因此在实际根据该体系进行温室气体排放核算时,排放主体可选择是否涵盖范围3的排放和减排量。

2)《温室气体排放和减排量化规范》ISO 14064系列

在ISO 14064系列中将温室气体排放源进一步细化为6类。其中,类别1、2与《温室气体核算体系》(GHG Protocol)的范围1、2相似,分别指直接排放和输入能源产生的间接排放。而ISO标准中类别3、4则将其他间接排放分为运输活动、产品生产、产品使用和其他来源的间接温室气体排放（表2-1）。此外，2018年版本中特别强调，在进行温室气体核算时，需包括类别3～6中所有重大间接排放源，并加以证明。

ISO 14064 温室气体排放源分类方式   表2-1

类别	排放源	例子
1	直接温室气体排放	直接拥有或控制的用电、用能
2	输入能源的间接温室气体排放	外购电力、热力
3	运输产生的温室气体排放	原料运输、通勤、商旅
4	组织使用产品的间接温室气体排放	外购原料的生产
5	与使用本组织产品相关的间接温室气体排放	消费者使用商品
6	其他来源的间接温室气体排放	上述类型之外的排放

3)《环境管理-生命周期评估-原则与框架》ISO 14040：2006

ISO 14040: 2006指出，生命周期是指某一产品从取得原材料，经生产、使用直至废弃的整个过程，即从摇篮到坟墓的过程。评估与某一产品或服务相关的环境因素和潜在影响可使用生命周期评估（LCA）的方法。

4)《建筑工程的可持续性-建筑物环境性能评估-计算方法》BS EN 15978：2011

BS EN 15978: 2011规定了基于生命周期评估等量化环境信息对建筑环境绩效进行评估的计算方法。该标准适用于新建、现有建筑和改造工程，并将建筑生命周期分为建材生产和运输、建造施工、运营维护、拆除及材料处置四个主要阶段（图2-2）。此外，此标准还关注到了系统边界外回收再利用所带来的排放和减排的可能性。

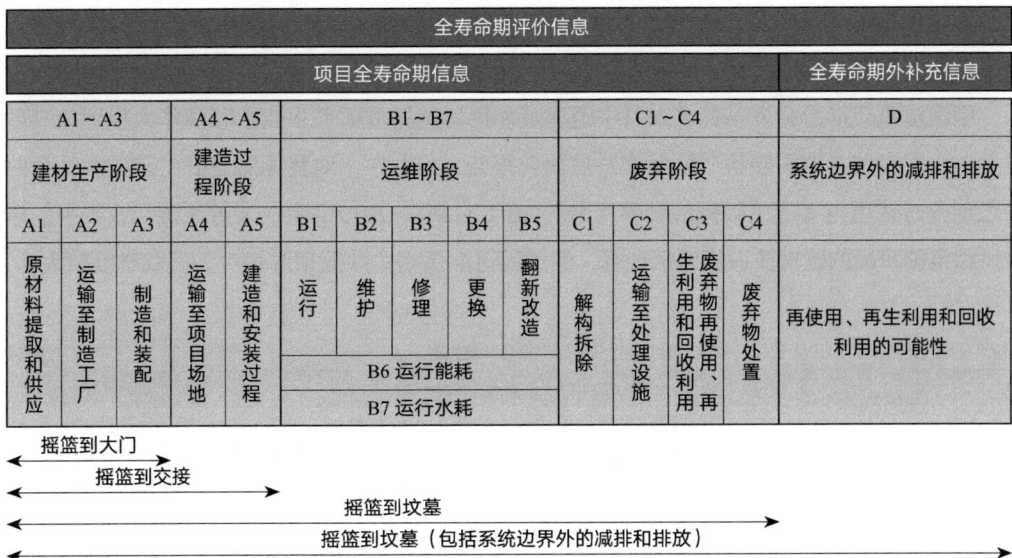

图2-2 BS EN 15978: 2011全寿命周期框架

2. 国内碳排放计算标准

建筑物全寿命周期时间跨度大，产业链上下游涉及多部门和众多种类和形式的生产活动。我国《建筑碳排放计算标准》GB/T 51366—2019和《建筑碳排放计量标准》CECS 374—2014对建筑的碳排放计算范围进行了规范。

1）《建筑碳排放计算标准》GB/T 51366—2019

为保证在建筑碳排放计算过程中，不出现与建材工业碳排放计算、交通运输碳排放计算等重叠的情形，将建筑全寿命周期分为建材生产及运输、建造及拆除、建筑运行三个阶段。将这三个阶段内产生的碳排放之和作为建筑全寿命期碳排放（图2-3）。

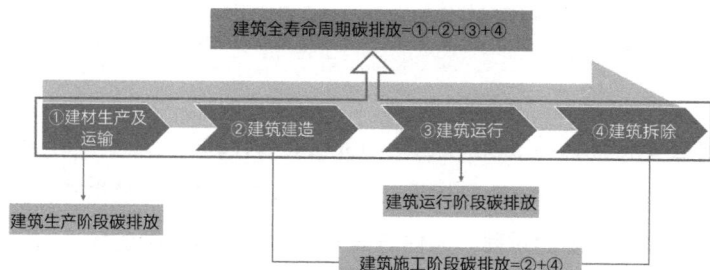

图2-3《计算标准》建筑全寿命周期碳排放计算范围

该标准对各阶段计算内容进行了明确的边界划分如表2-2所示，建材生产及运输阶段的碳排放包括建筑中所耗建材总重量95%以上的主要建筑材料在生产和运输过程中的碳排放。对于建筑拆除后建材回收带来的碳排放，该标准规定了按初生原料的碳排放的50%估算的方式。建造及拆除阶段碳排放包括各分项工程及工程机械使用带来的碳排放。建筑运行阶段的碳排放计算包括暖通空调、生活热水、照明及电梯系统用能带来的碳排放，并考虑了可再生能源和建筑碳汇系统的碳减排贡献。但运行阶段未涉及建筑维护过程和建材更替带来的碳排放。

中国建筑节能协会发布的《2021中国建筑能耗与碳排放研究报告》和清华大学建筑节能研究中心发布的《中国建筑节能年度发展研究报告2021》中，对我国建筑部门碳排放计算时阶段划分方式也与《建筑碳排放计算标准》GB/T 51366—2019相同，未对建材回收带来的碳减排和维护阶段的碳排放进行详细计算，其原因可能是相关数据来源较少、获取难度较大。

《建筑碳排放计算标准》GB/T 51366—2019 建筑全寿命周期碳排放计算内容　　　　　　　　　　　　　　表 2-2

建筑全寿命周期阶段		碳排放计算内容
建材生产及运输	建材生产	建筑主体结构材料、建筑围护结构材料、建筑构件和部品等超过建筑总重量95%的建材涉及的：①原材料的开采、生产过程的碳排放；②能源的开采、生产过程的碳排放；③原材料、能源的运输过程的碳排放；④生产过程的直接碳排放。 同时，当建材生产采用低价值废料、再生原料、可再生建筑废料时，对初生原料的碳排放的取值进行了规定
	建材运输	建材从生产地到施工现场的运输过程的直接碳排放和运输过程所耗能源的生产过程的碳排放

建筑全寿命周期阶段		碳排放计算内容
建造及拆除	建筑建造	各分部分项工程施工产生的碳排放和各项措施项目实施过程产生的碳排放
	建筑拆除	人工拆除和使用小型机具机械拆除消耗的各种能源动力产生的碳排放
建筑运行	暖通空调	冷源、热源、输配系统及末端空气处理设备碳排放
	生活热水	生活热水碳排放
	照明及电梯	照明、电梯系统碳排放
	可再生能源	太阳能生活热水系统、光伏系统、地源热泵系统和风力发电系统碳减排
	建筑碳汇系统	绿地碳汇系统碳减排

2)《建筑碳排放计量标准》CECS 374—2014

该标准通过计算建筑材料生产阶段、施工建造阶段、运行维护阶段、拆解阶段、回收阶段中各单元过程反映能源、资源和材料消耗特征的活动水平数据来计算碳排放量和减排量（图2-4）。该标准未涉及各单元能源、资源和材料消耗的具体计算公式，而是使用清单统计法或信息模型法收集实际数据用以计算。该标准中未给出建筑材料相关碳排放因子的缺省值或计算方式，因此无法判断该标准所规定的计算范围是否包括建材原材料生产、运输的碳排放（表2-3）。

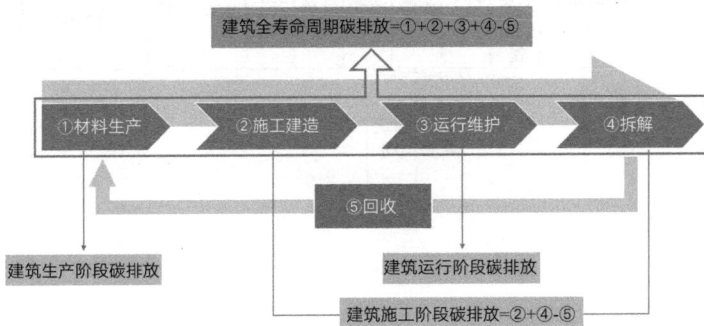

图2-4《计量标准》建筑全寿命周期碳排放计算范围

建筑全寿命期各阶段计算内容 表2-3

建筑全寿命周期阶段	碳排放计算范围
材料生产阶段	建筑主体结构材料、构件的使用； 建筑围护结构材料、构件、部品的使用； 建筑填充体材料、构件、部品、设备的使用
施工建造阶段	建筑材料、构件、部品、设备的运输； 施工机具的运行； 施工现场办公
运行维护阶段	建筑设备系统的运行； 建筑材料、构件、部品、设备的维护与更替； 更替的建筑材料、构件、部品、设备的运输
拆解阶段	拆解机具的运行；废弃物的运输
回收阶段	建筑主体结构可循环材料、构件的回收； 建筑围护结构可循环材料、构件的回收； 建筑填充体可循环材料、构件的回收

3．绿色建筑碳排放计算

根据国家标准《绿色建筑评价标准》GB/T 50378—2019，绿色建筑是在全寿命期内，节约资源、保护环境、减少污染，为人们提供健康、适用、高效的使用空间，最大限度地实现人与自然和谐共生的高质量建筑。绿色建筑性能涉及建筑安全耐久、健康舒适、生活便利、资源节约（节地、节能、节水、节材）和环境宜居等方面。绿色建筑碳排放计算在时间上应该是全寿命期的，从"摇篮"到"坟墓"，时间维度包括建材、运输、建造、运行和拆除；在空间上以建筑红线为范围，涉及相关规划、建筑、结构、建材、暖通空调、给水排水、电气等各个专业。具体如图2-5所示。

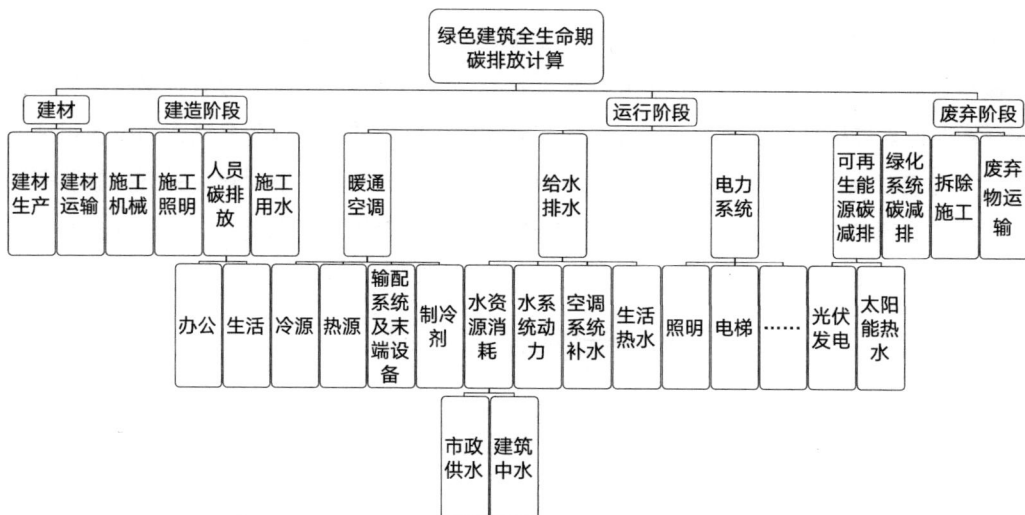

图2-5 绿色建筑碳排放计算范围

2.2
碳排放计算方法

1．发展现状

► 2007年《IPCC第四次评估报告》指出，不同温室气体对地球温室效应的贡献程度不同，为统一计算不同温室气体排放量，可将其换算为二氧化碳当量。碳排放计算方法主要有物料衡算法（质量平衡法）、实测法及碳排放因子法三种。

1）物料衡算法

物料衡算法也称质量平衡法，其基本思路遵循质量守恒定律，是确定物料转变的定量关系的过程。根据投入物料总和等于产品量总和加上物料和产品流失量总和，对核算范围内物料的投入量与产出量进行全面的跟踪统计与估算。

$$\sum G_{投入}=\sum G_{产品}+\sum G_{流失} \tag{2-1}$$

式中　$\sum G_{投入}$ —— 投入物料总和；

　　　$\sum G_{产品}$ —— 所得产品量总和；

　　　$\sum G_{流失}$ —— 物料和产品流失量总和。

环境影响评价中可对某污染物质进行物料平衡计算，得出其排放总量，当投入的物料在生产过程中发生化学反应时，可按式（2-2）进行计算：

$$\sum G_{排放}=\sum G_{投入}-\sum G_{回收}-\sum G_{处理}-\sum G_{转化}-\sum G_{产品} \tag{2-2}$$

式中　$\sum G_{投入}$ —— 投入物料中的某物质总量；

　　　$\sum G_{产品}$ —— 进入产品结构中的某物质总量；

　　　$\sum G_{回收}$ —— 进入回收产品中的某物质总量；

　　　$\sum G_{处理}$ —— 经净化处理的某物质总量；

　　　$\sum G_{转化}$ —— 生产过程中被分解、转化的某物质总量；

　　　$\sum G_{排放}$ —— 某物质以污染物形式排放的总量。

采用物料衡算法时，必须对整个生产过程中工艺、物理变化、化学反应及副反应和环境管理等情况进行全面了解，并获得材料、能源使用数据。其计算结果精确，不仅适用于整个生产系统的碳排放计算，也适用于部分过程的碳排放计算。但本方法所需数据量大，且计算过程较为繁杂。

2）实测法

实测法基于排放源现场实测数据，根据空气流量、排放浓度及相应转换系数来计算相关碳排放总量。其计算公式如下：

$$G=KQC_i \tag{2-3}$$

式中　G —— 某气体排放量；

　　　Q —— 介质（空气）；

　　　C_i —— 介质中的某气体浓度；

　　　K —— 单位换算系数。

此方法基于排放源的现场实测基础数据，因此结果较为准确。但实际用于建筑环境时，数据获取相对困难，需要长期准确的监测，投入较大，在我国应用较少。

3）碳排放因子法

碳排放因子法最初由IPCC于1996年提出，随后在《2006年IPCC国家温室气体指南》中加以完善。在计算时需根据温室气体排放清单构建各排放源的活动数据和排放因子。最终碳排放估算值为各项生产活动数据与其相对应的排放因子乘积的总和。

基于温室气体排放清单的碳排放因子法计算方式如式（2-4）所示，主要输入量有活动数据和排放系数，输出为二氧化碳排放量。

$$E_m = AD \times EF \tag{2-4}$$

式中　　E_m —— 温室气体排放量；

　　　　AD —— 活动数据，某排放源与碳排放直接相关的具体使用和投入数量；

　　　　EF —— 排放因子，单位某排放源所释放的温室气体数量。

在现有建筑碳排放计算相关研究中，物料衡算法和实测法应用实例较少，而多数采用了碳排放因子法，即建筑碳排放等于建筑碳排放计算范围内各活动数据与其排放因子乘积之和。

在对建筑部门排放进行计算时，通常根据核算目的不同，分为宏观和微观两个层面。宏观层面的计算即自上而下地计算一定区域、城市、国家甚至全球范围内建筑行业的温室气体排放。通常使用投入产出法，对一定时期内部门投入的来源和产出的去向计算消耗基数。这样的计算方法通常使用该计算范围内政府或相关组织公布的数据，权威性较强，但仅可反映宏观范围内的平均水平。微观层面的计算则关注于单一建筑或建筑群产生的温室气体排放。而根据计算规模不同，在选择生产活动数据计量方式时也需要选择适应的方法，以保证碳排放计算的结果全覆盖，不重复。

通常使用过程分析法，对建筑碳排放各阶段的水平活动数据进行收集、量化和汇总，通过各活动相应的碳排放因子进行计算，得到各阶段的碳排放量，再将各结果相加得到最终建筑的碳排放量。通常，微观层面自下而上的计算可考虑到温湿度、建筑性能、末端设备和运行特点等细节，其结果较为精确。

4）碳排放数据

在运用碳排放因子法进行建筑碳排放计算时，建筑全寿命周期生产活动数据以及相应碳排放因子来源的可靠性和准确性是影响计算结果的重要因素。因不同生产活动数据和碳排放因子来源不同，计算结果可能存在不同程度的差异。

（1）生产活动数据

当碳排放计算发生在建筑设计阶段时，需要通过工程概预算清单及相关软件模拟结果获得生产活动数据。当碳排放计算发生在建筑已投入运行后，则可通过使用清单统计法收集的实际数据进行计算。因建筑拆除阶段数据较难获得，相关研究通常采用拆除及材料处置阶段碳排放量公式进行预测。建筑全寿命周期生产活动数据来源统计如表2-4所示。

建筑全寿命周期阶段	软件模拟法	清单统计法
1. 建材生产和运输	基于BIM模型生成工程量清单	建筑材料、构件、部品、设备使用量根据工程决算清单、施工图纸、材料设备采购清单等资料统计确定
2. 建造施工	美国的Construction Carbon Calculator	现场能耗实测、设备检测记录、能耗账单（预决算书等）
3. 运营维护	美国的DOE-2、Energy Plus、BLAST、eQuest; 加拿大的Hot2000; 英国的ESP-r、DesignBuilder; 日本的HASP; 中国的DeST（DeST-h）、PKPM等	运行能耗账单统计、能耗监测数据
4. 拆除回收	美国的Construction Carbon Calculator	根据现场能耗实测、能耗账单计算
5. 全过程	美国标准和技术研究院开发的BEES; 英国的ENVEST; 加拿大的Athena; 日本的AIJ-LCA; 澳大利亚的LISA; 荷兰的Eco-Quantum; 法国的EQUER、TEAMTM; 中国的PKPM-CES等	—

（2）碳排放因子

因碳排放因子在不同区域、不同年份差异较大，需注意选择。建筑全寿命周期碳排放计算所需的碳排放因子来源统计如表2-5所示。

建筑全寿命周期碳排放计算所需的碳排放因子来源 表 2-5

建筑全寿命周期阶段资源和能源消耗	国外数据	国内数据
建材LCA数据库	英国的Boustead; 荷兰的SimaPro; 加拿大的Athena及PeMS; 日本的CASBEE; 德国的GaBi; 瑞典的SPINE@CPM; 美国的EIO-LCA; 韩国的OGMP等	清华大学的BELES建材数据库; 北京工业大学的建材LCA数据库; 浙江大学的建材能耗及碳排放清单数据库; 四川大学的可嵌套于eBalance软件的CLCD数据库等
燃料	IPCC《2006 IPCC Guidelines for National Greenhouse Gas Inventory》; 美国环境保护署（EPA）于2014年发布的《Emission Factors for Greenhouse Gas Inventories》给出了各项燃料的碳排放因子	暂无官方公开数据，需根据《中国能源统计年鉴》《省级温室气体清单编制指南（试行）》《中国温室气体清单研究》中化石燃料相关参数计算
电力	国际能源署（IEA）每年发布的《燃料燃烧产生的二氧化碳排放》（CO_2 Emissions from Fuel Combustion），涵盖一百多个国家的电力碳排放因子	生态环境部发布的《企业温室气体排放核算方法与报告指南发电设施（2021年修订版）》中采用全国电网平均碳排放因子缺省值0.5839tCO_2/MWh。生态环境部、国家统计局发布了2021年电力二氧化碳排放因子，包括2021年全国、区域及省级电力平均二氧化碳排放因子，后续将建立电力二氧化碳排放因子常态化发布机制

综上，在碳排放计算方法方面，主要有物料衡量法（质量平衡法）、实测法及碳排放因子法三种。其中，物料衡量法以原料与产品间的定量转换关系为根据，需要对生产过程中的物理变化及化学反应具备全面的了解，常用于化工生产领域。实测法以现场监测数据为依据计算，可得出较为准确的结果。但此方法对样本采集过程要求较高且连续监测的难度大、成本高，不适用于建筑全寿命周期碳排放计算。碳排放因子法依据碳排放清单梳理各排放源活动数据与其对应的排放因子进行计算，过程较为简单，建筑部门碳排放计算通常使用此方法。

2．绿色建筑碳排放计算模型

1）总体计算

本节基于生命周期理论和碳排放因子法，建立了绿色建筑碳排放计算模型，结合国家标准《绿色建筑评价标准》GB/T 50378—2019的评价需求，使用涵盖建材生产及运输阶段、建造阶段、运营阶段和废弃阶段四个阶段的碳排放计算和核算方法，在设计阶段实现对绿色建筑碳排放量的计算，并对建筑运行阶段碳排放量进行核算。计算公式如式（2-5）所示。

$$C_{lc}=C_{jc}+C_{sg}+C_{yx}+C_{ab}-C_{lh}-C_{kzs} \tag{2-5}$$

式中　C_{lc} —— 绿色建筑全寿命周期碳排放量；

　　　C_{jc} —— 材料生产和运输阶段建筑碳排放量；

　　　C_{sg} —— 施工建造阶段建筑碳排放量；

　　　C_{yx} —— 运行维护阶段建筑碳排放量；

　　　C_{ab} —— 废弃拆除阶段建筑碳排放量；

　　　C_{lh} —— 绿地碳汇碳减排量；

　　　C_{kzs} —— 可再生能源系统（上网部分）碳减排量。

2）建材生产与运输阶段

建材生产与运输阶段碳排放量，按式（2-6）进行计算。

$$C_{jc} = C_{sc} + C_{ys} \tag{2-6}$$

式中　C_{sc} —— 建材生产阶段碳排放；

　　　C_{ys} —— 建材运输阶段碳排放。

建材生产阶段碳排放：

$$C_{sc} = \sum_{i=1}^{n} M_i F_i (1-\alpha_i) \tag{2-7}$$

式中　M_i —— 第i种建材的消耗量；

　　　F_i —— 第i种建材的碳排放因子；

　　　α_i —— 第i种建材的回收系数。

建材运输阶段碳排放：

$$C_{ys} = \sum_{i=1}^{n} M_i D_i T_i \qquad (2\text{-}8)$$

式中 D_i —— 第 i 种建材的运输距离；

T_i —— 单位质量运输距离的碳排放因子。

3）建造阶段

建筑施工过程产生的碳排放，应包含使用各类施工机械设备消耗各种能源资源产生的碳排放、施工用水产生的碳排放、施工现场照明能耗产生的碳排放以及施工过程中工作人员办公、生活过程产生的碳排放，计算公式如式（2-9）所示。

$$C_{sg} = C_{jx} + C_{sh} + C_{zm} + C_{sw} \qquad (2\text{-}9)$$

式中 C_{jx} —— 施工机械碳排放；

C_{sh} —— 施工生活碳排放；

C_{zm} —— 施工现场照明能耗产生的碳排放；

C_{sw} —— 施工用水量产生的碳排放。

4）运行阶段

建筑运行碳排放计算范围包括暖通空调系统、水系统、电气系统、厨房灶具等在建筑运行期间产生的碳排放量。建筑运行碳排放总量，计算公式如式（2-10）所示。

$$C_{yx} = C_{HVAC} + C_w + C_l + C_e + C_c + C_{eq} \qquad (2\text{-}10)$$

式中 C_{HVAC} —— 暖通空调系统（冷热源、输配系统、末端设备、市政热力等）碳排放；

C_w —— 水系统（给水、市政热水、排水、非传统水源处理）碳排放；

C_l —— 照明碳排放；

C_e —— 电梯碳排放；

C_c —— 灶具能源燃烧碳排放；

C_{eq} —— 电气设备（插座、办公、家用设备等）碳排放。

绿地碳汇量，计算公式如式（2-11）所示。

$$C_{ld} = \sum_{i=1}^{n} G_i A_g \qquad (2\text{-}11)$$

式中 G_i —— 第 i 种绿植种类固碳系数；

A_g —— 植被种植面积。

可再生能源发电（上网部分）碳减排量，计算公式如式（2-12）所示。

$$C_{kzs} = E_g F_e \qquad (2\text{-}12)$$

式中 E_g —— 光伏系统年发电量（kWh/a）；

F_e —— 电网碳排放因子。

5）废弃阶段

建筑废弃阶段是指建筑达到使用年限，不满足使用条件需进行整体性拆除的过程。废弃阶段应包含建筑拆除阶段和废弃物运输阶段，碳排放计算公式如式（2-13）所示。

$$C_{ab} = C_{cc} + C_{fqys} \qquad (2\text{-}13)$$

式中　C_{ab} —— 建筑废弃阶段单位建筑面积产生的碳排放；

　　　C_{cc} —— 建筑拆除阶段产生的碳排放；

　　　C_{fqys} —— 建筑废弃物运输阶段产生的碳排放。

拆除阶段与建造阶段活动过程相似，故拆除阶段碳排放可取建造阶段碳排放的10%。

与现有建筑碳排放计算标准相比，本节提出的绿色建筑全生命期碳排放计算方法，具有以下特点：

（1）计算阶段。结合国家标准《绿色建筑评价标准》GB/T 50378—2019预评价（施工图完成）和评价（运行1年），可对完成施工图（含工程量概预算清单）和投入运行（含工程量决算文件）的绿色建筑分别进行估算和核算。通过估算，可以及时发现设计方案中碳排放较高的地方，并采取对应的减碳措施；通过核算，可以与设计阶段估算相对比，结合实际情况及时调整运行策略，最终降低整体碳排放。

（2）量化建材碳减排效果。在建材碳排放计算中，考虑高性能材料的回收系数，能够计算绿色建筑建造过程中采用高性能建筑材料带来的节碳效果。

（3）施工过程碳排放计算更加全面。在施工过程中，除了施工机械碳排放外，施工机械用水和施工人员办公生活占比较大，现有建筑碳排放计算标准则未考虑，不利于准确计算绿色建筑施工所有碳排放。

（4）考虑计算用水碳排放。在建筑运行过程中，水资源消耗会带来大量碳排放。除了考虑热水碳排放外，该计算方法还提出对建筑运行过程中消耗的市政供水（自来水和中水）、建筑自身非传统水源生产过程产生的碳排放进行计算。

（5）考虑室内电器和待机耗电碳排放。热水器，电脑，电视等办公和家用电器在待机与使用过程中均会耗电，并产生碳排放。通过设置使用系数，该碳排放方法可以实现对办公和家用电器使用和待机耗电碳排放进行计算。

（6）考虑炊事灶具化石能源燃烧直接碳排放。厨房炊事用能包括灶具直接燃烧能源和厨房电气设备耗电量，该计算方法均提出对二者进行计算，炊事灶具运行碳排放计算包括灶具消耗天然气、液化石油气、生物质能等一次能源直接燃烧产生的碳排放。

类目编码	类目中文	类目英文
30-01.00.00	混凝土	concrete
30-01.10.00	预制混凝土制品及构件	precast concrete
30-01.10.10	预制混凝土柱	precast concrete column
30-01.10.20	预制混凝土梁	precast concrete beam
30-01.10.30	预制混凝土楼板	precast concrete decking
30-01.10.40	预制混凝土墙板	precast concrete wall board
30-01.10.40.10	钢筋混凝土板	reinforced concrete slab
30-01.10.40.20	蒸压加气混凝土板	autoclaved aerated concrete slab
30-01.10.40.30	轻集料混凝土条板	lightweight aggregate concrete panel
30-01.10.50	预制混凝土屋面板	precast concrete roof board
30-01.15.00	商品混凝土	cast-in-place concrete
……		

在工程实践中，构件分类和BIM编码主要可以满足以下四方面的需求：

（1）对构件进行标准化分类，并运用编码，形成清晰的数据结构。

（2）构件分类结构清晰，可以应用于过滤器筛选、模型显示。

（3）通过BIM编码，可以将碳排放专业参数与各构件材料进行智能化匹配，解决碳排放分析中可能存在的各类专业数据缺失导致碳排放无法计算的问题。

（4）通过BIM编码，可以实现碳排放计算与BIM模型数据的互认互通，指导碳排放软件在设计开发时，根据统一的编码规则完成BIM模型数据的获取，实现碳排放软件的低成本与高效能的开发，加快打造基于BIM模型的全寿命期碳排放软件，有助于我国BIM技术在碳排放业务具体应用领域的提高。

2.3.2.2 基于国产自主 BIMBase 数字化基础平台

BIMBase具有完全自主知识产权的BIM三维图形引擎P3D，重点突破了大体量几何图形的优化存储与显示、几何造型复杂度与扩展性、BIM几何信息与非几何信息的关联等核心技术，支持基于BIM三维图形平台的应用开发，建模能力如图2-7所示。基于BIMBase平台的建模软件和设计软件，通过平台的一体化数据库存储，建立构件级的关联关系，为碳排放业务相关的软件研发提供了良好的数据模型基础。

2.3.3 基于 BIMBase 平台的建筑碳排放计算工具

2.3.3.1 基于 BIM 理念的三层模型架构

基于BIMBase平台的建筑碳排放计算软件PKPM-CES（图2-8）采用多源异构数据融合技术，对图形平台、专业分析与计算内核进行封装，建立用户模型、分析模型、计算模型三层模型架构。PKPM-CES建立了一个符合国内建筑行业特点的碳排放计算模型和计算方式，在具备相应数据的条件下，可以快速进行建筑碳排放分析。根据碳排放计算结

专业软件建模能力

核心算法

点	线	面	体
	直线 多段线 弧线 样条线	平面	球 圆管体 圆柱 四棱体 拉伸体 融合体

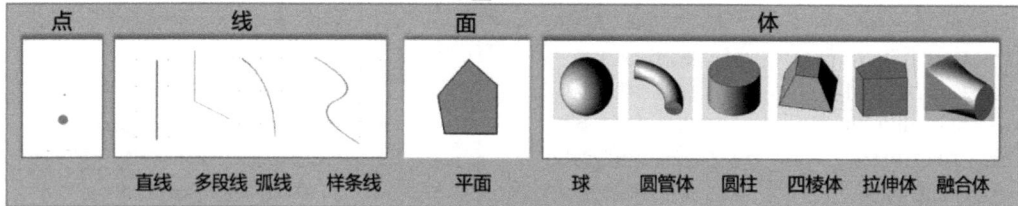

平台基本造型能力

python参数化组件建模

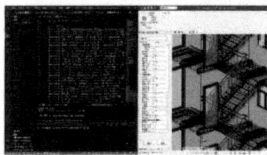

交互组件建模

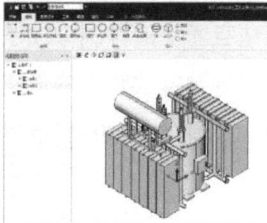

组件入库

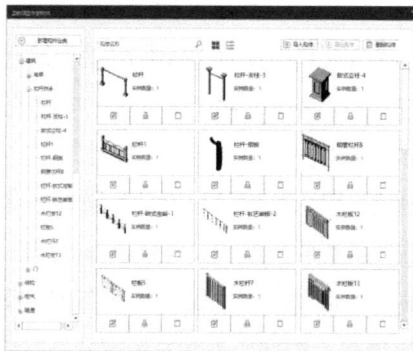

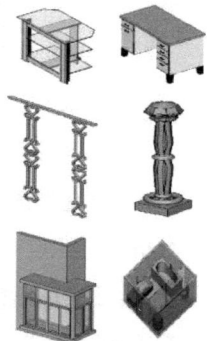

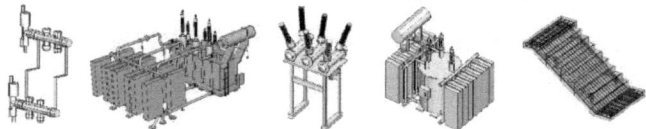

图2-7 BIMBase建模能力

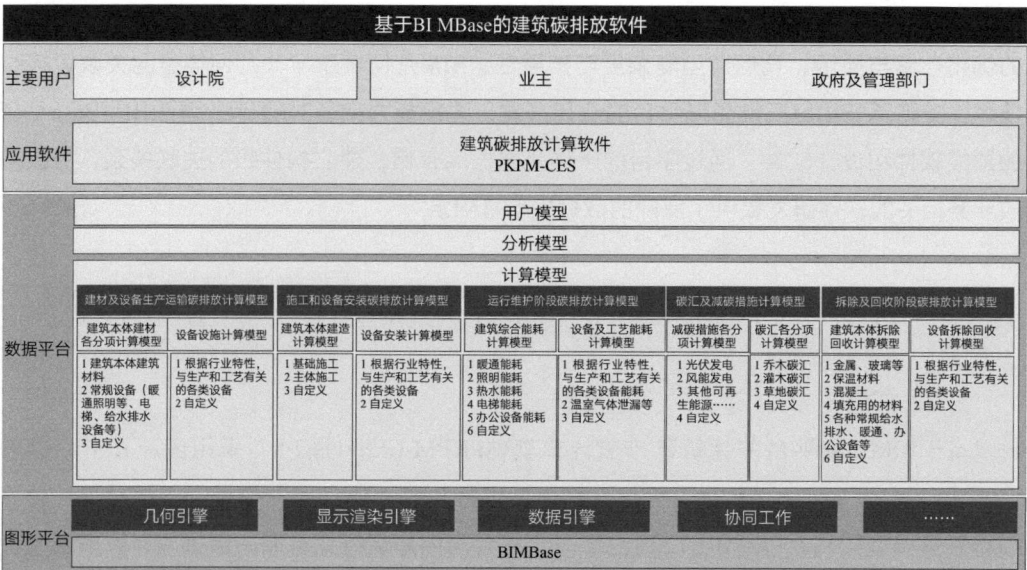

基于BI MBase的建筑碳排放软件

主要用户	设计院		业主		政府及管理部门	

应用软件	建筑碳排放计算软件 PKPM-CES

用户模型

分析模型

计算模型

数据平台	建材及设备生产运输碳排放计算模型		施工和设备安装碳排放计算模型		运行维护阶段碳排放计算模型		碳汇及减碳措施计算模型		拆除及回收阶段碳排放计算模型	
	建筑本体建材各分项计算模型	设备设施计算模型	建筑本体建造计算模型	设备安装计算模型	建筑综合能耗计算模型	设备及工艺能耗计算模型	减碳措施各分项计算模型	碳汇各分项计算模型	建筑本体拆除回收计算模型	设备拆除回收计算模型
	1 建筑本体建筑材料 2 常规设备（暖通照明等、电梯、给水排水设备等） 3 自定义	1 根据行业特性，与生产和工艺有关的各类设备 2 自定义	1 基础施工 2 主体施工 3 自定义	1 根据行业特性，与生产和工艺有关的各类设备 2 自定义	1 暖通能耗 2 照明能耗 3 热水能耗 4 电梯能耗 5 办公设备能耗 6 自定义	1 根据行业特性，与生产和工艺有关的各类设备能耗 2 自定义	1 光伏发电 2 风能发电 3 其他可再生能源…… 4 自定义	1 乔木碳汇 2 灌木碳汇 3 草地碳汇 4 自定义	1 金属、玻璃等 2 保温材料 3 混凝土 4 填充用的材料 5 各种常规给水排水、暖通、办公设备等 6 自定义	1 根据行业特性，与生产和工艺有关的各类设备 2 自定义

图形平台	几何引擎	显示渲染引擎	数据引擎	协同工作	……
	BIMBase				

图2-8 建筑碳排放软件PKPM-CES

果，对建筑全寿命期进行碳减排决策，为设计师将绿色低碳理念融入建筑设计中提供重要助力。

2.3.3.2 方案设计阶段碳排放快速评估工具

该工具能够在方案设计阶段，基于绿色建筑的基本信息，无须精细化模型，快速评估绿色建筑运行碳排放，同时考虑绿化碳汇减碳效果，辅助设计师综合分析各种方案的减碳潜力，指导低碳、碳中和及零碳建筑设计。用户仅需输入少量的绿色建筑基本参数（如所在城市、建筑功能、建筑层数、建筑高度、建筑面积、体形系数等），即可快速预估绿色建筑方案设计阶段的运行碳排放数据。为达到快速匹配相对准确的碳排放估算值，需要前期准备足够多的绿色建筑实际工程计算样本。

1. 项目总览

提供场地面积、绿化面积、单体建筑或建筑群的基本信息的输入，便于在绿色建筑全寿命期各阶段快速评估碳排放相关数据。也可以基于模型快速提取相关数据，无须手动输入，如图2-9所示。

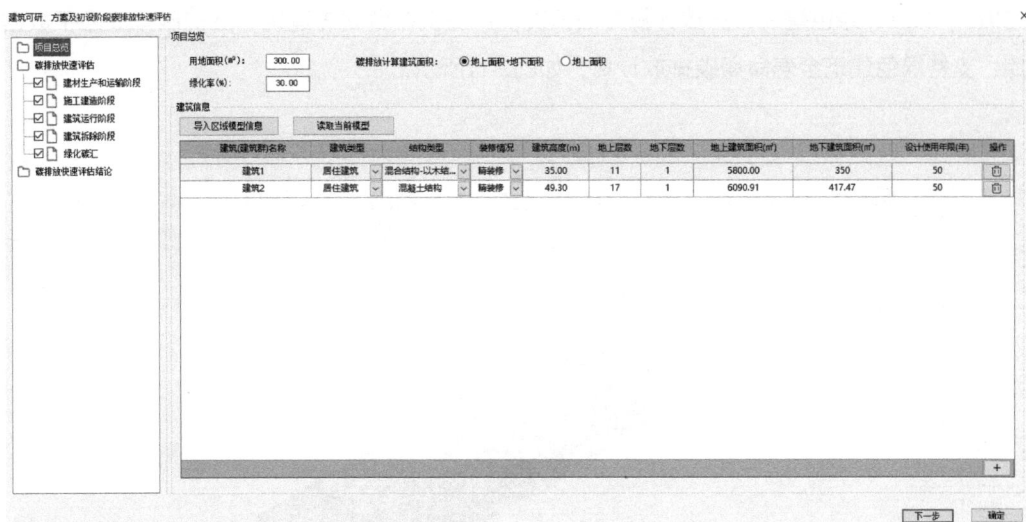

图2-9 方案阶段碳排放快速评估总览

2. 碳排放快速评估

基于绿色建筑大样本数据、建筑行业经验算法以及标准算法的研究分析，该模块建立了快速分析的简化模型和碳排放算法，无须实际建模，可以快速完成建筑运行阶段的碳排放分析。

3. 碳排放快速评估结论

在碳排放快速评估结论界面，提供建筑单体及建筑群（项目）全生命期各阶段碳排放结果，提供绿化及建材回收等减碳量效果分析及建筑减碳潜力分析功能如图2-10所示。

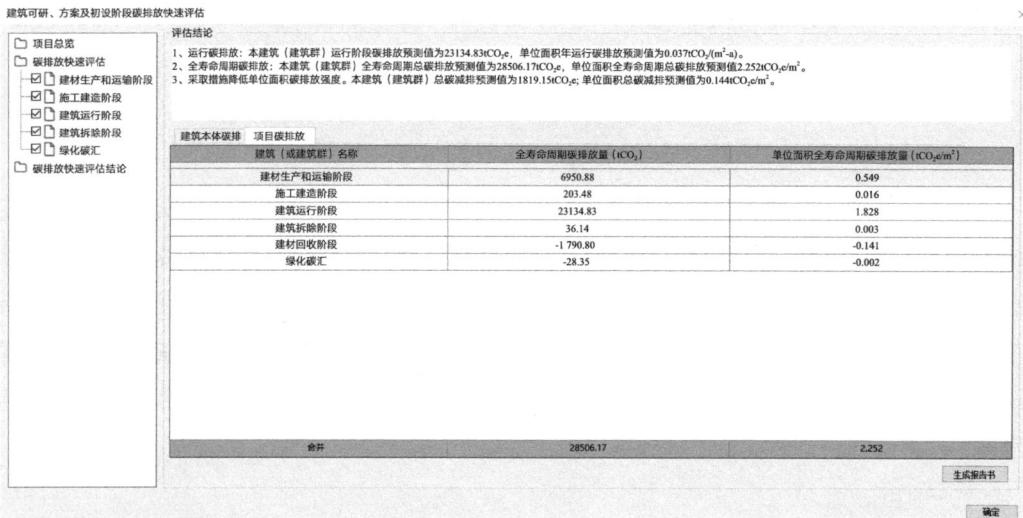

图2-10 碳排放快速评估结论——项目总体碳排放预测

2.3.3.3 施工图设计阶段碳排放快速评估工具

施工图设计阶段碳排放快速评估工具按照《建筑节能与可再生能源利用通用规范》GB 55015—2021、绿色建筑碳排放计算方法研发，可提供符合国内建筑行业的碳排放因子数据库，支持绿色建筑全寿命期碳排放计算，如图2-11所示。

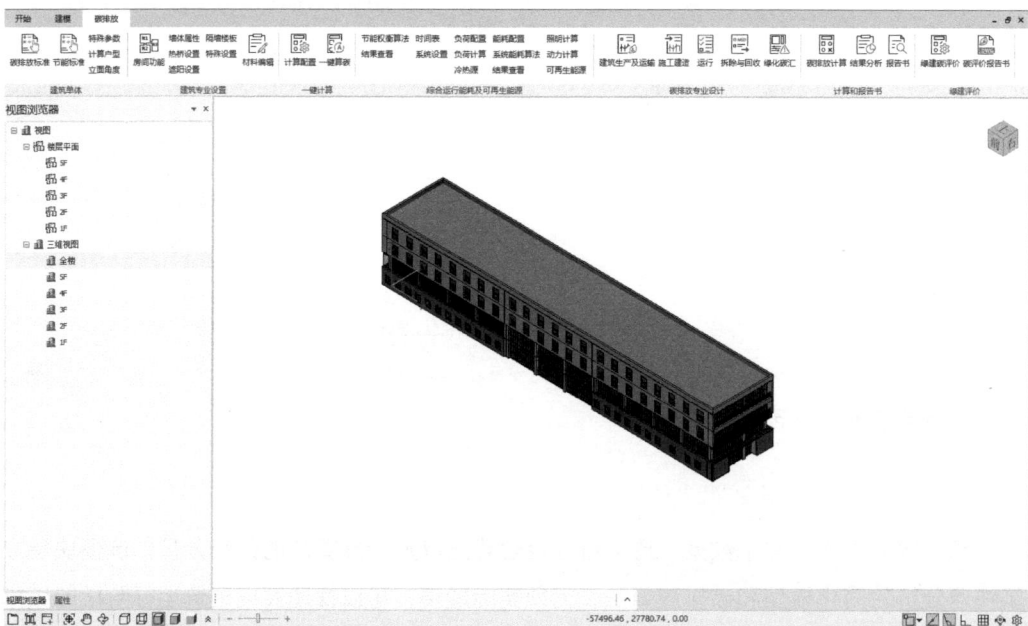

图2-11 工具主界面

1. 建筑全寿命期碳排放因子数据库

碳排放因子是碳排放计算的基础。在建筑全寿命期中需要用到的碳因子种类较多，软件根据《建筑碳排放计算标准》GB/T 51366—2019、《建筑全寿命期的碳足迹》等标准及著作，并与相关碳认证机构合作，建立了绿色建筑全寿命期碳排放因子库，如图2-12所示。包括建筑材料生产因子库、运输碳排放因子库、施工工艺碳排放因子库、能源碳排放因子库、电网碳排因子库、植物固碳因子库等。

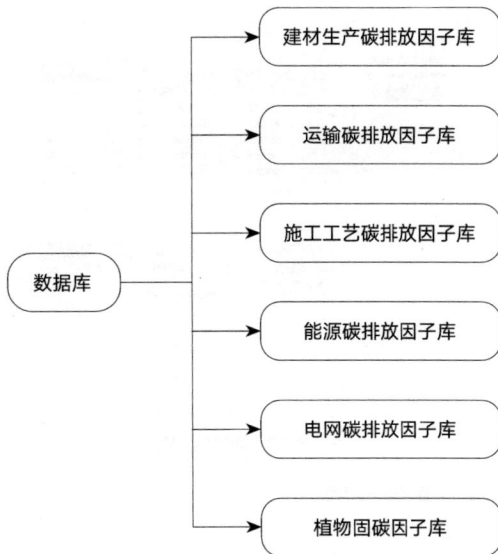

图2-12 碳排放因子数据库

2．面向施工图设计阶段的建材生产与运输碳排放预测功能

建材生产运输阶段的碳排放需要统计建材种类、建材用量、建材生产碳排放因子、运输方式及运输碳排放因子等数据，软件可以根据BIM模型获取建筑模型中的建材种类、建材用量，匹配建材生产碳排放因子库，计算得到建材生产碳排放量，同时提供运输方式、运输距离等设置，如图2-13所示。

图2-13 建材生产与运输界面

3．面向施工图设计阶段的建筑建造碳排放预测功能

建造阶段的碳排放主要来源于完成各分部分项工程施工产生的碳排放和各项措施项目实施工程产生。软件可从BIM施工模型中获取工程现场的施工数据，包括分部分项工程及其工程量、施工机械台班等数据，匹配施工机械碳排放因子（图2-14）。

图2-14 建造阶段界面

国内各主管部门或研究机构近年来在持续研究建筑建造阶段的碳排放简化计算方法，截至目前，广东、重庆、台湾等省市发布了一系列基于建筑层数和面积进行建造阶段碳排放预测的经验公式，在未来或许会有更多的相关成果在行业中涌现。

4．面向施工图设计阶段的建筑运行碳排放预测功能

建筑运行阶段碳排放量计算主要考虑暖通空调、生活热水、照明及电梯等设备使用产生的碳排放量及可再生能源在建筑运行期间的减碳量。软件可以从BIM设备模型中采集暖通空调、生活热水等设备运行能耗数据，也可以进行能耗模拟计算出运行能耗，如图2-15所示。

图2-15 运行阶段界面

5．面向施工图设计阶段的建筑拆除回收碳排放预测功能

建筑拆除回收碳排放量主要来源于人工和使用小型机具机械消耗的各种能源动力产生的碳排放。软件结合BIM拆除模型，获取拆除阶段的各项施工数据，包括工程量、施工机械台班等数据，匹配施工机械碳排放因子，如图2-16所示。

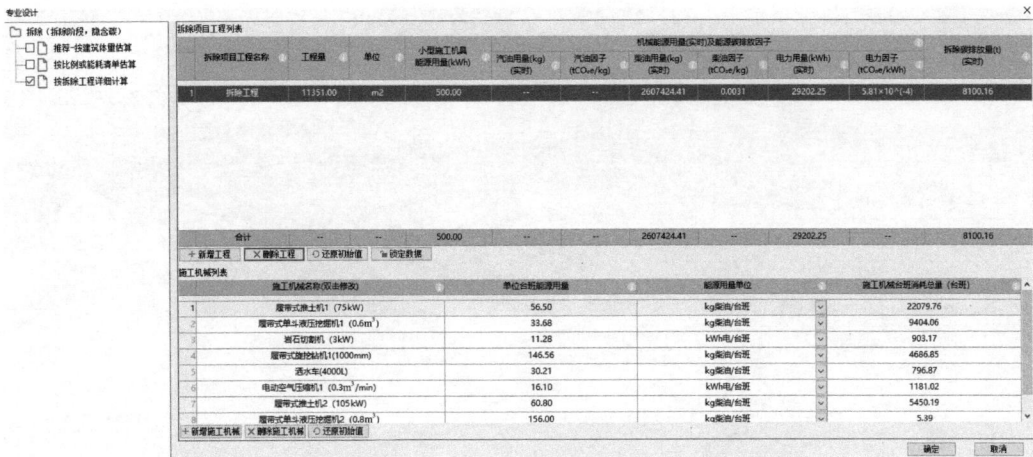

图2-16 拆除阶段界面

6. 面向施工图设计阶段的绿植碳汇减碳效益预测功能

绿化植被可从空气中吸收并存储二氧化碳。软件可结合场地BIM模型，获取绿化面积、绿植种类等信息，匹配植物固碳因子数据库，计算绿植碳汇减碳效益如图2-17所示。

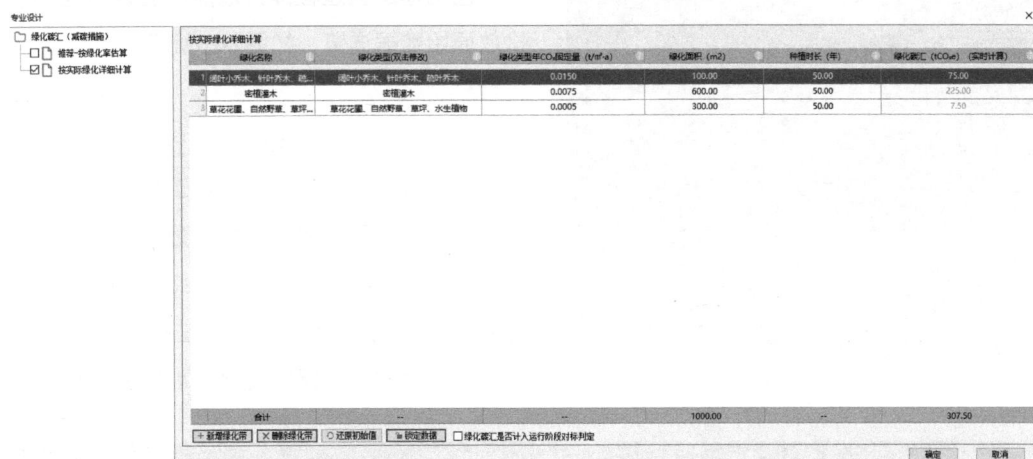

图2-17 绿植碳汇界面

2.3.3.4 施工阶段碳排放快速评估工具

施工阶段碳排放快速评估工具能够在施工阶段通过碳排放数据展示大屏的方式呈现项目的碳排放数据，基于场布模型的碳排放点位功能，通过图表的方式帮助各参建方全面了解项目碳排放情况，分析施工阶段的碳排放数据，如图2-18所示。

该工具能够对施工过程中不同区域的碳排放，如施工区、生活区、办公区等进行碳排放数据的预测与实际排放数量的变化分析，同时对不同区域碳排放源数据的占比情况进行统计，如图2-19所示。同时，支持对施工现场所接入的智能电表数据进行实时数据呈现，包括当日的实时用量以及累计用量。

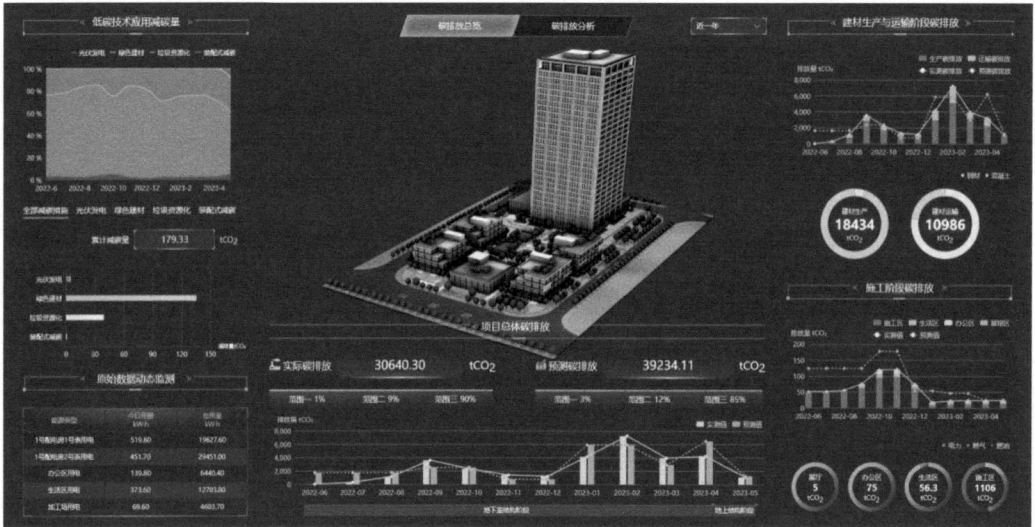

图2-18 施工阶段碳排放数据分析示例

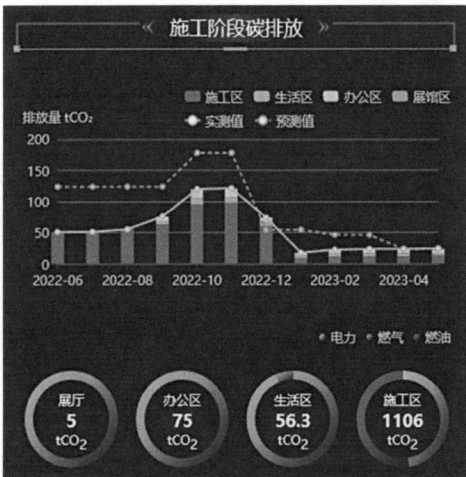

图2-19 按区域分析施工阶段碳排放

施工阶段碳排放分析以图表的方式呈现碳排放的详细流向以及材料所产生的碳排放情况，包括建造全过程碳排放流向图以及建材碳排放原始数据详览，如图2-20所示。

2.3.3.5 运行阶段碳排放快速评估工具

运行阶段碳排放快速评估工具能够对建筑运行过程中的碳排放进行综合分析对比，水、电、气等多种耗能情况进行对比，并进行可视化展示；同时，可分析运行过程中的减碳技术，如光伏发电、绿色建材、垃圾资源化等带

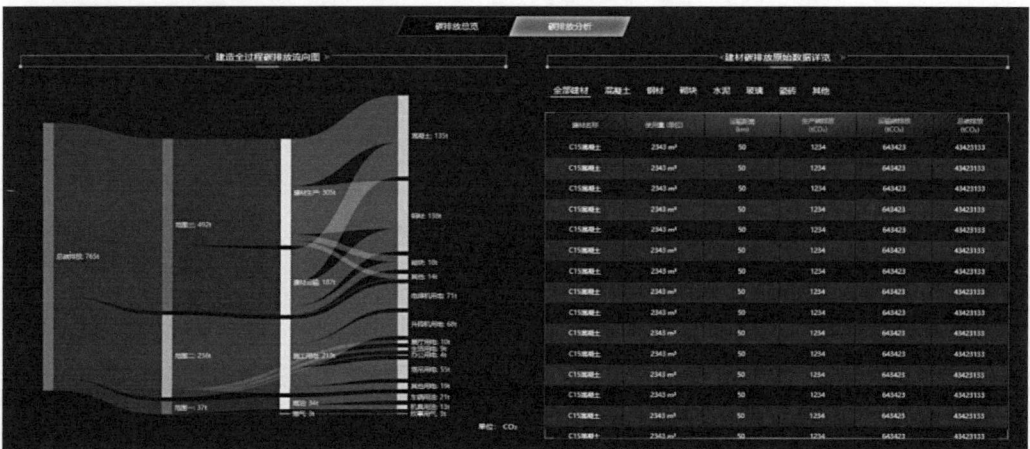

图2-20 施工阶段碳排放分析详细数据

来的减碳效益。

为能够基于能耗采集数据建立初步的建筑碳排放核算、分析功能，该工具内置符合国家及国际通用标准的行业碳排放核算方法及核查范围，建立建筑级别碳排放核算模型，提供核算方法、参数因子等信息，并根据自动采集数据以及上报数据进行碳排放量计算。基于采集的建筑能耗数据进行碳排放核算，提供各类细分能源品种的能耗数据及碳排放核算体系，如图2-21所示。

图2-21 运行阶段碳排放数据分析示例

3

第 3 章　绿色建筑碳排放特征

3.1

绿色建筑碳减排潜力

1. 绿色建筑低碳技术要求

▶ 国家标准《绿色建筑评价标准》GB/T 50378—2019经历了"二修三版",节能减排一直是绿色建筑的核心价值所在。2014年版标准以"节地与室外环境、节能与能源利用、节水与水资源利用、节材与材料资源利用、室内环境质量、施工管理、运营管理"(设计评价,不包括施工管理、运营管理)为评价指标,节能与能源利用的权重最高。2019年版标准以"四节一环保"为基本约束,以"以人为本"为核心要求,将绿色建筑评价指标修订为"安全耐久、健康舒适、生活便利、资源节约、环境宜居"。2023年又对2019年版标准进行了局部修订。2019年版标准(局部修订报批稿)(以下简称"修订版绿建标准")在基本规定,第5章健康舒适、第6章生活便利、第7章资源节约、第8章环境宜居的控制项、评分项,以及第9章的加分项中均对节能减排提出了要求,具体如下。

1)修订版绿建标准基本规定

修订版绿建标准对表3-1对星级绿色建筑在围护结构性能、节水、绿色建材、碳排放、外窗气密性能等方面提出了更高的技术要求:

修订版绿建标准一星级、二星级、三星级绿色建筑的节能减排基本要求　　　　　表3-1

	一星级	二星级	三星级
围护结构热工性能的提高比例,或建筑供暖空调负荷降低比例	—	围护结构提高5%,或负荷降低3%	围护结构提高10%,或负荷降低5%
严寒和寒冷地区住宅建筑外窗传热系数降低比例	5%	10%	20%
节水器具用水效率等级	3级	2级	
绿色建材应用比例	10%	20%	30%
碳减排	明确全寿命期单位建筑面积碳排放强度,并明确降低碳排放强度的技术措施		
外窗气密性能	符合国家现行相关节能设计标准的规定,且外窗洞口与外窗本体的结合部位应严密		

注:围护结构热工性能的提高基准、严寒和寒冷地区住宅建筑外窗传热系数降低基准均为现行强制性工程建设规范《建筑节能与可再生能源利用通用规范》GB 55015—2021的要求。

（1）对绿色建筑的建筑能耗提出了更高的要求，包括围护结构热工性能的提高或建筑供暖空调负荷的降低、严寒和寒冷地区住宅建筑外窗传热系数的降低。

（2）对绿色建筑用水器具的用水效率提出了要求。

（3）对绿色建材应用比例进行了规定。全面推广绿色建材是中共中央、国务院《关于完整准确全面贯彻新发展理念做好碳达峰碳中和工作的意见》和《关于推动城乡建设绿色发展的意见》中提出的重要任务。修订版绿建标准第7.2.18条对星级绿色建筑提出了不低于30%的应用比例要求。住房和城乡建设部《"十四五"建筑节能和绿色发展规划》中（建标〔2022〕24号）提出，在"十四五"期间城镇新建建筑中绿色建材应用比例进一步显著提高，全国均已颁布加大绿色建材推广应用的政策文件，北京、重庆、湖北、河北、西藏等省区市已明确提出了绿色建材应用比例的具体要求。住房和城乡建设部、国家发展改革委《关于印发城乡建设领域碳达峰实施方案的通知》（建标〔2022〕53号）明确提出到2030年，所有星级绿色建筑全面采用绿色建材。针对此目标要求，修订版绿建标准提出了阶段性目标。

（4）对星级绿色建筑的全寿命期碳排放目标提出了要求。绿色建筑将对资源节约、环境保护的要求贯穿到了建筑全寿命期，与仅关注建筑运行阶段碳排放降低相比，更能体现从产品角度出发的碳足迹、碳排放管理理念，对建筑设计、建材选用、施工建造、运行维护以及报废拆除的低碳技术和产品应用均有支撑和引导，更符合城乡建设领域全面低碳发展要求。建筑全寿命期碳排放分析时，应注意不同阶段碳排放强度的表述差异，结论应以建筑全寿命期碳排放强度表示，并应体现各项碳减排措施的贡献率。

（5）对绿色建筑的外窗气密性能及外窗安装施工质量提出了要求。外窗的气密性能应符合国家现行标准《公共建筑节能设计标准》GB 50189—2015、《严寒和寒冷地区居住建筑节能设计标准》JGJ 26—2018、《夏热冬冷地区居住建筑节能设计标准》JGJ 134—2010、《夏热冬暖地区居住建筑节能设计标准》JGJ 75—2012、《温和地区居住建筑节能设计标准》JGJ 475—2019等的规定。在外窗安装施工过程中，应严格按照相关工法和相关验收标准要求进行，外窗四周的密封应完整、连续，并应形成封闭的密封结构，保证外窗洞口与外窗本体的结合部位严密；外窗的现场气密性能检测与合格判定应符合现行行业标准《公共建筑节能检测标准》JGJ/T177—2009或《居住建筑节能检测标准》JGJ/T 132—2009的规定。

2）修订版绿建标准评价条款

（1）直接碳减排

标准第5章健康舒适、第7章资源节约、第8章环境宜居、第9章提高与创新章节中均设置了与建筑碳减排直接相关的条文，共计22条，包括控制项9条、评分项10条和加分项3条，详见表3-2。

条文编号	条文内容	分值	碳减排技术分类	碳排放形式	量化方法
5.1.5	建筑照明数量和质量	—	电气与照明	碳源	降低电气与照明能耗
5.1.6	室内热环境设计参数	—	暖通空调	碳源	计算对暖通空调系统能耗的影响
5.1.7	围护结构热工性能	—	暖通空调	碳源	降低暖通空调能耗
5.1.8	室内热环境现场独立控制调节装置	—	暖通空调	碳源	降低暖通空调能耗
5.2.8	天然采光	12	电气与照明	碳源	降低建筑照明能耗
5.2.10	改善自然通风效果	8	暖通空调	碳源	降低暖通空调能耗
5.2.11	可调节遮阳设施	9	暖通空调	碳源	降低暖通空调能耗
7.1.2	供暖、空调分区设计和控制	—	暖通空调	碳源	降低暖通空调能耗
7.1.3	建筑功能空间分区温度设置	—	暖通空调	碳源	降低暖通空调能耗
7.1.4	照明节能控制	—	电气与照明	碳源	降低电气与照明能耗
7.1.6	电梯和扶梯节能控制	—	电气与照明	碳源	降低电梯和扶梯能耗
7.2.4	建筑围护结构的热工性能	10	暖通空调	碳源	降低暖通空调能耗
7.2.5	供暖空调系统的冷、热源机组能效	10	暖通空调	碳源	降低暖通空调能耗
7.2.6	供暖空调系统的末端系统及输配系统节能措施	5	暖通空调	碳源	降低暖通空调能耗
7.2.7	节能型电气设备及节能控制措施	10	电气与照明	碳源	降低电气设备能耗
7.2.8	建筑设计能耗和运行能耗控制	10	暖通空调、电气与照明	碳源	降低暖通空调、照明能耗
7.2.9	可再生能源利用	15	可再生能源	碳源	计算可再生能源利用量
8.1.3	植物种类、种植区域条件、复层绿化	—	绿化固碳	碳汇	计算绿植碳汇量
8.2.3	场地空间绿化	16	绿化固碳	碳汇	计算绿植碳汇量
9.2.1	进一步降低建筑供暖空调系统的能耗	30	暖通空调	碳源	降低暖通空调能耗
9.2.3	蓄冷蓄热蓄电、建筑设备智能调节等技术	20	可再生能源	碳源	计算可再生能源利用量
9.2.4	场地绿容率	5	绿化固碳	碳汇	计算绿植碳汇量

标准中与建筑碳减排直接相关条款的总分值为160分，占评分项和创新项分值（满分为700分）的22.86%。图3-1给出了不同直接碳减排措施的分值，从高到低依次为暖通空调（77分）、电气与照明（27分）、绿化固碳（21分）、可再生能源（35分），占评分项和创新项分值比重分别为11.00%、3.86%、3.00%、5.00%。

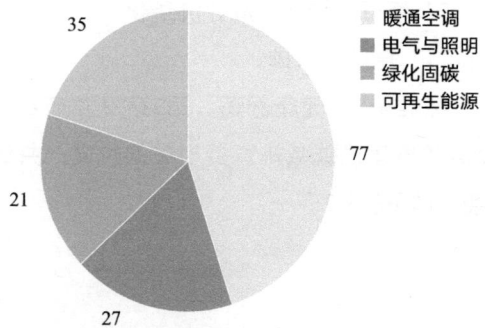

图3-1 直接碳减排条款分值

（2）间接碳减排

标准第6章生活便利、第7章资源节约、第8章环境宜居章节中均设置了与建筑碳减排直接相关的条文，共计10条，详见表3-3。

修订版绿建标准中关于直接碳减排的评价条款
表 3-3

条文编号	条文内容	分值	碳减排技术分类	碳排放形式	量化方法
6.1.5	建筑设备管理系统	—	管理	碳源	分析建筑各部分能耗
6.2.6	用能自动远传和计量系统	8	管理	碳源	分析对建筑能耗的影响
6.2.10	节能管理制度	5	管理	碳源	分析对建筑能耗的影响
6.2.12	运行优化	10	管理	碳源	分析对建筑能耗的影响
7.1.1	建筑体形、平面布局、空间尺度、围护结构等节能设计	—	暖通空调	碳源	计算对暖通空调、照明系统能耗的影响
7.1.5	能耗独立分项计量装置	—	管理	碳源	分析建筑各部分能耗
8.1.1	建筑日照	—	电气与照明	碳源	计算对照明能耗的影响
8.1.2	室外热环境	—	暖通空调	碳源	计算对暖通空调系统能耗的影响
8.2.9	降低热岛强度	10	暖通空调	碳源	计算对暖通空调系统能耗的影响
9.2.7	降低建筑全寿命期碳排放强度	30	管理	碳源	计算建筑各部分碳排放

标准中与建筑碳减排间接相关条款的总分值为53分，占评分项和创新项分值（满分为700分）的7.57%。图3-2给出了不同间接碳减排措施的分值，从高到低依次为管理（43分）、暖通空调（10分），占评分项和创新项分值比重分别为6.14%、1.43%。

（3）隐含碳减排

标准第4章安全耐久、第7章资源节约章节中均设置了降低建筑隐含碳排放相关的条文，共计17条，详见表3-4。

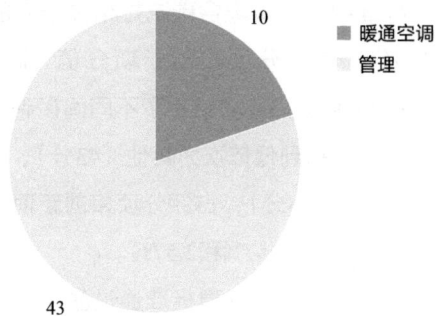

图3-2 间接碳减排条款分值

修订版绿建标准中关于隐含碳减排的评价条款
表 3-4

条文编号	条文内容	分值	碳减排技术分类	碳排放形式	量化方法
4.1.2	建筑结构满足承载力和建筑使用功能要求	—	其他	碳源	—
4.1.3	外部设施应与建筑主体结构统一设计、施工	8	建材	碳源	计算建材用量
4.1.4	非结构构件等连接牢固并能适应主体结构变形	5	其他	碳源	—
4.2.1	抗震性能	10	其他	碳源	—
4.2.6	提升建筑适变性	18	其他	碳源	—

条文编号	条文内容	分值	碳减排技术分类	碳排放形式	量化方法
4.2.7	提升建筑部品部件耐久性	10	其他	碳源	—
4.2.8	提高建筑结构材料的耐久性	10	其他	碳源	—
4.2.9	采用耐久性好、易维护的装饰装修建筑材料	9	其他	碳源	—
7.1.8	建筑结构和形体规则	—	建材和施工	碳源	计算建材用量和施工工程量
7.1.9	建筑造型要素简约	—	建材	碳源	计算建材用量
7.1.10	建材运输距离、预拌混凝土和预拌砂浆	—	建材	碳源	计算建材用量
7.2.14	土建工程与装修工程一体化设计及施工	8	建材和施工	碳源	计算建材用量和施工工程量
7.2.15	高强结构材料与构件	10	建材	碳源	计算建材用量
7.2.16	工业化内装部品	8	建材和施工	碳源	计算建材用量和施工工程量
7.2.17	可再循环材料、可再利用材料及利废建材	12	建材	碳源	计算建材用量
7.2.18	绿色建材	12	建材	碳源	计算建材用量
9.2.8	绿色施工	20	建材和施工	碳源	计算施工工程量

注：其他碳排放为延长绿色建筑使用寿命带来的综合减碳效益。

标准中与建筑隐含碳减排相关条款的总分值为140分，占评分项和创新项分值（满分为700分）的20.00%。图3-3给出了不同间接碳减排措施的分值，从高到低依次为其他（43分）、管理（10分）、施工（18分），占评分项和创新项分值比重分别为8.86%、8.57%和2.57%。

综上，修订版绿建标准通过基本规定、控制项、评分项和创新项等多层次、多专业设置了直接与间接碳减排、隐含碳排措施，促进绿色建筑节能减排，积极引领建筑层面的碳达峰与碳中和。

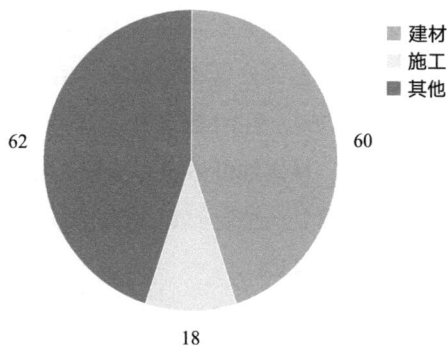

图3-3 隐含碳减排条款分值

2．减碳效果分析

通过统计6个《绿色建筑评价标准》GB/T 50378—2019获得绿色建筑标识的项目，包括居住建筑3个以及交通建筑、学校建筑、办公建筑各1个，分别位于寒冷地区、夏热冬冷地区和严寒地区，总面积共计41.43万m²。分析绿色建筑减碳效果，并对以上绿色建筑项目运行总能耗和单位面积能耗进行分析，通过相应电力、热力碳排放因子，折算出运行碳排放（表3-5）。

编号	项目	建筑类型	星级	单位面积碳排放 [kgCO$_2$/(m^2·a)]	碳减排率 (与基准建筑相比)
1	N1	公共建筑(交通)	三星	43.33	20.00%
2	N2	公共建筑(学校)	三星	18.17	28.00%
3	N3	公共建筑(办公)	三星	36.61	22.00%
4	N4	居住建筑	三星	10.38	44.98%
5	N5	居住建筑	三星	15.81	35.12%
6	N6	居住建筑	二星	16.21	17.30%

　　6个绿色建筑标识项目每年运行碳排放总量为10111.99tCO$_2$/a,其中居住建筑每年碳排放为3394.69tCO$_2$/a,单位面积年均碳排放为15.66kgCO$_2$/(m^2·a),比全国平均值的29.02kgCO$_2$/(m^2·a)降低46.04%;公共建筑每年碳排放为6717.30tCO$_2$/a,单位面积年均碳排放为34.02kgCO$_2$/(m^2·a),比全国平均值的60.78kgCO$_2$/(m^2·a)降低44.03%。此外,6个项目运行碳排放,比基准建筑降低17%~44%。经计算,每年碳减排可达3560.06tCO$_2$,其中居住建筑每年碳减排为1607.70tCO$_2$/a,单位面积年均碳减排为7.41kgCO$_2$/(m^2·a);公共建筑每年碳减排为1952.36tCO$_2$/a,单位面积年均碳减排为9.89kgCO$_2$/(m^2·a)。

3.2
绿色建筑碳排放水平特征

▶　　采用第2章所述的绿色建筑碳排放计算方法,对不同气候区的居住建筑和办公建筑在不同绿色建筑技术应用下的碳排放进行初步分析(表3-6、图3-4)。

居住建筑和办公建筑模型物理信息　　　　　　　　　　　　　　表 3-6

基本参数	居住建筑	办公建筑
层数(层)	22	5
建筑高度(m)	69.75	23.25
地上建筑面积(m^2)	10373	14419.6
建筑占地面积(m^2)	502	2873.64
结构形式	钢筋混凝土剪力墙及框架结构	钢筋混凝土剪力墙及框架结构

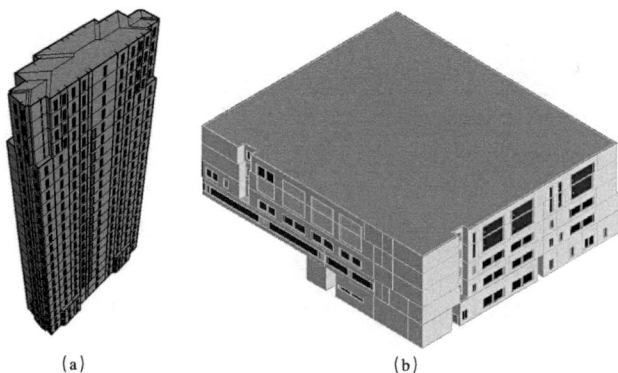

图3-4 居住建筑和办公建筑模型
(a) 居住建筑；(b) 办公建筑

在参数设置方面，根据不同气候区现行的建筑节能设计标准设置了基准建筑模型，在满足《绿色建筑评价标准》GB/T 50378—2019第3.2.8条规定的基础上，根据绿色建筑星级，分别基于围护结构、暖通空调系统、照明和设备、电梯、可再生能源（太阳能热水和光伏发电）、绿色建材和可循环材料用量、绿色施工、绿地率等要求，设置了不同的减碳情景。

计算结果表明，绿色居住建筑和公共建筑在不同气候区均能够大幅降低碳排放，并且绿色建筑星级越高，碳减排量越高（图3-5、图3-6）不同地区绿色建筑技术的碳减排贡献存在较大差别；与普通节能居住建筑相比，各气候区一星级、二星级和三星级绿色居住建筑碳减排幅度分别为12% ~ 16%、23% ~ 34%、32% ~ 46%；与普通节能办公建筑相比，各气候区一星级、二星级和三星级绿色办公建筑碳减排幅度分别为10% ~ 12%、23% ~ 29%、34% ~ 50%。

绿色居住建筑碳减排潜力较大的绿色低碳技术措施主要为：建材、可再生能源、照明、围护结构和供暖空调设备五个方面；绿色办公建筑碳减排潜力较大的绿色低碳技术措施主要为：建材、照明、可再生能源、动力设备、围护结构、供暖空调设备六个方面。

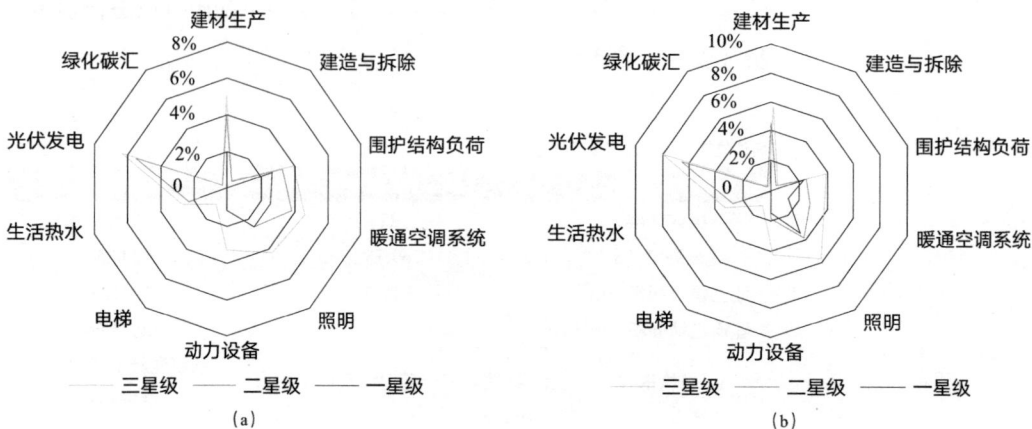

(a)

(b)

建筑低碳建设关键技术

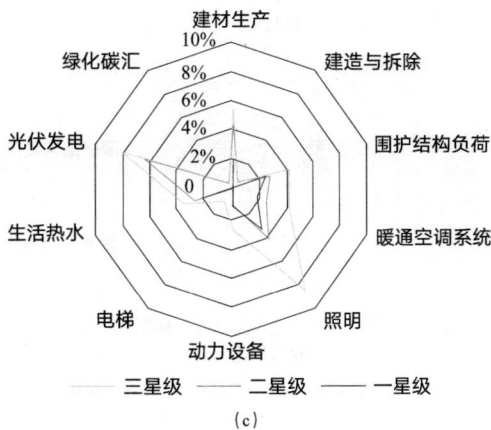

(c)

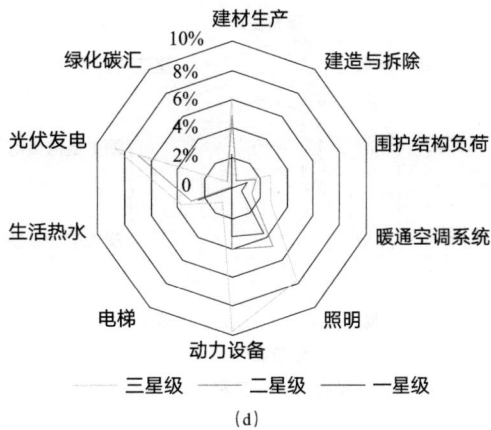

(d)

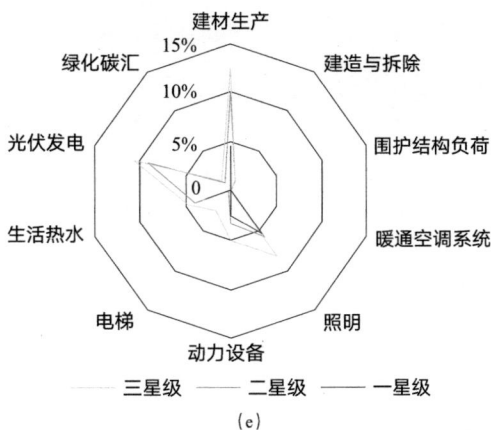

(e)

图3-5 绿色居住建筑主要技术措施碳减排贡献
(a) 严寒地区；(b) 寒冷地区；(c) 夏热冬冷地区；(d) 夏热冬暖地区；(e) 温和地区

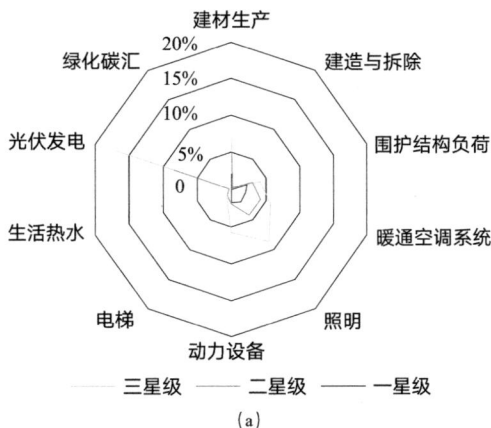

(a)

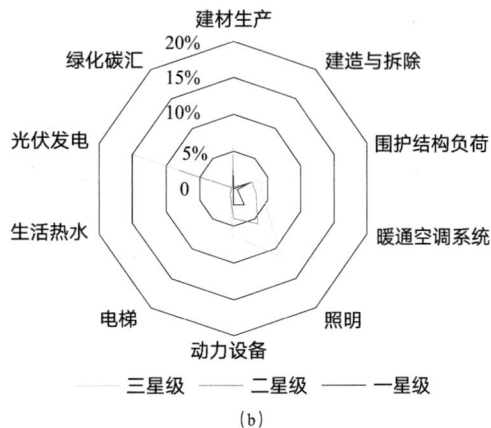

(b)

建材生产
12%
10%
8%
6%
4%
2%
0
绿化碳汇
建造与拆除
光伏发电
围护结构负荷
生活热水
暖通空调系统
电梯
照明
动力设备

—— 三星级 —— 二星级 —— 一星级

（c）

建材生产
12%
10%
8%
6%
4%
2%
0
绿化碳汇
建造与拆除
光伏发电
围护结构负荷
生活热水
暖通空调系统
电梯
照明
动力设备

—— 三星级 —— 二星级 —— 一星级

（d）

建材生产
12%
10%
8%
6%
4%
2%
0
绿化碳汇
建造与拆除
光伏发电
围护结构负荷
生活热水
暖通空调系统
电梯
照明
动力设备

—— 三星级 —— 二星级 —— 一星级

（e）

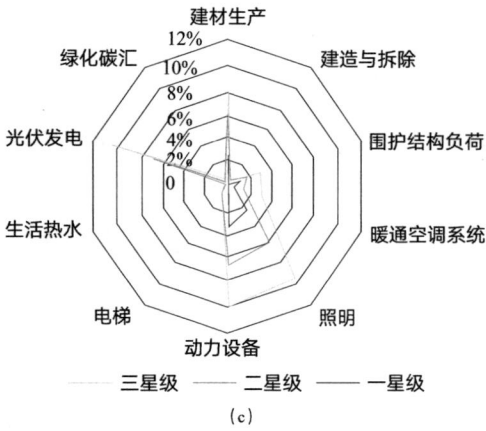

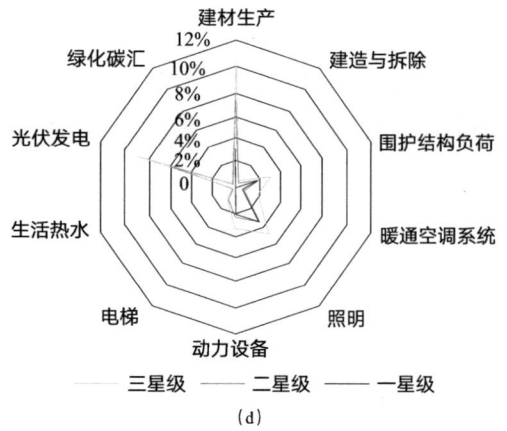

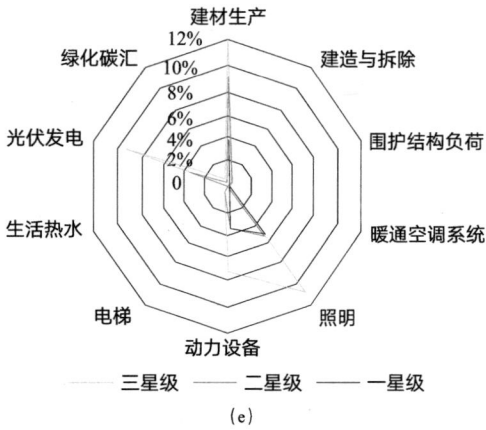

图3-6 绿色办公建筑主要技术措施碳减排贡献
（a）严寒地区；（b）寒冷地区；（c）夏热冬冷地区；（d）夏热冬暖地区；（e）温和地区

第 2 篇

技术篇

第 4 章　绿色建筑碳中和设计策略与方法

绿色建筑设计是建筑师在方案创作中进行判断、选择、取舍的过程，在过程中会受各种外部或内部因素影响，从而影响到绿色建筑后期运行阶段的能耗与碳排放水平。绿色建筑碳中和设计不应过度依赖太阳能光伏发电、暖通空调系统等主动式技术，而应聚焦于建筑本身，设计贯彻可持续发展理念的被动式绿色建筑。站在建筑师的角度，绿色建筑碳中和设计应遵循"从场地到建筑、由外部至内部、自宏观到微观"的设计原则，包括空间自然性设计、低碳建材选用、能量集约性设计三方面的设计方法（图4-1）。

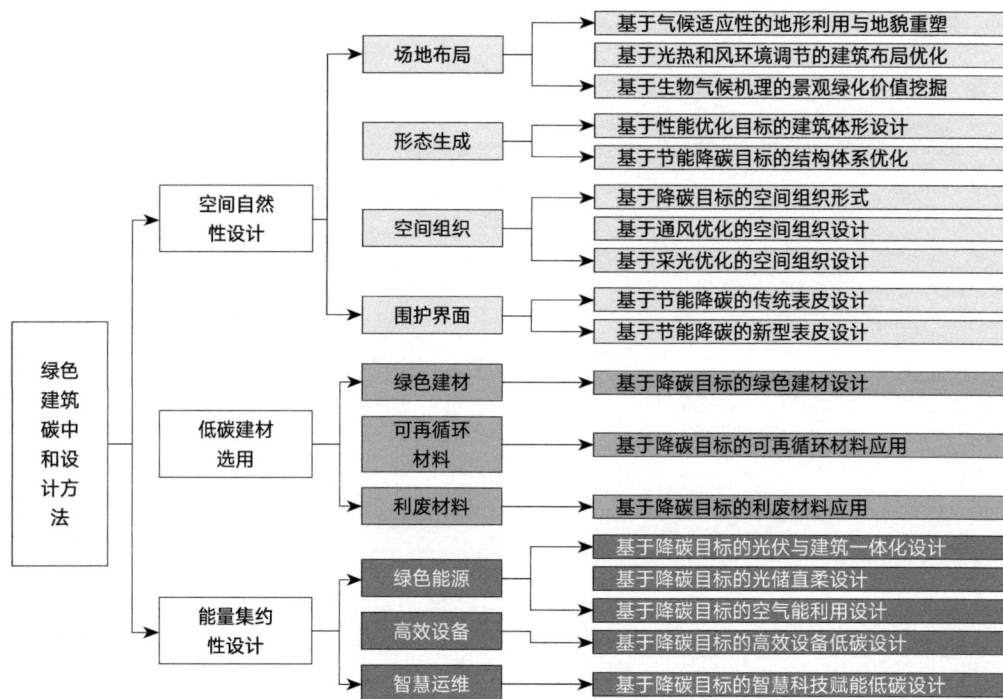

图4-1 碳中和设计策略

4.1
空间自然性设计方法

▶ 　空间自然性设计方法是建筑师主导的设计手段，优先于设备设施节能的总体谋划，具有源头节能降碳的特征和优势。在建筑设计阶段融合绿色低碳理念，既能使建筑设计风格多样化，充分展现地域文化和人文特色，还能显著降低后期建筑运行过程中的碳排放。空间自然性设计方法应秉承"以场地布局为基础，以形态生成为先导，以空间调节为核心"的原则，通常包括场地布局低碳设计、形态生成低碳设计、空间组织低碳设计、围护界面低碳设计四方面。

4.1.1 场地布局低碳设计方法

4.1.1.1 基于气候适应性的地形利用与地貌重塑
1. 设计方法

建筑设计通常从场地布局开始，布局的合理性直接影响建筑物与周围环境的协调性，从而关系到后期的建筑降碳效果。场地布局应充分考虑当地的气候，最大限度地利用自然采光、自然通风，减少因采光、通风、供暖、空调所导致的碳排放。场地微气候随地形地貌的变化会产生不同程度的变化：冷空气沉积于谷底；主导风跟随山谷的走向；自然风在开阔地增强，而在树木阵列后减弱；水体有助于调节气候变化幅度，并可吸热增湿；覆土可助益内部空间冬暖夏凉。庭院纳荫、临水设亭、覆土造穴、树阵防风等都是场地布局中进行地形改造的不同方法，可在不同气候和地貌条件中因地制宜地选用（表4-1）。

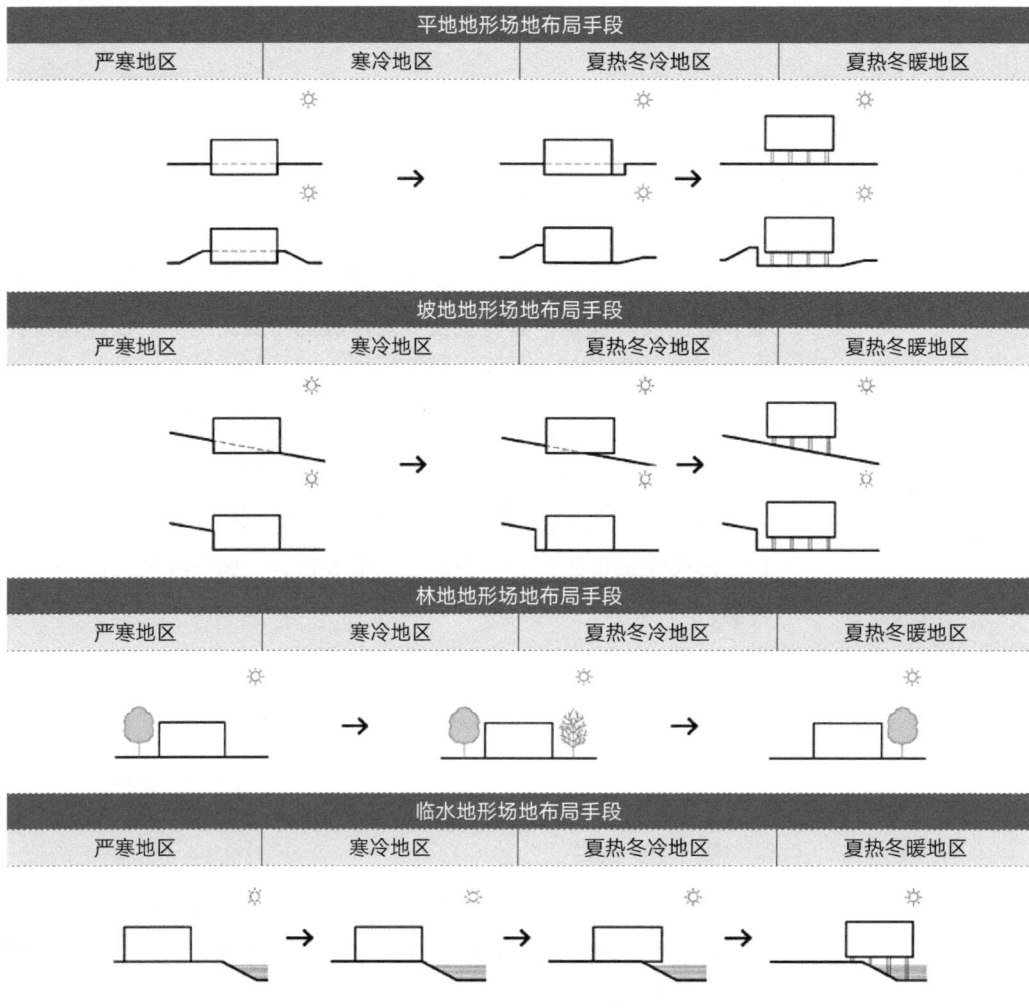

平地地形场地布局手段			
严寒地区	寒冷地区	夏热冬冷地区	夏热冬暖地区

坡地地形场地布局手段			
严寒地区	寒冷地区	夏热冬冷地区	夏热冬暖地区

林地地形场地布局手段			
严寒地区	寒冷地区	夏热冬冷地区	夏热冬暖地区

临水地形场地布局手段			
严寒地区	寒冷地区	夏热冬冷地区	夏热冬暖地区

2. 优秀案例

陕西"秦风书阁"低碳校园图书馆延续了与场所环境"融合互为"的立场，探索了因地制宜的建筑低碳化路径（图4-2）。建筑被农田及散落的村落所环抱，并与南面的秦岭山

图4-2 陕西"秦风书阁"低碳校园图书馆

脉遥相呼应，坐北朝南的建筑形式利于建筑在冬季获取更多的太阳辐射，背靠山脉的设计有利于在过渡季和夏季获得较好的自然通风及降温效果（尤其是夏季午后由南至北的下山风）。

4.1.1.2 基于光热和风环境调节的建筑布局优化

1．光热环境调节下的场地布局

日照对建筑设计具有重要作用，良好的日照条件有利于天然采光和建筑得热，从而降低建筑能耗与碳排放。在建筑设计过程中，需谨慎处理建筑物之间的相互遮挡问题，以确保理想的日照状况：条状排列的建筑群体可采取交错布置的方式，通过山墙间的间隔来获取充足的阳光照射；点状和条状组合建筑群宜将点状建筑置于南侧，条状建筑置于其后，巧妙利用两者之间的间隙以优化日照条件。在严寒与寒冷地区，城市住宅布置时可利用东西向住宅围合成封闭或半封闭的布局方案来达到优化日照的效果（表4-2）。

基于光热环境的建筑布局策略 表 4-2

条状建筑布局	条状与点状建筑布局	围合式建筑布局

选择合理的建筑朝向是绿色建筑布局中不可忽视的设计要求。根据Ajla Aksamija的《Sustainable Facade: High Performance Building Envelopes》书中的能耗模拟分析，在北半球，从严寒到炎热的气候区，坐北朝南一直是最佳的建筑朝向，可以减少建筑的供暖及供冷能耗。南北向的建筑布局有利于建筑采光和太阳得热，北向在全年大部分时间无直射光，仅有散射光，基本不需要遮阳；南向的太阳高度角较高，便于建筑采光及设置遮阳；而东西向的太阳高度角较低，采用固定遮阳的效果较弱，同时难以平衡自然采光以及控制眩光。

因此，在建筑设计中，应尽可能使建筑长边面向南向，减少东西向外墙长度，建筑的朝向也可根据当地的具体情况进行稍许旋转。严寒和寒冷地区的建筑总图布局更应考虑选取冬季太阳直射的位置，将高频率使用的空间放在该区位，增加内部太阳能得热。在城市密集建设区场地相对狭小的条件下，建筑场地在水平方向的调节受限，可在垂直方向通过建筑总体形态调节，获得更多的阳光。在夏热冬暖地区，其建筑总体布局则宜利用周边建筑或高大乔木，选取夏季阴影区域，以利用建成环境形成遮阳降低内部得热，减轻空调制冷负荷。

广州珠江城大厦位于广州市珠江新城CBD的核心区域，在设计时充分考虑建筑朝向，通过南偏东12.8°进行调整，使建筑获得了开阔的江面视野和极佳的城市景观（图4-3）。设计师通过日照分析，设计了适应岭南气候的东南建筑朝向和白色的流线形外观，在充分利用了中午自然光的同时，最大限度避免了夏季东、西外墙的暴晒；南北立面采用双层呼吸式幕墙，大幅降低了夏季进入室内的太阳辐射热量和传热量。

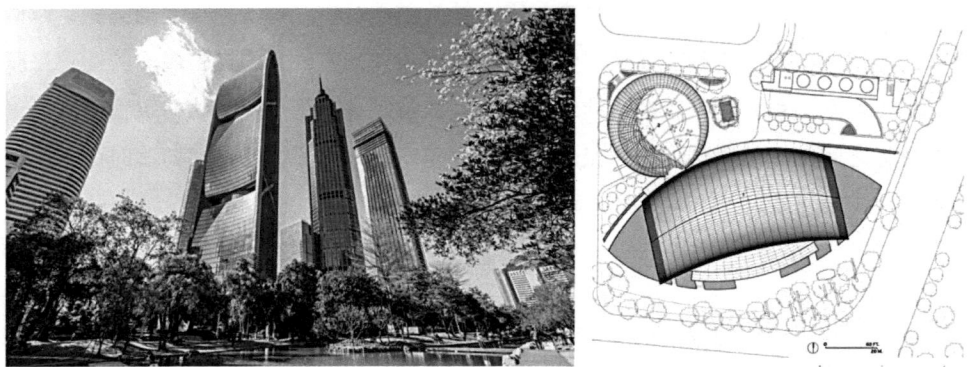

图4-3 广州珠江城大厦

2. 风环境调节下的建筑布局

建筑布局包括适应和调节场地风环境的过程，建筑师应首先依据不同气候区的冬夏两季盛行风及过渡季节的主导风向进行建筑合理布局。在冬夏差异较大的季风气候区，冬季风来风方向建筑体量宜紧凑，防止冷风进入造成热损失；夏季风来流方向体量宜松散，借由自然风提升夏季室内热舒适度；过渡季节在多个主频风向上宜设计进风开口引入大量自然通风。在夏季漫长的炎热地区，在主导来风方向宜留出开阔的室外空间以增加夏季和过渡季节来流风到达主体建筑的机会。在寒冷地区，建筑宜布置于场地北侧的邻近建筑风影区，利用邻近建筑形成封堵冬季冷风的屏障，避免冷风渗透造成的热损失。夏热冬暖地区全年温度变化幅度相对较小，各个方向的来流风都可为建筑所利用。由此不同气候区会形成差异明显的建筑布局形态（表4-3）。

此外，风环境调节下的建筑布局策略还包括引风、弱风和自然通风。引风策略即增强场地通风能力，减小静风涡流区面积。弱风策略即减小地块内1.5m人行高度处最大风速比和风影面积，同时降低建筑表面风速。自然通风策略使建筑前后风压差处于0.5~5Pa的区间（表4-4）。

严寒地区	寒冷地区	夏热冬冷地区	夏热冬暖地区

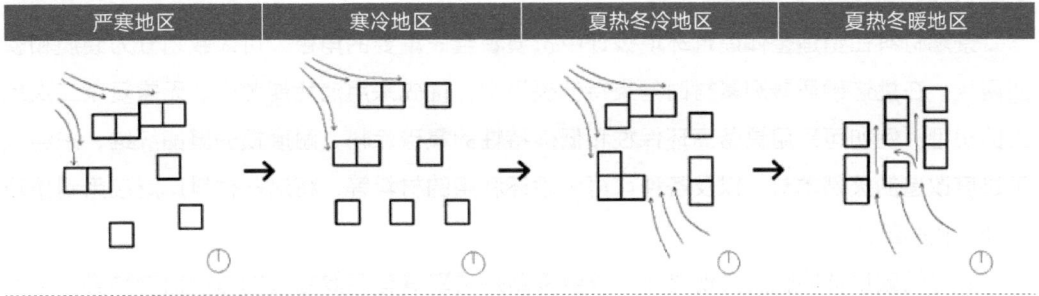

基于风环境调节的建筑布局策略   表 4-4

引风策略	弱风策略	自然通风策略
减小地块密度、容积率，选择行列式布局	减小迎风排建筑高度，合理控制建筑前后排高差	合理控制地块密度与容积率，错列式与斜列式布局，避免出现风漏斗效应

崇明体育训练基地一期项目采取因势利导的策略，将室外风环境作为基本参数进行系统的性能模拟与优化。在三栋主建筑之间，设计师创造出弧形的建筑界面，该界面顺应夏季主导风的风向，成为风道通廊。同时，在建筑底层采取架空的格局，形成自然风向内部庭院渗透的模式，使建筑的风性能体形调控能够在夏季降低15%的建筑能耗（图4-4）。

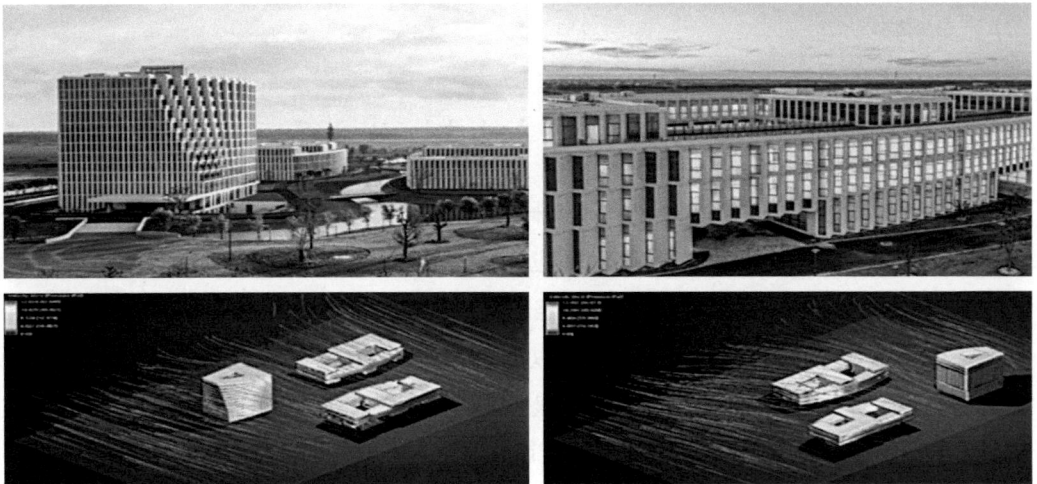

图4-4 崇明体育训练基地一期项目

4.1.1.3 基于生物气候机理的景观绿化价值挖掘

1．设计方法

建筑景观是植物、水和土壤各个系统之间的整合，良好的景观设计有助于提高能源效率、增强生物多样性以及改善热舒适度和空气质量。景观低碳设计包括选择低碳型景观材料、营造低碳景观水系、景观融合降低热岛效应等设计方法。

1）选择低碳型景观材料

景观材料在塑造整体建筑环境设计中扮演着至关重要的角色，可大致划分为硬质和软质两类。在挑选硬质景观素材时需秉持低碳原则，优先采用消耗能源少、无需复杂二次加工的类型；例如可采用具备高环保性和低碳特性的氟碳涂料、耐磨损的聚酯纤维、未经人工过度改造的天然木材，以及各种可再生循环利用的材料等，将这些材料广泛应用到景观设计的核心部分。

针对低碳设计的软质景观材料，首要策略是选取具有高效固碳能力的植物种类，以此提升绿地的碳捕获能力，兼顾美学与环保目标。其次，应当选用适应当地环境的本土树种，全面考量地域、地貌、土壤条件，确保植物选择既满足场地的实际需求和视觉效果，又遵循低碳原则。再者，强调植物配置的科学性，研究显示，植物单位面积固碳率从高到低依次为：常绿灌木、落叶乔木、常绿乔木和落叶灌木（表4-5）；因此，规划植物景观布局时，宜构建多层植被结构、增加乔木数量、提升落叶树比例、深入了解植物的生物学特性，实现植物组合的优化，进一步强化场地的碳汇功能。

不同植物类型的固碳能力   表 4-5

植物类型	单位面积固碳量 [g/ (m² · d)]	整株平均固碳量（g · d）
乔木	8.06	429.18
灌木	12.89	169.25
常绿植物	9.83	298.76
落叶植物	9.19	403.64

2）营造低碳景观水系

在低碳景观设计中，应注重"景观设计"与"水体治理"相结合的理念，系统科学地推进水环境治理的"减污、减碳"协同效应。一是倡导实施雨水资源的高效管理，包括对建筑顶部、街道、私人庭院及公共广场等各类区域的雨水进行有序收集，经过精心处理后用于绿化灌溉、日常生活用水、景观补充以及道路清洁，进而显著减轻水资源的压力，同时起到涵养土壤的作用（图4-5）。二是积极引流雨水下渗，选用下凹式的绿地形式，通过高低差的形式过滤雨水中的污染物，涵养土壤、避免水土流失，实现绿地的高固碳作用。

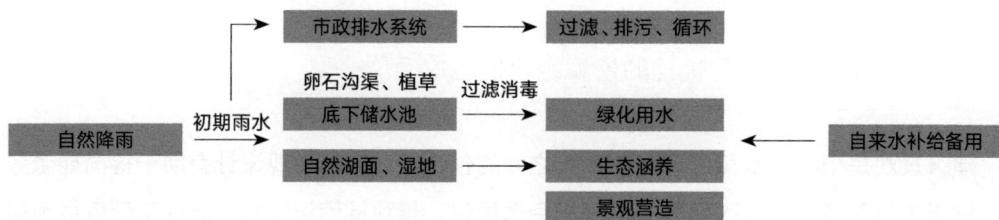

图4-5 雨水收集利用示意图

3) 景观融合降低热岛效应

热岛效应会增加建筑物周围环境的温度，从而对建筑物夏季制冷和冬季供暖的能源消耗产生直接影响。对于气候炎热的城市，应结合场地景观设计降低热岛效应（图4-6）。在景观路面材料选择方面：一是优先选择凉爽材料，包括大理石、花岗石等；二是选用反射路面，通过增加材料表面的太阳反射率或反照率来降低地表温度；三是采用集蓄热路面，其中的相变材料在一定温度条件下可通过相变吸收或释放潜热以调节温度。在软质景观方面，在绿化设计中，植物作为最常用的手段被用于应对城市热岛效应，常被巧妙布局于大型硬质景观的内部或边缘以创造出遮阴区域，不仅增加了阳光直射区的使用价值，还能维持周围局部气候的稳定性；另一方面，小型水体因其低反射率和高热容量，通过蒸发作用显著降低周围环境的热度，是提升城市硬质空间热舒适度的有力策略。

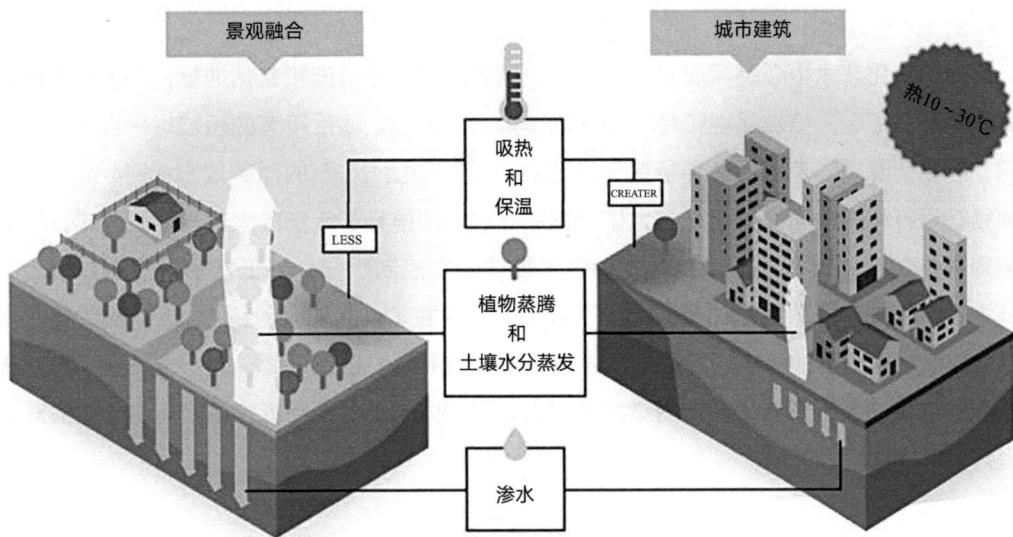

图4-6 景观融合降低热岛效应

2．设计效果

目前，相关学者对于景观低碳设计的降碳效果研究集中于绿化降碳和水系统低碳优化方面。《中国绿色低碳住区技术评估手册》中详细描述了不同栽植方式单位面积40年CO_2的固定量（表4-6）。在水系统低碳优化方面，相关学者计算了采用透水铺装、绿色屋顶、下沉式绿地三种水系统低碳设计方法的碳减排率，分别为12.04%、15.58%和72.25%。

不同栽植方式单位面积 40 年 CO_2 的固定量   表 4-6

种植方式	CO_2固碳量（kg/m²）
乔灌草混合种植区 （乔木平均种植间距<3.0m，土壤深度>1.0m）	1100
乔灌草混合种植区 （乔木平均种植间距<3.0m，土壤深度>0.9m）	900

种植方式	CO$_2$固碳量（kg/m^2）
落叶大乔木（土壤深度>1.0m）	808
落叶小乔木、针叶木或疏叶性乔木（土壤深度>1.0m）	537
大棕榈类（土壤深度>1.0m）	410
密植灌木丛（高约1.3m，土壤深度>0.5m）	438
密植灌木丛（高约0.9m，土壤深度>0.5m）	326
密植灌木丛（高约0.45m，土壤深度>0.5m）	205
多年生蔓藤（以立体攀附面积计量，土壤深度>0.5m）	103
高草花花圃或高茎野草地（高约1.0m，土壤深度>0.3m）	46
一年生蔓藤、低草花花圃或低茎野草地（高约0.25m，土壤深度>0.3m）	14
人工修剪草坪	0

3．优秀案例

光明文化艺术中心是深圳光明科学城的重要公共配套设施和文化地标，该项目在建造时选择了高汇碳的植被品种和种植群落以增大固碳效益。项目所有的植被均来自本地的苗圃，乔木、灌木、草地混合种植的设计方式可以帮助提升33%的固碳效率（图4-7）。鉴于项目在运行和维护期间可能产生大量碳排放，设计师摒弃了传统的大规模灌溉模式，转而采用高效的自动化微喷灌系统，这种技术能够精准控制水分，降低水资源浪费；引进了低维护且生态友好的植物种类，减少了人工干预的需求；此外，创新性地将60%的再生水源（如废水处理后的中水、收集的雨水以及空调冷凝水）用于灌溉，进一步减少了对新鲜水源的依赖。这一系列举措使得维护频率降低了40%，实现了经济效益和环境效益的双重提升。

图4-7 光明文化艺术中心乔灌草设计

4.1.2 形态生成低碳设计方法

在场地布局设计基础上，方案阶段的建筑形态设计至关重要。建筑体形是建筑生成的基础，对后期运行阶段的室内采光、通风、日照、热舒适等性能指标都有直接影响；结构体系是建筑的骨架，直接关系到建筑的安全稳定性和建造阶段的碳排放量。通过对二者进行优化设计，为后期建筑内部空间和设施设备的节能降碳奠定基础。

4.1.2.1 基于性能优化目标的建筑体形设计

1．设计方法

建筑体形在建筑低碳设计中扮演着重要角色，良好的体形设计不仅有助于提升建筑使用价值，也有助于改善室内环境和提升建筑节能降碳效果。在建筑体形设计中，建筑师通常通过设置退台、下挖中庭、搭建连廊等方式增加建筑外形的美观性，同时通过控制建筑的体形系数以实现节能降碳的目标。

根据《严寒和寒冷地区居住建筑节能设计标准》JGJ 26—2018，建筑体形系数是指建筑物与室外大气接触的外表面积与其所包围的体积的比值，即单位建筑体积所分摊到的外表面积；体形系数的大小对建筑能耗和碳排放具有较大影响，体形系数越小，单位建筑体积对应的外表面积越小，外围护结构的传热损失越小。从降低建筑能耗的角度出发，应将体形系数控制在一个较小的水平上。控制体形系数的大小可采用合理规划建筑平面布局形式、采用适宜的面宽与进深比例、增加建筑层数以减小平面展开等设计方法。

除了上述三种直接控制建筑体形系数的设计方法外，在实际工程的建筑平面设计方面，应权衡利弊，充分考虑本地区气候条件（太阳辐射强度、风环境）、围护结构构造等各方面的因素。对于严寒和寒冷地区，应尽可能地减少房屋的外围护结构面积，降低建筑外形的复杂程度，减少凹凸面，避免因此造成体形系数过大；同时，体形设计可通过优化建筑朝向和角度来扩大太阳能利用，增强建筑物的保温性能以达到减少能源消耗的目的。对于夏热冬冷和夏热冬暖地区，可充分利用建筑外表面的凹凸性以实现建筑的自身遮阳，减少夏季阳光照射的面积，减少室内温度的升高以避免能源浪费（表4-7）。

对于不同的建筑类型，建筑体形设计也应结合建筑的功能和适用场所以综合考量。对于商场、大型办公楼等公共建筑，建筑的体形设计不仅要充分考虑节能效果，还应兼顾建筑物的美观性和舒适度，进而提升建筑的使用价值。对于住宅建筑，建筑的体形设计不仅要考虑建筑节能效果和空气流通性，还应充分考虑室内空间和各类功能的可利用性。

不同气候区的建筑平面设计策略　　　　　　　　　　　　　　　　　　　　　　　表4-7

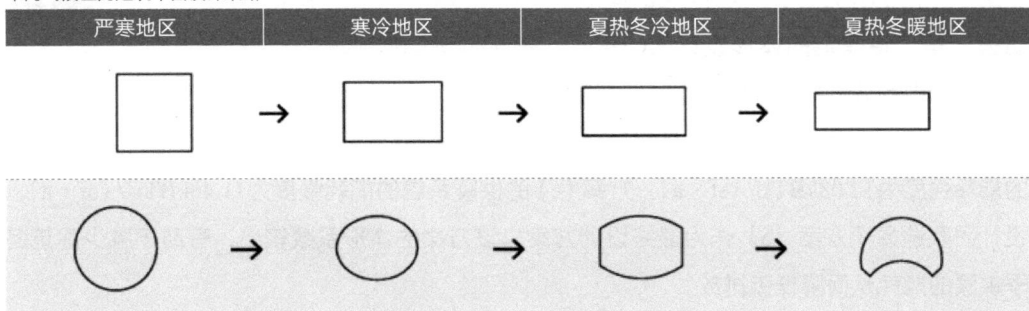

严寒地区	寒冷地区	夏热冬冷地区	夏热冬暖地区

严寒地区	寒冷地区	夏热冬冷地区	夏热冬暖地区

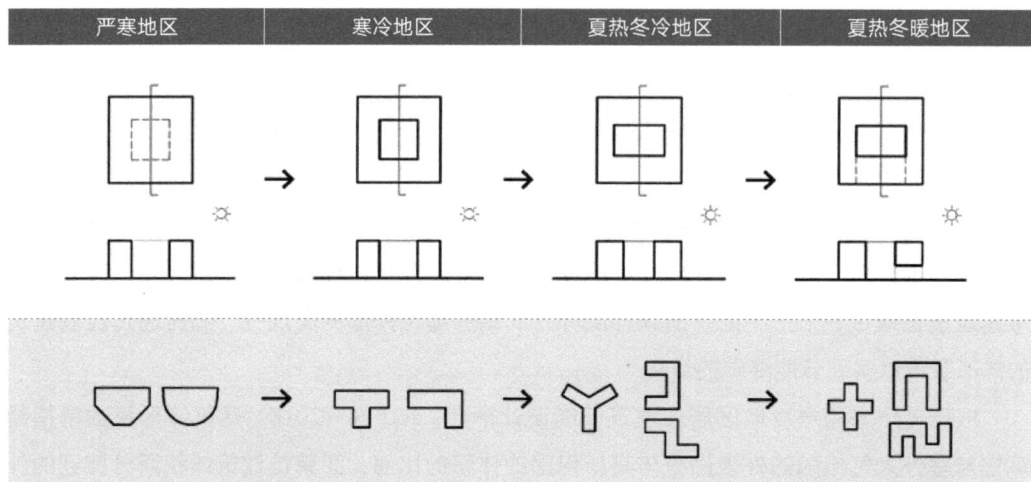

2．设计效果

相关学者依据《建筑抗震设计规范》GB 50011—2010（2016年版），将建筑形体的规则性分为规则、不规则、特别不规则、严重不规则四类。严重或特别不规则建筑形体结构材料用量增加5%～15%，直接增加生产、运输和拆除阶段的碳排放5%～15%；严重或特别不规则建筑形体增加施工作业难度，间接增加建造、拆除阶段的碳排放5%左右；严重或特别不规则建筑形体增加运行期间的维护维修难度，间接增加运行阶段的碳排放5%左右。

3．优秀案例

布利特中心位于美国的西雅图，该建筑所处的地区与我国大兴安岭地区处于同纬度，冬季漫长而寒冷（每年10月到次年5月），供暖能耗在建筑总体能耗中占三分之一（图4-8）。因此，建筑师在建筑的体形分析中，主要考虑降低供暖能耗。项目在早期的方案设计中考虑了三个不同的体形方案：将建筑的体形切去一角，将建筑的体形设计为C形平面，采用退台式的L形平面（图4-9）。通

图4-8 美国西雅图布利特中心

过计算分析，方案（a）的供暖系统的能耗强度为10kBTU/（sf·a），方案（b）的供暖系统的能耗强度为12.08kBTU/（sf·a），方案（c）的供暖系统的能耗强度为11.46kBTU/（sf·a）。设计团队选择了方案（a）作为最终设计方案，该方案的体形系数较小，有助于减少建筑冬季供暖的能耗从而降低碳排放。

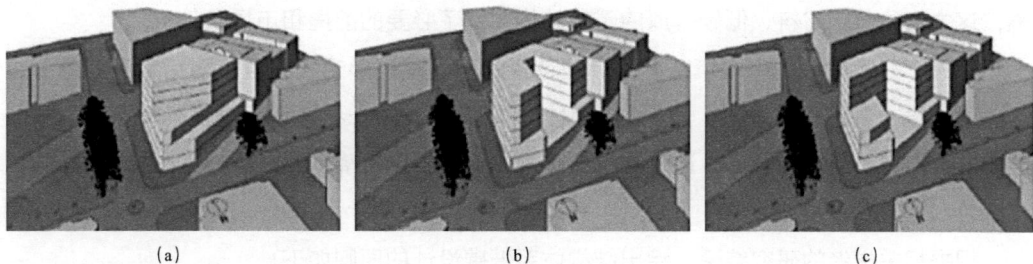

図4-9 布利特中心体形设计方案
(a) 将建筑体形切去一角; (b) 采用C形平面布局; (c) 采用退台式L形布局

4.1.2.2 基于节能降碳目标的结构体系优化

1. 设计方法

建筑结构低碳设计源于传统的结构技术，是致力于在整个建筑生命周期内减少碳排放的设计手法，涉及的跨学科领域包括结构工程、材料科学、环境影响和可持续性等多个方面。与现阶段结构各领域技术研究相对应，结构低碳设计方法主要包括提高设计标准（如增加设计使用年限或耐久年限），提升抗震性能（如采用减隔震技术、摇摆结构、大震可更换技术、钢板剪力墙结构），应用高性能材料（如采用高强材料或高耐久性材料），提升抗风性能（如采用气动优化技术），提高工业化程度（如采用装配式建筑），增加碳汇（如采用木结构或可再生材料），建拆一体化设计等。基于现有技术的成熟度、设计的实用性和工程实践的可能性，建议采用合理设置建筑使用年限、提升建筑抗震性能、应用高强度建筑材料三种适用的建筑结构体系优化设计方法。

（1）合理设置建筑使用年限：依据建筑物的关键性，适当地设定其使用寿命，确保建筑性能不变的前提下，减少单位建筑面积的碳排放，以提升"碳效能"。例如，在高层建筑结构设计中将设计寿命定为100年，会导致设计参数（如负荷因子、地震效应系数等）相比于通常的50年设计寿命标准有所增强，进而使建筑构件的截面尺寸和钢材用量增大，总体碳排放量也随之增加。但当建筑达到特定的使用寿命后，其年平均碳排放量会明显下降，因此能够实现低碳设计理念。

（2）提升建筑抗震性能：在确保建筑结构单位碳排放量不变的情况下，通过应用减（隔）震技术来增强结构的抗震性能，从而减少主体结构的建造量，在保证主体结构安全性的同时，提高结构的"碳效率"。例如，高层建筑设计通常选择混凝土结构或钢结构，混凝土结构因其大的刚度，常利用隔震技术来增强抗震性；而钢结构相对较柔，减震技术在实际工程中更常被采用。因此，对于高层建筑，通常会根据不同的结构类型结合隔震和减震技术，以提高抗震性能。

（3）应用高强度建筑材料：在建筑方案设计阶段应积极采纳结构工程师的建议，选择强度出众且与建筑设计相协调的构造材料。同时，在保证建筑性能的前提下，适度减少材料消耗，以此减少高层建筑的单位面积碳排放，提升建筑结构的"碳效率"。伴随工业化技术与材料科学的持续进步，高强度建筑材料的使用越来越普及，其成本也逐渐趋向经济实惠，这为构建节约材料、低碳排放的建筑结构创造了必要的前提和市场条件。

此外，在实际工程中建筑结构设计应选择合理的结构形式和类型，对结构配筋量应进行合理取值，并预留富余量；避免过度设计，以免造成由于不考虑工程实际情况而导致的结构安全隐患。正常情况下，进行结构低碳优化设计后，可降低3%~5%以上的碳排放量。

2．设计效果

根据相关学者的研究结论，给出结构体系低碳设计的原则如下：

常规混凝土建筑，可以按照表4-8进行结构体系比选，从而给出低碳的结构体系；特殊类型的建筑，可以通过设置关键构件，形成特殊结构体系，从而达到低碳效果。结构体系的低碳选型，可以有效降低结构碳排放，一般在5%以上。

常规结构体系低碳优化设计   表 4-8

建筑分类		设计方案	
建筑高度	建筑功能	主要方案	备选方案
<24m	住宅	异形柱结构、剪力墙结构	框架-剪力墙结构
	办公	框架结构、框架-剪力墙结构	框架-核心筒结构
	商业	框架结构、框架-剪力墙结构	—
	酒店、公寓	框架结构、框架-剪力墙结构	框架-核心筒结构、剪力墙结构
	学校、医院	框架结构、框架-剪力墙结构	框架-核心筒结构
≥24m	住宅	剪力墙结构、框架-剪力墙结构	异形柱结构
	办公	框架-剪力墙结构、框架-核心筒结构	框架结构
	商业	框架-剪力墙结构	框架结构
	酒店、公寓	框架-核心筒结构、框架-剪力墙结构	框架结构、剪力墙结构
	学校、医院	框架-剪力墙结构、框架-核心筒结构	框架结构

对于特殊结构体系（如减/隔震体系），采用隔震技术的建筑结构能够有效减弱上层结构受到的地震影响，从而减少混凝土和钢筋的总体消耗，其自身产生的碳排放量也相对较低，这使得隔震系统在碳排放方面通常能比非隔震系统减少5%以上的排放量。同样地，减震系统通过配置阻尼器来减轻地震效应，也能实现混凝土和钢筋使用量的下降，进而降低碳排放，一般情况下也能实现5%以上的碳减排。

对于高层建筑，采用减/隔震方法可以有效地提高结构抗震性能且能够一定程度上降低结构物化阶段的碳排放量，减碳率为2.03%~17.12%；应用高强度材料可减少部分材料用量，实现一定程度的减碳，但减碳率不超过8.50%；相比于单一低碳设计方法，采用组合方法减碳效果最优，同时抗震性能得以提升，是一种高效地提高结构"碳效率"的设计方法。

3．优秀案例

EDGE Suedkreuz项目位于德国柏林舍内贝格区，是该区内最大的混合木结构办公楼，也是能源公司Vattenfall的新总部（图4-10）。该项目在建造时秉承着建筑可持续性的设计理念，其目的是减少建筑物的二氧化碳排放量，同时提升未来使用者的健康环境。项目方案设计之初考虑了混合木结构和钢筋混凝土结构两种结构类型，通过计算分析发现，通过使

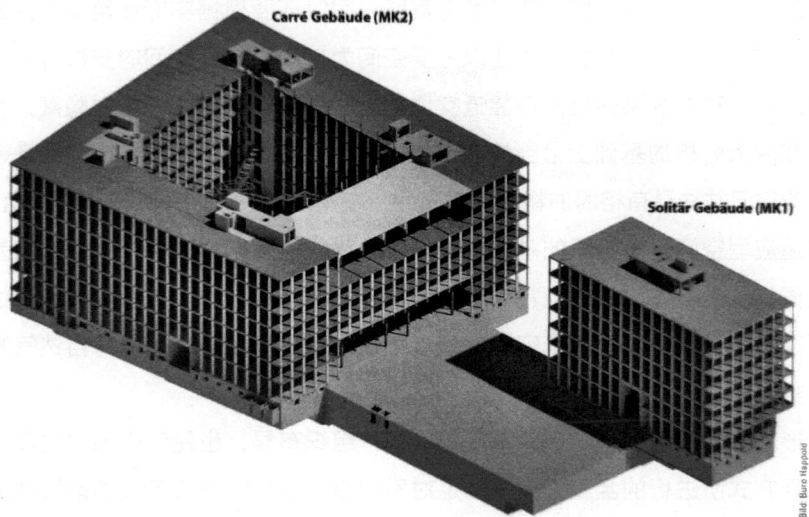

Carré Gebäude (MK2)

Solitär Gebäude (MK1)

图4-10 德国EDGE Suedkreuz项目

用混合木结构，办公楼的地上结构可节省51%的混凝土用量，与钢筋混凝土结构相比，CO_2排放量降低了48%。

4.1.3 空间组织低碳设计方法

　　建筑形态生成过程中的节能降碳设计手法主要是对建筑外部整体形态的合理优化，而建筑空间与功能的合理组织也对降低建筑碳排放有着较大的贡献。建筑空间作为室内环境与室外环境进行交互的媒介，对建筑的通风性能、自然采光性能、保温隔热性能与节能性能具有直接的影响。

　　不同的建筑空间场所及其组合形态，形成了自然气候与建筑室内外空间的连续、过渡或阻隔，由此构成了气候环境与建筑空间环境的基本关系。在这种关系的建构中，以空间组织为核心的整体形态设计和被动式气候调节手段之间存在着较强的关联性，需要通过合理的设计手法来确立二者之间相互依存、相互影响的关系。绿色建筑碳中和设计方法——空间节能低碳设计方法的核心内涵之一就在于通过基本的空间设计进行气候调节，从而实现建筑空间环境的舒适性和低碳双重目标。空间节能低碳设计方法的根本内涵在于通过空间与气候的关系重构，强化"自然做功"在气候管理中的效率，将建筑碳排放量的"源头减量"作为优先原则，而非仅仅依赖以设备为主体的能效控制手段来实现降碳目标。

4.1.3.1 基于降碳目标的空间组织形式

　　建筑空间功能布局设计源于使用者的需求，而空间组织形式与建筑能耗有着较强的关联性。建筑的功能分区是指将空间按不同功能要求进行分类，并根据它们之间联系的密切程度加以组合、划分。在建筑设计中，一般要求功能分区明确、联系方便，并按主、次，内、外，动、静关系合理安排，使其各得其所；同时还要根据实际使用要求，按人流活动的顺序安排位置。空间组合划分时应以主要空间为核心，次要空间的安排应有利于主要空间功能的发挥；对外联系的空间应靠近交通枢纽，内部使用空间要相对隐蔽；空间的联系与隔离要在深入分析的基础上恰当处理。在房间使用者、设备配置、用能特征等设计因素上，建筑的空间往往具有相同的物理环境属性，在建筑的设计阶段就应引起重视。

气候适应型空间形态组织的基本原则是整体优先、利用优先、有效控制和差异处置，从空间气候性能的整体优先和能耗的整体控制出发进行把控。即从适宜的气候性能与能耗控制的平衡关系出发，通过建筑空间的系统化组织，最大限度地实现对自然气候的整体利用，进而实现建筑总体低能耗目标。

空间形态的组织不仅是对功能和行为的一种组织布局，也是对内部空间各区域气候性能及其实现方式所进行的全局性安排，是对不同空间能耗状态及等级的前置性预设。应根据气候性能要求的程度差异来严格约束高性能空间的规模，建构普通性能空间、低性能空间、高性能空间之间的适宜性配置与组织关系。普通性能空间通常占据各类公共建筑使用空间的最大比例，其空间应布置在利于气候适应性设计的部位；对自然通风和自然光要求较高的空间常置于建筑的外围；对性能要求较低的空间则时常置于朝向或部位不佳的位置。

此外，在设计时还应充分拓展融入自然的低能耗空间潜力。根据建筑空间与室外气候关系的分类，开拓融入型、过渡型等具有零能耗和低能耗特征的空间潜力，大力强化选择型空间的气候适应性设计，严格约束与自然气候相排斥的高能耗空间，形成与不同能耗等级相对应的空间组织架构。自然光和自然风的获取与控制极大程度地牵引着建筑空间形态组织的整体格局，建筑内部空间形态的确立应根据空间与自然采光的关系和建筑内部风廊的整体轨迹进行综合驾驭，应根据功能特征对气候要素进行差异性选择。通过空间的区位组织，为风、光、热各要素的针对性利用和控制建立基础。

1．设计方法

空间功能布局优化设计策略包括功能分析、行为分析、用能分析3个方面。

功能分析：结合建筑功能需求，合理对建筑空间进行分层划分。行为分析：基于运行期间实际使用者行为模式，在符合功能空间流线的基础上，以人使用空间的行为、频率、时间点、时间长短进行分析研究，统筹各机电专业，综合考虑后续供暖空调、照明插座用电等行为模式，进一步细化功能空间设计。用能分析：站在实际运行角度，综合考虑后续用能计量、物业部门管理，进一步细化功能空间设计，为低碳运行奠定基础。

2．设计效果

合理的功能空间组织能够有效降低建筑在运行使用阶段的能耗，预计减碳量可达到1%左右。

3．优秀案例

北京市门头沟区体育文化中心作为2008年以来北京市内新建的最大体育文化中心建筑项目，建筑用地被一条东西走向的市政道路分成了南北两侧区域（图4-11），总用地面积为

6.95万m^2。建筑功能涉及各类主要的体育与文化项目，包括游泳馆、比赛馆、训练馆、室内冬季运动场（滑冰场）、全民健身中心、体育运动学校、剧场、图书馆、文化馆和非物质文化遗产展示中心等，功能的复杂性大大提高了流线设计的难度。面对以上复杂环境，建筑师在进行设计时综合各类外部限制条件进行节能设计，满足了业主的各项需求。

门头沟体育文化中心项目是类似游泳馆、滑冰场、剧场、比赛馆和训练馆的高大空间，具有较高的能耗，其节能设计被予以诸多关注。项目的设计方案兼具功能复合性和空间叠合性，每个高大空间的平面与高度尺寸都已被压缩到了极限，通过缩小空间体

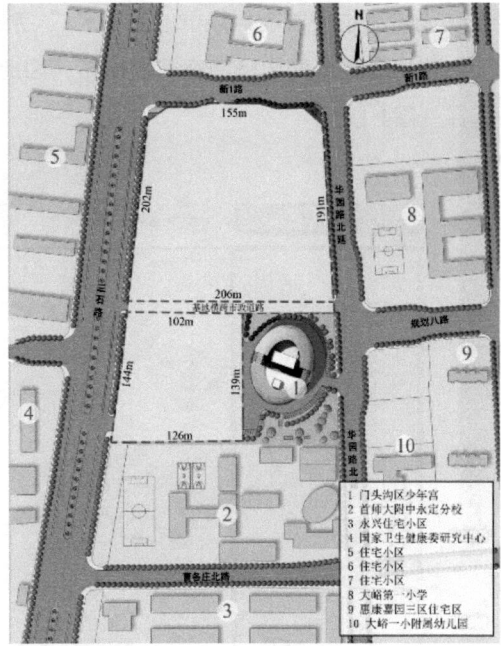

图4-11 设计条件

积来减小能耗的方法已行不通（图4-12）。因此，核心文体功能的高大空间与其他功能的辅助空间在建筑内部的组织便成为节能设计中进一步降低能耗的有效途径。鉴于剧场空间周围辅助空间的复杂性以及南区建筑体量的独立性，建筑师在节能设计中单考虑北区4个核心功能高大空间的组织排布。

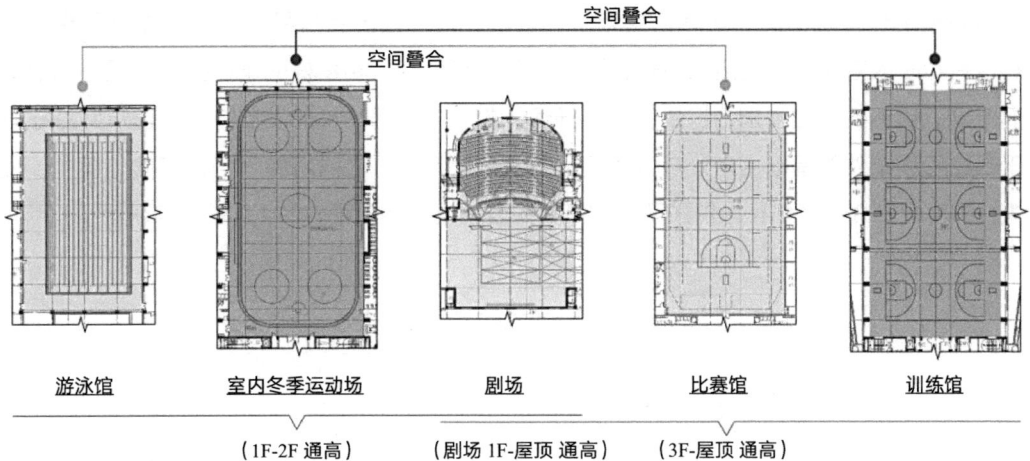

图4-12 各高大空间的平面

在对建筑平面和空间关系进行考量后，共有5种空间组织形式可供建筑师选择：由游泳馆和比赛馆、滑冰场和训练馆分别叠合形成的2个大空间组团可布置在北区中央以及紧贴东西与南北两侧。在进行能耗模拟运算并将高大空间能耗单独提取后，发现两组高大空间位

于建筑体量中央时能耗最低，且呈"I"字形和呈"T"字形布置的结果相差无几。"I"字形布置更有利于周边辅助空间的排布，因此成为建筑师在空间组织节能设计过程中的最终选择（图4-13）。

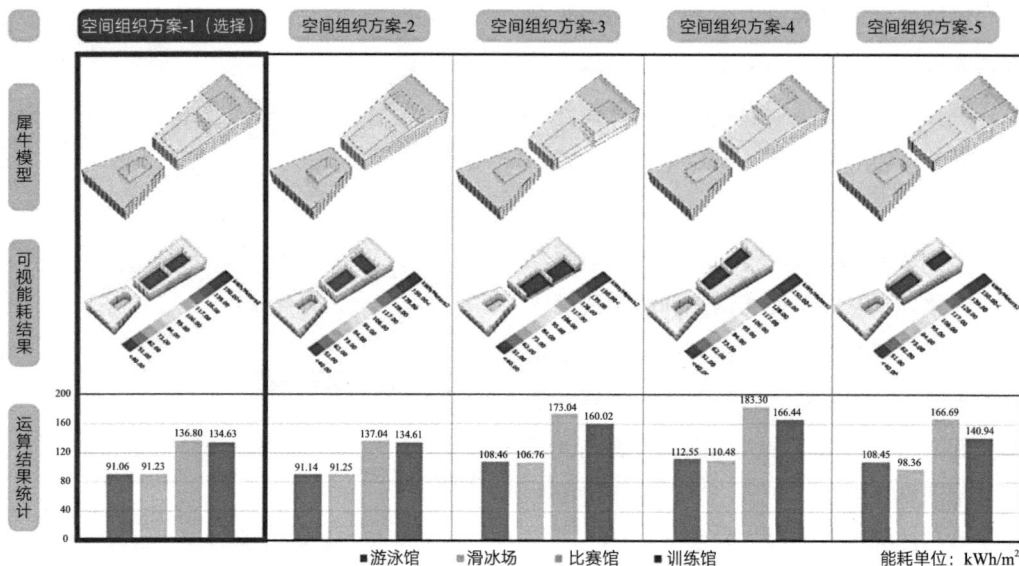

图4-13 空间组织节能设计结果

4.1.3.2 基于通风优化的空间组织设计

在现有的夏季热环境研究中，大多将自然通风列为改善室内热环境的重要途径。自然通风对建筑热环境的调节在降低全年空调能耗、提高室内空气品质上比机械通风更具优势，有利于改善夏季室内热舒适性，保证充足的新鲜空气和良好的室内空气品质，满足人们对亲近自然的心理要求，符合健康、舒适、生态的人居环境的发展方向。建筑师应在基于当地气候条件的基础上充分考量各设计方法的适用性，使建筑融入当地气候环境中，最大化利用自然通风。优化自然通风设计策略主要包括以下几个方向，如图4-14所示。

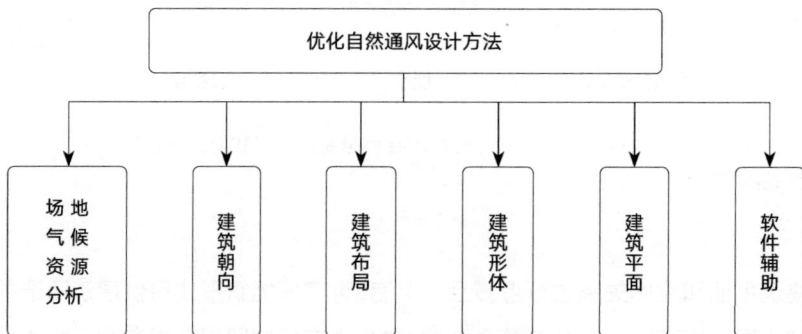

图4-14 优化自然通风设计策略

1. 设计方法

1）场地气候资源分析

分析场地实际气候水文条件，通过实地测量记录或计算机软件辅助得出场地主导风向，有助于通过建筑布局规划、建筑体型及构造设计实现风压通风最大化。设计阶段可充分利用CFD模拟软件对室内外风环境进行模拟评价，为优化风环境提供支撑。

2）建筑朝向

在建筑设计中，面对变化的季节性风向，应把主要建筑群围合的开口朝向夏季主导风向，避免开在冬季的主导风向上，使过渡季充分利用主导风向，冬季避免不利风向影响。城镇地区大多是成排布置的建筑物，若风向垂直于建筑迎风面，将导致建筑物后部形成较长的漩涡区，影响后排建筑物通风。为保证后排建筑具有良好的自然通风，建筑物的间距一般要达到前排建筑高度的4倍左右，但这不符合节约用地的原则。为此，常将建筑的朝向偏转一定的角度，使风对建筑产生一定的投射角，既可使风斜吹入室内，又可减少屋后的漩涡区。

3）建筑平面

建筑室内的自然通风一般有两种方法：利用风压或热压引起空气的流动形成风。通过优化平面空间布局和竖向构件设计协调建筑室内环境的空气调节作用，提升室内空间通风质量。在夏季应首要考虑利用地区的主导风向，加强建筑室内良好的自然通风，以达到降温除湿的目的。在建筑中有效地组织穿堂风、利用"烟囱效应"以及通风屋顶等方法实现自然通风。

2. 设计效果

自然通风效果与气候分区、建筑类型、建筑功能、设计策略等各方面密切相关，根据相关研究，自然通风可降低空调和机械通风能耗效果约30%～70%。通过合理建筑布局，结合建筑周边绿化、环境布置使建筑室内形成良好的通风效果，增加室内舒适度。

3. 优秀案例

广东交通设计大厦是一栋位于广州市白云区的高层办公建筑，建筑高度99.9m，地上23层，其中1～7层为展厅、餐厅、活动中心等公共空间，8层以上为办公空间，地下4层为停车库（图4-15）。该项目在自然通风方面对空间组织进行了优化设计。

项目在平面东南角布置开敞空间，利用开窗引入夏

图4-15 广东交通设计大厦效果图

季凉爽的自然风；缩小核心筒面积，加大核心筒与北侧办公室之间廊道距离，使得夏季风自然流通；在西北角布置大面积房间，使通过室内的风速更加均匀，最终实现标准层适宜的自然通风效果。

在形体上，优化团队选择4种不同的形体处理方式（主要针对夏季东南风），包括曲线、切割、退台、半开敞庭院，利用Vent简化模拟（图4-16）。通过模拟分析可知，4种形体变化都在一定程度上改善室外风环境，其中形体3退台的处理效果显著。因此设计方案最终在建筑东立面进行退台处理，形成凹凸变化的阳台空间，减弱塔楼迎风面气流，达到防风与通风的协调统一。

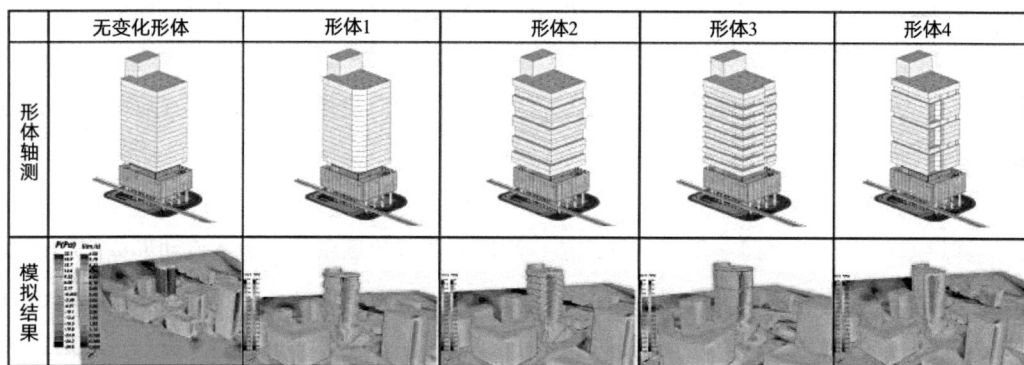

图4-16 四种变化形体风环境模拟结果

4.1.3.3 基于采光优化的空间组织设计

人们依靠不同的感觉器官从外界获取各种信息，室内光环境是人们获得视觉信息的必要保障，在建筑环境设计中占据极大的比重。通常来说，建筑光环境由天然光和人工照明两部分组成。

天然光环境是人类视觉工作中最为舒适健康的环境，利用天然采光进行室内照明有益于提高视觉功能和降低人工照明的用电量，是提升空间节能的重要设计方法。优化天然采光设计策略主要包括以下几个方面，如图4-17所示。

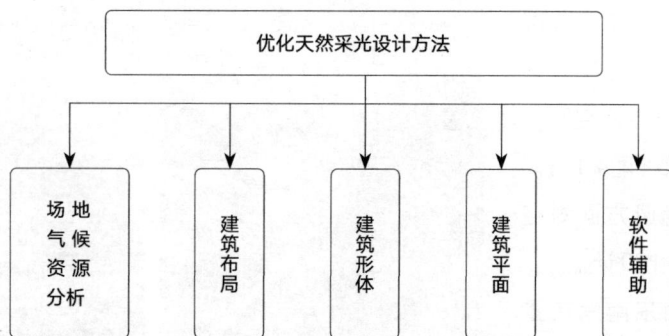

图4-17 天然采光设计策略

1．设计方法

1）场地气候资源分析

了解和掌握当地气候条件，进行专业详细的分析和计算，有助于通过建筑布局规划、建筑体型及构造设计实现天然采光最大化。在不同的气候条件下，不同的建筑类型、采光形式、遮阳形式、玻璃性能参数、窗墙比、玻璃的位置等均会产生不同的结果，需要在建筑光环境设计时对各项因素分析、计算和衡量，做出合理的判断，并最终找到最优的整体天然采光设计策略方案。在设计时可对场地日照进行模拟评价，为优化天然光环境提供支撑。

2）建筑布局

在建筑规划设计时，住宅建筑、老年人建筑、学校宿舍、幼儿园等建筑应考虑日照时间、面积及变化范围，以保证必须的日照或避免过分阳光的射入。合理的建筑布局有利于形成合理天然采光环境，提高室内温度干燥环境。

3）建筑形体

采光设计需要将气候、功能、表皮、审美等并行考虑，由于在前期的概念创作设计时无法进行软件模拟，建筑师需具备常识性的日照思维，并与艺术思维进行协同考虑，最终实现健康舒适的建筑方案设计。

4）建筑平面

在建筑平面功能布局时，应依照规范中建筑日照采光要求，利用软件模拟计算得到优化方向，在冬至日或大寒日的9点～15点之间，按照太阳高度角和太阳方位角计算建筑满足1～3个小时的满窗日照要求。对于火车站，图书馆大厅、车间厂房等大型的单层建筑或大厅等大进深建筑的采光问题，可通过建筑的墙面门窗、屋顶天窗或利用光线反射板、导光管等技术，实现天然光的引进。

2．设计效果

优化设计阶段应充分利用Ecotect等计算机软件模拟天然采光下室内照度，辅助天然采光设计，为优化采光质量提供支撑。研究表明，充分利用天然采光可以降低人工照明能耗50%～80%，同时可以减少3%～5%由灯具发热产生的冷负荷而增加的空调能耗。

3．优秀案例

贝聿铭设计的美国国家美术馆东馆中庭空间及法国卢浮宫的玻璃金字塔地下入口，具有采光和视觉欣赏的双重作用。该建筑充分利用天然采光，增强了天然光照并降低了建筑照明的能耗需求，从而降低建筑碳排放量（图4-18）。

图4-18 法国卢浮宫金字塔入口

4.1.4 围护界面低碳设计方法

建筑外围护结构和室内分隔是实现空间围合必要的物质手段，也是绿色建筑气候适应性设计的必要环节。外围护结构以被动式措施对室外气候要素进行选择性导入，使建筑内部成为性能可调节的开放系统。与倡导隔离的"气密性建筑"相反，气候驱动的外围护结构应成为捕获自然能量、调控内部气候性能的有效装置，而不是一种封闭的外壳，或仅仅作为造型手段。

具有多功能集成和灵活应变能力的外围护结构的集成化设计和产品研发势在必行。与建筑施工效率和建造的经济成本相联系，这一现实需求同时也开辟了集成化、智能化、装配式、互动式外墙体系的新领域。

建筑围护结构具有很强的室内外环境的调节作用，面对四季变换、昼夜更替，作为一个灵活可变的建筑外在构件，除了保护安全作用，还能为建筑提供自身调节的功能，改善建筑围护结构热阻或建筑周围微气候环境与室内的温差，并在减少室内外能量传递的前提下提高室内能量效率。

外墙和外窗作为建筑外围护结构的主体，它的能耗在建筑能耗中占有很大的比例，一般达到40%左右。建筑外窗除具备基本的使用功能外，还必须具备采光、通风、防风雨、保温隔热、隔尘、防尘等功能。建筑师在节能设计时除满足相应节能规范要求外，还应结合项目适用性，采用创新表皮设计进一步降低建筑本体能耗，为低碳运行奠定基础。

4.1.4.1 传统表皮节能降碳设计

广义来讲，传统的建筑表皮节能降碳设计是对围护结构热工性能进行优化。围护结构的热工性能是影响建筑能耗最重要的因素，决定了建筑内热环境状况，而节能设计中最有效的措施之一就是提高围护结构的热工性能。建筑主要通过外墙、屋顶、门窗这些围护结构部位进行室内外热量的交换，从而降低建筑运行过程中由于冷热负荷而产生的碳排放。

1．外墙设计

在建筑的围护结构中，外墙是对建筑采暖能耗影响最大的，其散热量占围护结构总散热量的25%～30%。因此，外墙作为建筑构造的重要部分，其构造形式和保温隔热材料的选取对整个建筑能耗有重要影响。

2．屋顶设计

屋面主要由结构层、保温层、防水层组成。屋面作为建筑围护结构的重要组成部分之一，其散热量占整个围护结构总散热量的10%以上。因此，提高屋面保温隔热性能是节能设计中的关键环节。

3．外窗设计

外窗的设计对环境的舒适性和围护结构整体的保温隔热性能起着重要作用。提高建筑门窗节能性能的主要措施，一般是改变热量的渗透、热量的传递和太阳辐射。门窗的密闭性程度直接影响室内外热量的渗透量，使用较好的密封材料可减少室内外空气渗透，降低空调负荷。减少热量的传递主要是通过降低外窗整体的导热系数来实现，比如应用节能隔热型的玻璃、断热铝合金的窗框。

4．建筑遮阳

在通过建筑被动技术设计降低建筑负荷从而降低碳排放量时，采用合理的遮阳措施可对其遮阳系数、太阳得热系数起到较大作用。合理采用遮阳产品可有效降低透明围护结构太阳得热系数，有助于降低建筑冷负荷，从而降低建筑暖通系统碳排放。常见的遮阳产品包括固定外遮阳、可调节外遮阳、中置遮阳、可调节内遮阳等。

4.1.4.2 新型表皮节能降碳设计

近年来，随着建筑材料技术的发展，越来越多的新型材料及构造技术被运用在建筑表皮的设计手法中。新材料、新技术和新构造工艺为建筑立面效果带来更多表现力的同时，在建筑围护结构热工性能提升设计方法方面，也为设计者提供了更多实现建筑造型艺术与节能降碳兼顾的可能性。

1．双层化的建筑表皮设计

从空间上来讲，建筑表皮是室内、室外空间的过渡。当今大部分的建筑表皮只是起到围护作用。但是当代一些建筑理论认为，从仿生学的角度来看，建筑表皮应该和真正的人的皮肤一样，除了保护作用外，一样可以呼吸，可以根据外界环境自动变化，以适应变化的外部环境。而双层建筑表皮的最大特点是在两层表皮之间多了一个空腔，形成了建筑艺术和建筑节能的分工合作。双层建筑表皮对于不断变化的外界气候环境有良好的保温、隔热、御寒、隔声作用。

1）太阳房式的双层表皮

太阳房的构造是利用外层的玻璃与内层的墙体组合形成太阳能缓冲空间，为室内间接供暖和制冷。通过建筑与太阳能构件一体化设计，在建筑表皮空间安装设备，收集太阳能资源，为建筑提供暖、冷或者电力等相应的清洁能源服务，降低常规能源的利用，减少对环境的污染。在建筑中利用太阳能供暖和制冷的方式，基本上可分为主动式和被动式两种形式。

被动式太阳房：最基本的工作机理即通常所说的"温室效应"。被动式太阳房的外围护结构应具有较大的热阻，室内要有足够的重质材料，如砖石、混凝土，以保持房屋有良好的蓄热性能。按采集太阳能的方式区分，被动式太阳房可以分为以下几类：

①直接受益式：冬天阳光通过较大面积的南向玻璃窗，直接照射至室内的地面、墙壁和家具上，使其吸收大部分热量，因而温度升高。如图4-19所示，玻璃窗所吸收的太阳能，一部分以辐射、对流方式在室内空间传递，一部分导入蓄热体内，然后逐渐释放出热量，使房间在晚上和阴天也能保持一定温

图4-19 直接受益式太阳房

度。采用这种方式的太阳房，由于南窗面积较大，应配置保温窗帘，并要求窗扇的密封性能良好，以减少通过窗的热损失。

②集热蓄热墙式：这种太阳房主要是利用南向垂直集热蓄热墙吸收穿过玻璃采光面的阳光，通过传导、辐射及对流，把热量送至室内。墙的外表面涂成黑色或其他某种深色，以便有效地吸收阳光（图4-20）。集热蓄热墙的形式有：实体式集热蓄热墙、花格式集热蓄热墙、水墙式集热蓄热墙、相变材料集热蓄热墙、快速集热墙等。

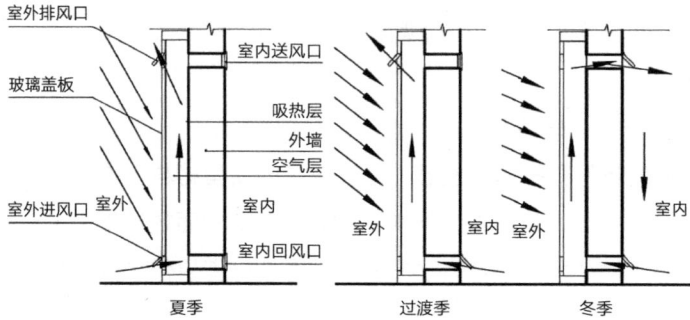

图4-20 集热蓄热墙式太阳房

③附加阳光间式：阳光间附建在房屋南侧，其围护结构全部或部分由玻璃等透光材料构成。与房间之间的公共墙上开有门、窗等孔洞。阳光间得到阳光照射被加热，其内部温度始终高于外环境温度，既可以在白天通过对流风口供给房间以太阳热能，又可在夜间作为缓冲区，减少房间热损失（图4-21）。

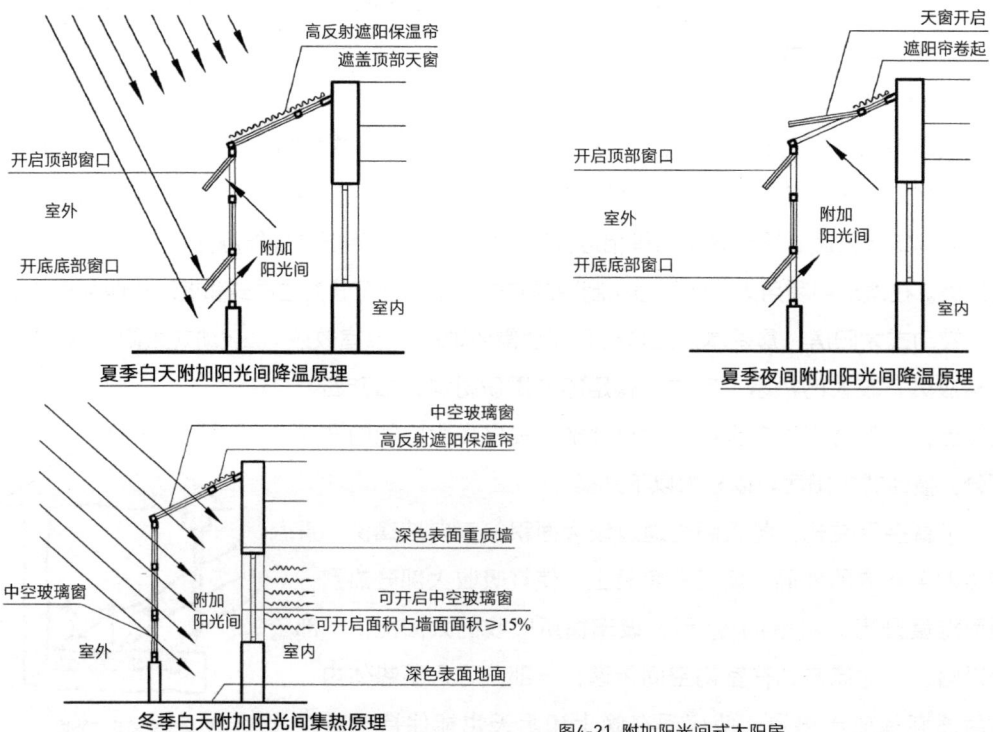

夏季白天附加阳光间降温原理

夏季夜间附加阳光间降温原理

冬季白天附加阳光间集热原理

图4-21 附加阳光间式太阳房

④屋顶池式：屋顶池式太阳房兼有冬季采暖和夏季降温两种功能，适合冬季温和、夏季较热的地区。屋顶池式太阳房的构造是用装满水的密封塑料袋作为储热体，置于屋顶之上，其上设置可水平推拉开闭的保温盖板。冬季白天晴天时，将保温板敞开，让水袋充分吸收太阳辐射热，水袋所储热量通过辐射和对流传至下面房间；夜间则关闭保温板，阻止向外的热损失。夏季保温盖板启闭情况则与冬季相反，白天关闭保温盖板，隔绝阳光及室外热空气，同时用较凉的水袋吸收下面房间的热量，使室温下降；夜晚则打开保温盖板，让水袋冷却。保温盖板还可根据房间温度、水袋内水温和太阳辐照度，进行自动调节启闭。

主动式太阳房与被动式太阳房一样，其围护结构应具有良好的保温隔热性能。两者的区别就是主动式太阳房利用建筑表面，采用集热器或光伏电池等主动的收集能源技术，为建筑提供必要的能源供应。表现在建筑上则为太阳墙集热系统、特朗博集热系统、各种光伏电池技术与建筑的一体化系统等。

2）透明的双层皮幕墙

20世纪70年代欧洲能源危机之后，针对玻璃幕墙的能耗高、热舒适度差的问题，出现了一种新型节能的"可呼吸的幕墙"表皮——双层皮玻璃幕墙。以双层皮玻璃幕墙作为建筑表皮，使大面积、高透明度的玻璃利用可再生的太阳能资源获得良好的保温隔热效果，降低室外约7dB(A)噪声；同时，相应夹层内的百叶可进行建筑内遮阳，达到缓冲热量流失的目的。

此外，双层皮玻璃幕墙的夹层空腔具有与室外或室内的通风作用。前者可加速与外界的空气交换，缩短建筑物夏季空调的使用时间；后者往往与前者结合使用，既可实现内外通风，又可弱化室外直接吹来的强风，实现良好的室内舒适度环境。夹层空腔与室外的通风主要是依靠烟囱效应，加热的空气密度减小而上浮，下端口形成负压，促使系统自然循环通风。

3）综合遮阳双层表皮

在我国，不同纬度气候不同，建筑设计也不一样。综合遮阳双层表皮将金属和绿色植物两种材料综合应用于建筑外表皮，可营造一个过渡的建筑微气候环境。在气候特殊的赤道热带，就应充分考虑地域的日照时间，避免中午和下午的日晒以实现建筑降温，综合遮阳双层表皮是优先的设计手法。

杨经文设计的马来西亚米那亚大厦于亚热带气候区，在建筑内部和外部采取了双气候的处理手法使之成为适应热带气候环境的低耗能建筑，立面设计插入凹进的平台空间和向室内开敞的空中庭园，出挑的遮阳板和斜坡道通向各楼层，实现了摩天大楼竖向空间的自然过渡（图4-22）。

此外，马来西亚米那亚大厦屋顶露台由钢和铝的支架结构所构成的棚架遮盖，为屋顶游泳池及顶层体育馆的曲屋顶（远期有安装太阳能电池的可能性）提供遮阳和自然采光，遮阳

图4-22 马来西亚米那亚大厦立面

顶提供一个圆盘状空间以安装太阳能电池板，太阳能光电系统使用减少了对城市电网的依赖。通过一系列植物调节气候，利用活动遮阳板以及和主导风向平行的风墙把凉风引入空中庭院和室内空间，使空调使用降至最小限度。

2．金属的建筑表皮设计

太阳墙系统技术是以金属面板覆面的建筑墙、屋面系统，会给建筑的外在形式带来巨大的变化。金属板材形式众多、色彩丰富、易于延展成型，能够表现出各种复杂的立体造型、纹理及质感的效果，以适应不同的建筑设计要求，易于表现现代建筑的精致和优雅。

太阳墙系统（Solar Wall System）是加拿大Conserval公司与美国能源部合作开发的新型太阳能采暖通风系统，兼有被动和主动两种太阳能使用功能，属于低成本地利用太阳能供暖的建筑技术。太阳墙板建筑表皮（图4-23）利用多孔铝板或钢板附着在南向外墙体上，中间形成空气间层（220mm），有助于实现夏季隔热和冬季供暖。太阳墙板外表面为深色（吸收太阳辐射热），内表面为浅色（减少热损失）（图4-24）。

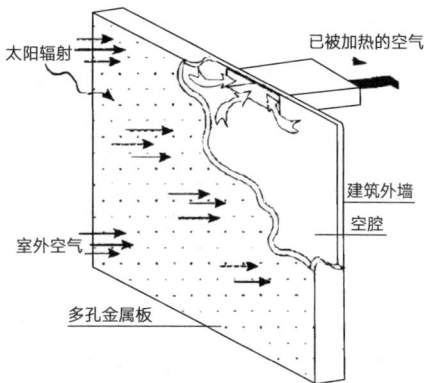

图4-23 太阳墙板多孔铝板

图4-24 KFC Taco Bell.MA-USA

太阳墙系统是一种新型的以空气为介质的太阳墙采暖新风系统，具有效率高、供暖好、与建筑立面结合好等优点（图4-25）。通过利用太阳能可以有效减少冬季采暖能耗，与

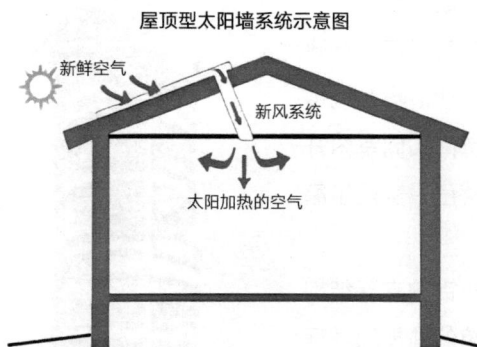

图4-25 太阳墙系统系统示意图

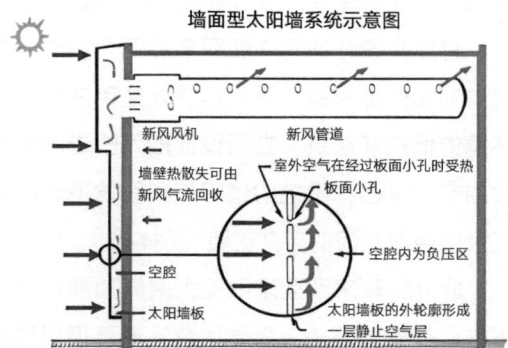

传统意义上的集热蓄热墙等方式不同的是，太阳墙主要是在空气通过墙板表面孔缝阶段对空气加热集热，热空气上升再利用风机送入房间。在冬季天气晴朗时，可向建筑物内提供每小时40m³、高于室外空气17～35℃的新鲜空气（合节省150kgce/a），结合其他采暖系统可以达到比较好的供暖效果。作为一种低价高效的建筑表皮，太阳墙系统已广泛应用于欧美及日本的住宅、厂房、学校、办公楼等不同用途的建筑墙面、屋顶等建筑部位上。

3．玻璃的建筑表皮设计

特朗博集热墙是一种无机械动力、无传统能源消耗，仅依靠被动式手段收集太阳能为建筑供暖的集热墙体（图4-26）。特朗博集热墙由黑色面层材料的重质墙体与玻璃盖板（距墙有一定间隙）组成。主要原理是利用吸热蓄热的黑色墙体和玻璃盖板之间的空腔在不同时段与室内外进行能量收集和气流循环。这项技术主要由法国太阳能实验室主任Felix Trombe教授提出并实验成功，故通称为Trombewall。

特朗博式墙体设计在冬、夏两季以及白天、夜晚的工作运行原理及要求均有所差别。在冬季，太阳光透过玻璃盖板被重质墙体吸收并储存起来，墙体带有上下两个风口使室内空气通过特朗博墙被加热，形成热循环流动，玻璃盖板和空气层抑制了墙体所吸收的辐射热向外的散失，重质墙体将吸收的辐射热以导热的方式向室内传递。夏季空腔与室内外被动式通风，即在玻璃盖板上侧设置风口，通过空气流动带走室内热量，或利用夜间天空冷辐射使集热蓄热墙体蓄冷，在空气间层内设置遮阳卷帘有降温作用。通过利用集热蓄热墙的建筑表皮设计，室内外温差可达5～9℃，有效缓解夏季或冬季的气候变化（图4-27）。

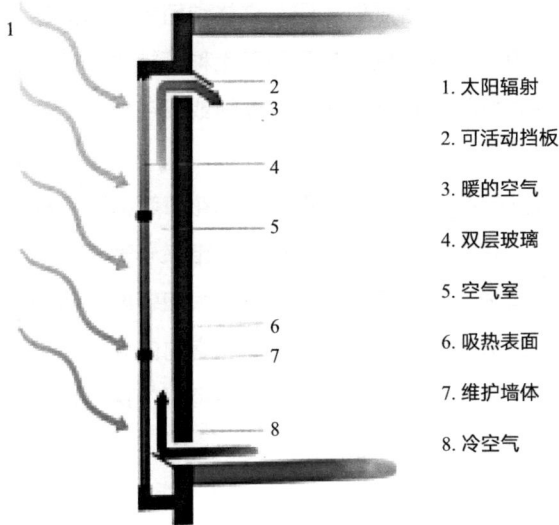

1. 太阳辐射

2. 可活动挡板

3. 暖的空气

4. 双层玻璃

5. 空气室

6. 吸热表面

7. 维护墙体

8. 冷空气

图4-26 特朗博集热墙

图4-27 天友建筑设计院办公楼特朗博集热墙

4．植物绿化与建筑表皮设计

绿色植物是改善城市空间微气候环境最有效的生态因子。一个夏季的晴天，每公顷草地每天可蒸发水分达225m³，即吸收热量234000kJ左右，相当于10间普通房间的空调机每天开动6h所产生的冷却能量。因此，以绿色植物作为建筑表皮，有美化环境、净化空气等作用，还有很强的蓄热能力，可为居民创造出高质量的生活环境。在夏季，地面受到的辐射热约为东、西两墙面所受到辐射热的两倍，为了有效地降低这部分从地面来的反射热量，宜在建筑物室外种植灌木和草皮，尽量减少反射到房间中的热量。

1）绿色植物与建筑一体化

建筑与绿色植物的一体化设计是传统的设计手法。都市里的绿化设计主要为地面景观种植，而碳中和策略下的绿化设计不仅包括地面景观，还包括建筑窗台绿化、平台绿化、屋顶绿化、墙面装饰表皮绿化等，以上设计方法成为近几年来较为流行的设计手法。墙面绿化可以缓解夏天中午的炎热曝晒，有遮阳隔热、吸水降温和通风的功效，有助于进行CO_2和新鲜空气的呼吸交换。以杨经文为首的一些建筑师根据气候的变化，将绿植遮阳与建筑设计巧妙结合，形成会呼吸的建筑表皮。绿色植物与建筑一体化的设计方法包括墙体立面绿化、阳台或窗台立体绿化、屋顶或露台绿化设计三类。

墙体立面绿化：建筑绿化是一种外在的表现形式，按照预先设置好的建筑图案安装格架或者规划攀爬路线，形成优美的绿化建筑造型艺术。此外，也可采用盆栽植物（食用蔬菜）作为墙面表皮。建筑墙面可以按照图案设置好格架，盆栽植物可以直接安装在建筑立面格架上，这些绿化植物可以安装成大面积的墙面绿化，形成具有艺术感的绿化墙面和建筑造型。

阳台或窗台立体绿化：阳台是室内与室外自然接触的过渡空间，阳台绿化不仅使室内获得良好的景观，也丰富了建筑立面造型并美化城市景观，大小不同的植物使阳台形成了不同的微气候环境。阳台或窗台立体绿化主要包括阳台立体菜园、立体种植等技术策略。在阳台上利用直径16cm左右的PVC管或泡沫箱，放入种植土或利用无土种植技术，按时施肥浇水，就可以收获无毒无公害蔬菜；或将塑料箱、花盆等放置在地面或架空组合，添置种植土、浇水种植形成张拉藤架。

屋顶或露台绿化设计：屋顶绿化一般以室外花园的形式出现，树木花草等植物组成的自然环境蕴涵着极其丰富的形态美、色彩美、芳香美和风韵美，给人们带来心理享受。屋顶绿化是防止夏季屋顶温度升高的一项有效措施，绿化屋顶上的大部分太阳辐射热量消耗在水分蒸发上，因此这部分热量不会使屋顶结构表面的温度继续升高，室内的温度也不会上升很高；在冬季，由于屋顶覆土绿化，大大提高了屋面的热阻，起到良好的保温作用。此外，屋顶绿化还具有隔声、创造经济效益等作用。

2）都市农业下的绿化种植

"都市农业"的概念，是20世纪50、60年代由美国的一些经济学家首先提出来的。它是指在都市化地区，利用田园景观、自然生态及环境资源，结合农林牧渔生产、农业经营活动、农村文化及农家生活，为人们休闲旅游、体验农业、了解农村提供场所。面对污染的城市环境，仅具有美观价值的景观艺术不再满足人们的物质需求，而可生产的"食用+美观"结合的都市农业艺术开始进入城镇居民的视野，尤其在城市中心地区，人口和建筑密度高，土地利用的混合程度和集约程度最高，通常以公务和商业零售活动为主。这里的农业主要分布于屋缘（屋顶、阳台、宅院）、闲置地、院区和园区，具有较高价值和需要较多投资。

建筑屋顶的都市农业，是都市农业新模式与新概念，是构建可持续发展城市及生态文明的一大趋势。建筑屋顶采用小型温室农业系统的形式，发展屋顶菜园，可以让因城市建设所失去的耕地得到补偿，而且屋顶光照充足、透风性好、病虫少，可以生产出更优质的农产品。屋顶发展菜园可以自供也可以销售，减少运费与缩短蔬菜保鲜时间；都市农业为城市提供清新空气，达到夏季降温节能效果，也给城市披上绿装、减缓蔬菜供应紧缺及安全问题；同时，结合城市建筑造型，起到了对建筑的保温隔热作用。都市农业是城市可持续发展的需要，也是自然城市景观向农业转型的必然选择（图4-28）。

图4-28 建筑屋顶的都市农业

5．微能源与建筑表皮

二战以后，高技派建筑师将设备、构造节点等大胆地置于建筑表皮之外。从此，建筑表皮有了厚度，不再仅是视线所及的界面，成为通过技术理性把握的介质和一种有机循环、具有生命运动意义的装置。近10年来，新材料、新构造及新体系的研究层出不穷，出现了建筑表皮与太阳能装置整合的思路。如光伏电池组件成功地实现了与建筑的一体化安装，建筑成为能源循环链的收集节点。建筑表皮与新能源一体化设计大致包括以下三种方式。

太阳能集热墙（集热仓）与建筑表皮：采取深色幕墙，收集热空气给室内循环利用。太阳能集热器与建筑表皮：采取太阳能集热管作为建筑的外表皮，既是装饰也是集热构件。太阳能光伏板与建筑表皮：采取太阳能光伏电池组件或聚光光伏电池作为建筑的外表获得能源，对建筑本身也有遮阳通风的效果。

建筑师伊东丰雄结合都市运动公园设计的高雄世界运动会主场馆是微能源与建筑表皮设计手法的典范，场馆可容纳4万个固定席位，被称为世界首座"开口式"现代体育场和首座"100%太阳能供电的体育场"（图4-29）。

体育馆主会场装备有1.4MW屋顶太阳能光伏发电系统和预制无框式光伏电池型制组件，该组件安装在观众席顶的遮阳棚上，72%的屋顶遮光率使得田径场、观众席阳光投影

图4-29 2009年世界运动会高雄主场馆

达到了国际标准要求。从湖面吹来的湿润空气经过顶棚，为观众提供自然凉爽的休息环境，同时也为顶棚的光伏降温，提高了光伏电池的发电效率。据计算，屋顶的8848块预制光伏电池组件所发出电量大约为每年110万kWh，足以在比赛期间驱动体育场内3300盏灯光和两座巨型屏幕，建筑实现了能源的自给自足和正常运行。

建筑表皮概念提出，不仅为设计建筑形态提供了一个良好的设计手法，也为改善室内外能源传递提供了一种崭新的解决方案。双层化的建筑表皮设计，为建筑内外提供了一个能量传递的缓冲空间；植物绿化的建筑表皮设计，减缓了外部气候对室内的影响，为居民提供了植物种植的新场所；分布式能源一体化的建筑表皮，在光伏电池、太阳能热转化等设备的支持下，使建筑不再是单纯的用能，也出现了自身产能的作用，零能耗的理想建筑已经不再遥远。

4.2
低碳建材选用设计方法

▶ 我国是建材生产和消耗大国，建材生产量占全球总产量的60%，水泥、平板玻璃年产量先后跃居世界首位。建材行业实现碳达峰对工业和全社会实现碳达峰目标至关重要，其中，水泥行业因其工艺特点，碳排放约占建材行业排放总量的70%，是建材行业碳排放重点领域。

在绿色建筑碳中和设计方法中，应基于全寿命期视角选用绿色建材、天然建材、利废建材等，间接减少建筑材料生产过程中产生的碳排放量，达到建筑设计降碳的目的。

4.2.1 基于降碳目标的绿色建材应用

绿色建材，又称生态建材、环保建材和健康建材，指健康型、环保型、安全型的建筑材料，在国际上也称为"健康建材"或"环保建材"。绿色建材不是单独的建材产品，而是一种具有"健康、环保、安全"品性的材料，注重对人体健康和环保所造成的影响及安全防火性能，具有消磁、消声、调光、调温、隔热、防火、抗静电的特点和调节人体机能的特种新型功能。

1. 设计方法

2023年12月，工业和信息化部、国家发展改革委等10个部门印发《绿色建材产业高质量发展实施方案》（以下简称《实施方案》），从推动生产转型、实施"三品"行动、加快应用拓展、夯实行业基础等方面推动绿色建材产业高质量发展。

近年来，中国绿色建材生产规模不断扩大，质量效益不断提升，推广应用不断加强。2023年，中国绿色建材营业收入超过2000亿元，同比增长约10%；全国绿色建材下乡活动试点省份达12个，政府采购支持绿色建材促进建筑品质提升政策实施城市达到48个；建筑门窗、卫生洁具、防水材料等58种产品已制定绿色建材评价标准，颁发绿色建材认证证书超9500张。

绿色建材产品认证技术委员会发布的数据显示，截至2023年底，中国绿色建材企业已超4700家。据测算，2023年，全国获证绿色建材产品推动相关企业在产品生产和应用环节减少碳排放超2000万t。

为此，《实施方案》从产业规模、特色集群培育、推广应用、产品认证等方面，提出了绿色建材发展目标：到2026年，绿色建材年营业收入超过3000亿元，2024—2026年年均增长10%以上，培育30个以上特色产业集群，建设50项以上绿色建材应用示范工程，政府采购政策实施城市不少于100个，绿色建材产品认证证书达到12000张。到2030年，绿色建材全寿命周期内"节能、减排、低碳、安全、便利和可循环"水平进一步提升，形成一批国际知名度高的绿色建材生产企业和产品品牌。

中国目前已开发的"绿色建材"包括六大分类多个子项，分类如图4-30所示。建筑师在设计时，应站在全寿命周期和全专业统筹角度合理应用绿色建材，降低建筑隐形碳排放。在建筑选材时应以就近原则为优先考虑方向，合理利用绿色建材。

2. 设计效果

《建材行业碳达峰实施方案》提出，"十四五"期间，建材产业结构调整取得明显进展，行业节能低碳技术持续推广，水泥、玻璃、陶瓷等重点产品单位能耗、碳排放强度不断下降，水泥熟料单位产品综合能耗水平降低3%以上。

图：绿色建材分类

绿色建材分类
- 围护结构及混凝土
  - 预制构件
  - 钢结构房屋用钢构件
  - 现代木结构用材
  - 预拌砂浆
  - 砌体材料
  - 保温系统材料
  - 预拌混凝土
  - 混凝土外加剂减水剂
  - 混凝土结构外防护材料
  - 外墙板
  - 隔墙板
  - 遇水即废弃混凝土铺装材料
  - 建筑垃圾废弃混凝土
- 门窗幕墙及装饰装修类
  - 建筑门窗及配件
  - 建筑幕墙
  - 建筑节能玻璃
  - 镁质装饰材料
  - 建筑遮阳产品
  - 门窗幕墙用型材
  - 钢质户门
  - 吊顶系统
  - 保温幕墙一体化板
  - 屋面绿化材料
  - 弹性地板
  - 建筑铝合金模板
  - 人造石
  - 建筑抗震支吊架
  - 集成式卫浴
  - 智能坐便器

绿色建材分类
- 防水密封剂建筑涂料类
  - 建筑密封胶
  - 防水卷材
  - 防水涂料
  - 树脂地坪材料
  - 墙面涂料
  - 反射隔热涂料
  - 空气净化材料
  - 建筑结构加固胶
  - 刚性防水材料
  - 工程修复材料
  - 防火涂料
  - 防腐材料
- 给水排水及水处理设备类
  - 水嘴
  - 建筑用阀门
  - 塑料管材管件
  - 中水处理设备
  - 游泳池循环水处理
  - 净水设备
  - 软化设备
  - 雨水处理设备
  - 金属给排水管管件
  - 一体化污水处理设备
  - 冷却塔
  - 一体化预制泵站
  - 次供水设备

绿色建材分类
- 暖通空调及太阳能利用与照明
  - 空气源热泵
  - 地源热泵系统
  - 新风净化系统
  - 采光系统
  - 建筑用蓄能装置
  - 光伏组件
  - LED照明产品
  - 太阳能光伏发电系统
  - 冷凝式燃气热水炉
  - 供暖空调输配系统用风机
  - 换热器
  - 建筑用供暖散热器
  - 组合式空调机组
  - 辐射供暖供冷装置
  - 冷热联供设备
  - 风机盘管机组
- 其他设备类
  - 设备隔振降噪装置
  - 控制与计量设备
  - 机械式停车设备

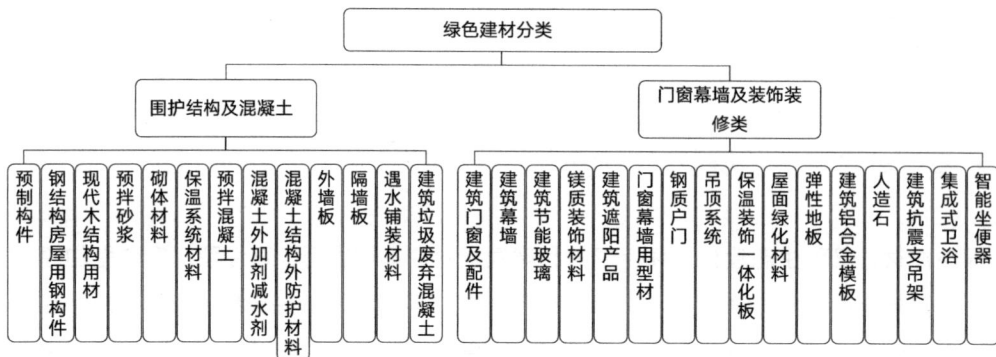

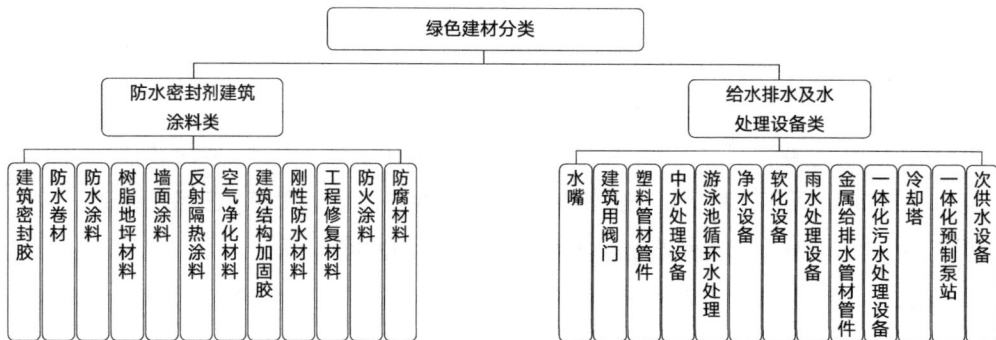

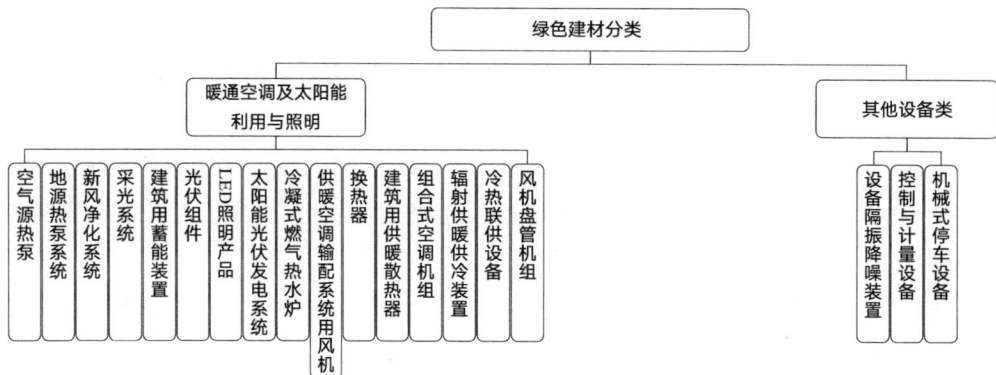

图4-30 绿色建材分类分项

4.2.2 基于降碳目标的天然材料应用

近20年来，随着可持续发展观念逐渐深入人心，建筑表皮设计领域也出现了许多明显的变化。有的建筑师开始尝试优化使用天然材料，或由其加工而成的可自然降解、可循环使用的材料来建造建筑表皮，以节省不可再生的材料资源，并减少不可降解材料对环境的负面影响。这种趋势在发达国家，特别是森林覆盖面积不断增加的欧洲及北美地区已经形成潮流。人类长期以来采用当地盛产的材料来构筑人类最初的住所，如将大自然中的土壤、植物、石材等加工为泥土、草苇、竹木等一系列建筑的原始材料。

可再利用材料指的是在不改变材料的物质形态情况下直接进行再利用，或经过简单组合、修复后可直接再利用的土建及装饰装修材料，如旧钢架、旧木材、旧砖等；可再循环材料指的是需要通过改变物质形态可实现循环利用的土建及装饰装修材料，如钢筋、铜、铝合金型材、玻璃、石膏、木地板等；还有的建筑材料则既可以直接再利用又可以回炉后再循环利用，例如旧钢结构型材等。充分使用可再循环材料，可以减少生产加工新材料带来的对资源、能耗资源和对环境的污染，对于建筑可持续发展具有非常重要的作用。

1．设计方法

天然材料包括以下几种类型。

1）石材

石材是欧洲建筑的主要材料，即使千百年来的风吹雨淋，依然可屹立于世，如古希腊雅典卫城等建筑。如今，石材作为结构材料已经几乎绝迹，有的也是仅仅作为建筑内外表皮的装饰材料使用，以干挂或者粘贴的形式出现，给建筑带来深厚凝重的文化感与历史感。

2）木材

木材是传统东方建筑的主要建筑材料，如应县木塔等建筑。木材给人亲切、自然的感受，无论是观感还是触觉均较好。然而自从20世纪中叶，中国由于缺乏天然木材，木建筑几乎停止了建设活动。而复合木材——胶合板、密度板等还在使用中。

3）其他

土坯、泥草、竹苇等建筑表皮材料在我国的很多地方民居中至今还在使用，如黄土高原的窑洞民居、云南傣族竹楼，还有很多农村的夯土墙等。这些建筑中很多表皮材料兼具围护功能和承重功能，其保温、隔热方面也具有符合地域气候的特点。此外在项目建设过程中常规使用的钢筋、铜、铝合金型材、玻璃、石膏、木地板等均是可循环材料，建筑师可优先考虑使用。

2．设计效果

全球多家权威机构研究数据表明，使用$1m^3$木材代替$1m^3$其他建筑材料（混凝土、石材或砖材），平均能减少0.7～1.1t二氧化碳的排放。结合中国建筑科学研究院有限公司技术报告，与基准钢混结构建筑相比，木结构建筑全寿命周期碳排放降低约11%（图4-31）。

钢结构建筑是一种低能耗、低排放的绿色建筑形式，虽然不同地区、不同结构形式、不同功能用途的建筑可能会有些差异，但整体上钢结构建筑的碳排放比混凝土结构减少20%～44%。另外，钢结构建筑符合"藏钢于建筑、藏钢于民"的战略，可作为废钢储备，而废钢是唯一可替代铁矿石的含铁原料，是钢铁工业可持续发展的重要资源。

3．优秀案例

以雄安新区白洋淀游客服务中心木结构建筑为例，与等效钢混结构建筑相比，整体木结构建筑在建材生产阶段碳排放降低约10%，考虑木材固碳量后，碳排放降低约19%（图4-32、图4-33）。

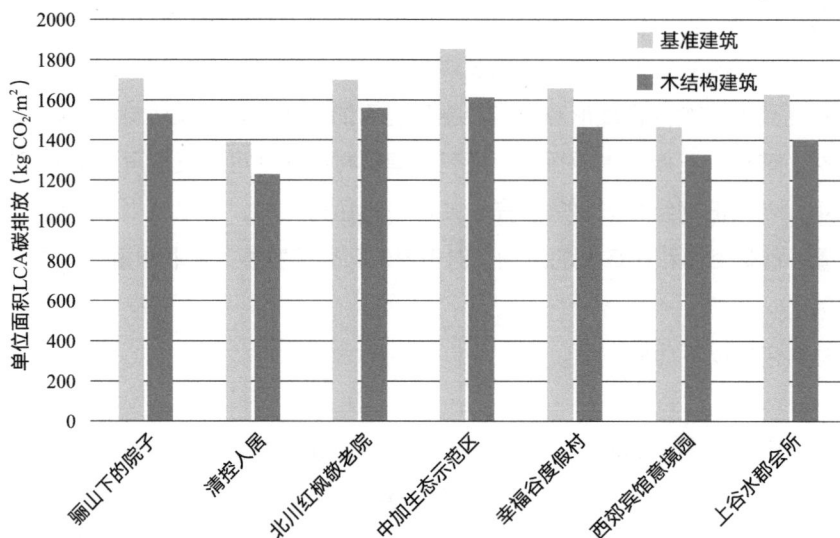

图4-31 使用传统建材和使用木材的示范建筑全寿命期单位面积碳排放量

图4-32 雄安新区白洋淀游客服务中心木结构建筑

	建筑	碳排放 （tCO₂e）	降低（%）
游客服 务中心 A	等效钢混建筑	1845.12	—
	木结构（不计固碳）	1387.72	24.79
	木结构（计算固碳）	1004.17	45.58
游客服 务中心 B	等效钢混建筑	846.05	—
	木结构（不计固碳）	674.26	20.30
	木结构（计算固碳）	501.64	40.71
游客服 务中心 C	等效钢混建筑	793.96	—
	木结构（不计固碳）	649.46	18.20
	木结构（计算固碳）	476.84	39.94

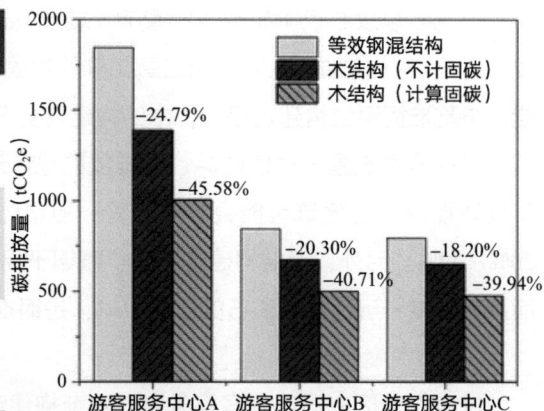

· 地上建筑部分，建材生产阶段约降低18%～25%，考虑固碳可降低约40%～46%

图4-33 雄安新区白洋淀游客服务中心木结构建筑与等效钢混结构建筑碳排放量比较

4.2.3 基于降碳目标的利废材料应用

1. 设计方法

利废建材即"以废弃物为原料生产的建筑材料"，是指在满足安全和使用性能的前提下，使用废弃物作为原材料生产出的建筑材料。废弃物主要包括建筑废弃物、工业废料和生活废弃物。在满足使用性能的前提下，鼓励利用建筑废弃混凝土生产再生骨料，制作成混凝土砌块、水泥制品或配制再生混凝土；鼓励利用工业废料、农作物秸秆、建筑垃圾、淤泥为原料制作成水泥、混凝土、墙体材料、保温材料等建筑材料；鼓励以工业副产品石膏制作成石膏制品；鼓励使用生活废弃物经处理后制成的建筑材料。建筑材料的性能需满足相应的国家或行业标准的要求。

《中华人民共和国国民经济和社会发展第十四个五年规划和2035年远景目标纲要》提出"加强废旧物品回收设施规划建设，完善城市废旧物品回收分拣体系"。近日，国家发展改革委会同商务部等部门联合印发《关于加快废旧物资循环利用体系建设的指导意见》（发改环资〔2022〕109号，以下简称《指导意见》），明确了未来一段时期做好我国废旧物资循环利用工作的发展目标和主要任务，确定了推进思路和工作措施。

《指导意见》提出到2025年，9种主要再生资源循环利用量达到4.5亿t，与利用原生资源相比，预计可降低碳排放约8亿t。随着《指导意见》的贯彻落实，预计到2030年，9种主要再生资源回收量有望增长到5亿t以上，碳减排量将达10亿t以上。随着废旧物资循环利用体系的建设完善，预计到2060年，我国将初步形成社会资源供给主要由"城市矿产"循环利用提供的格局。

2. 设计效果

经研究测算，每吨废钢代替天然铁矿石生产钢可减少二氧化碳排放约1.3-1.6t；采用废铝代替原生资源生产铝每吨可减少二氧化碳排放约11t；与利用原生资源生产铜相比，每利用1t废铜可减少二氧化碳排放约2.5t；对产品进行再制造可节省70%～98%的新材料使用，可减少碳排放79%～99%；每一单闲置手机的二手交易，可以实现约25kg的碳减排量。

3. 优秀案例

宁波博物馆总建筑面积3万余平方米，主体建筑长144m，宽65m，高24m。主体三层、局部五层，采用主体二层以下集中布局、三层分散布局的独特方式。整个设计将宁波地域文化特征、传统建筑元素与现代建筑形式和工艺融为一体。外围护结构由青砖、缸片等材料构成的瓦爿（pán）墙，呈现出一片青灰色，巨大的青色墙面，能将人带回明清时期的江南古镇（图4-34、图4-35）。

"建筑材料中除了大量使用旧砖瓦，还运用了毛竹等极具宁波特色的元素。"王澍把这种建筑风格称为新乡土主义风格，表达的是一种环保、节能的理念，"这也使得宁波博物馆可以明显有别于其他博物馆。"

宁波博物馆的瓦爿墙材料包括青砖、龙骨砖、瓦、打碎的缸片，其中绝大部分是宁波

图4-34 宁波博物馆

图4-35 宁波博物馆瓦爿墙

旧城改造时积留下来的旧物。其中，青砖的数量最多，年代在明清至民国时期不等，甚至有部分是汉晋时代的古砖。按每平方米100块旧砖旧瓦的使用比例，整个博物馆1.3万 m^2 的瓦爿墙将需要一百多万块旧砖瓦，因此成为国内首个如此大规模运用废旧材料建造的博物馆。相比其他博物馆通常采用的大理石等材料，用这些宁波旧房拆迁时收购来的旧砖瓦，能节约材料费50%以上。

4.3
能量集约性设计方法

▶　在"碳达峰、碳中和"导向下，建筑节能设计再次成为建筑师关注的焦点，建筑领域出现了一系列绿色低碳建筑类型，从绿色建筑到超低能耗建筑、近零能耗建筑、零能耗建筑，再到低碳建筑、近零碳建筑、零碳建筑，以及全寿命周期零碳建筑、碳中和建筑等。衍生出一种新的建筑设计方法：能量集约性建筑设计。

能量控制贯穿整个建筑的设计过程，和谐的生态环境可以减少能量传递，最终使得能量和生态成为建筑设计的表现形式，成为建筑设计中不可缺少的支撑理论。例如瑞典建筑师的《性能主导的建筑》通过理性分析和计算，用现代计算技术模拟能量发展，重新思考建筑学的设计方法，解释一个新建筑形式的设计出处。

4.3.1 基于绿色能源的建筑设计方法

绿色能源包括太阳能、风能、地热能、生物质能、氢能、海洋能。建筑方案设计时，应根据所处的地理位置、气候条件、资源优势，选择适宜的绿色能源，同时应结合建筑内部空间和外部形态，形成能源利用与建筑的完美结合。

首先，在内部空间方面应注重空间感提升。考虑到绿色低碳建筑内有众多的设备和设施，需借助于艺术设计方法对这些设施和设备的位置进行重新定位，进一步丰富建筑整体的空间感。空间的设计原则应紧紧围绕人的中心性，使建筑的使用者能够在内部体验到可再生能源技术的便捷，从而避免因为可再生能源设施而受到不利影响。不论是睡眠环境还是室内作业的环境，都可以与低噪声的可再生能源机械相结合使用。

其次，在外部形态方面应注重提升建筑物的整体艺术氛围。在当前住宅建筑的外立面设计过程中，常用的是外墙涂料或干挂石材等方式，但随着时间的流逝，这种材料会逐渐呈现出发黑等不良现象，从而在外部立面整体造型上造成较大影响。一些高档小区建筑在外观设计上开始使用如铝扣板建材，从而显著增强整体的建筑外观艺术感。伴随着绿色建筑材料行业的不断发展，新型化的外立面形式开始逐渐浮现，如结合太阳能电池和真空玻璃相结合的新型外观，这种设计不仅能让建筑拥有绿色发电功能，也可使建筑的整体外观审美得到提升。

4.3.1.1 光伏与建筑一体化设计方法

近年来，将光伏发电与建筑形体融合的太阳能光伏建筑一体化（Building Integrated Photovoltaic，BIPV）技术得到了迅速发展，引起了建筑师们的广泛关注。该技术将光伏组件和建筑物完美地结合为一体，通常将光伏组件植入到建筑物的屋顶，幕墙以及其他建筑元素中以达到节能降碳的目的。

1．设计方法

我国目前主要的太阳能光伏建筑应用有两种模式，即太阳能光伏建筑技术（Building Attached Photovoltaic，BAPV）和太阳能光伏建筑一体化技术（Building Integrated Photovoltaic，BIPV）。BIPV是通过将光伏电池集成到建筑物上从而达到建筑物本身能源产能的目的，而采用BIPV光伏发电材料既满足了建筑物对建材基本功能又符合美学要求，也可以优化建筑建造技术和增强建筑科技美感。BIPV常用的应用场景及应用形式包括构建型、建材型、安装型等。

构件型：是指太阳能组件和建筑物构件的组合或者光伏组件直接成为单独的建筑构件。光伏遮阳雨篷作为常用光伏建筑构件之一，可以实现遮挡雨雪和发电两大功能。常见的两种太阳能雨篷形式如下：图4-36是与建筑物融合的形式，图4-37、图4-38是独立形式（例如停车场雨篷）。

图4-36 光伏遮阳板

图4-37 "葡萄架"式折叠光伏车棚

图4-38 曲面钢结构光伏车棚

建材型：通过将太阳能光伏与建筑材料合二为一，成为一种建筑材料。光伏采光顶、光伏玻璃幕墙多采用建材型。建筑物屋顶位置位于建筑物较高部位，比较开阔且不容易被遮挡，是极佳的安装位置。当室内有采光需求时，屋顶天窗的太阳能光伏需要具有一定的透光性。在BIPV系统设计时需考虑发电效果、室内采光以及建筑材料的强度安全性等诸多因素。光伏采光顶案例应用形式见图4-39，光伏玻璃幕墙应用形式见图4-40，光伏瓦应用形式见图4-41。

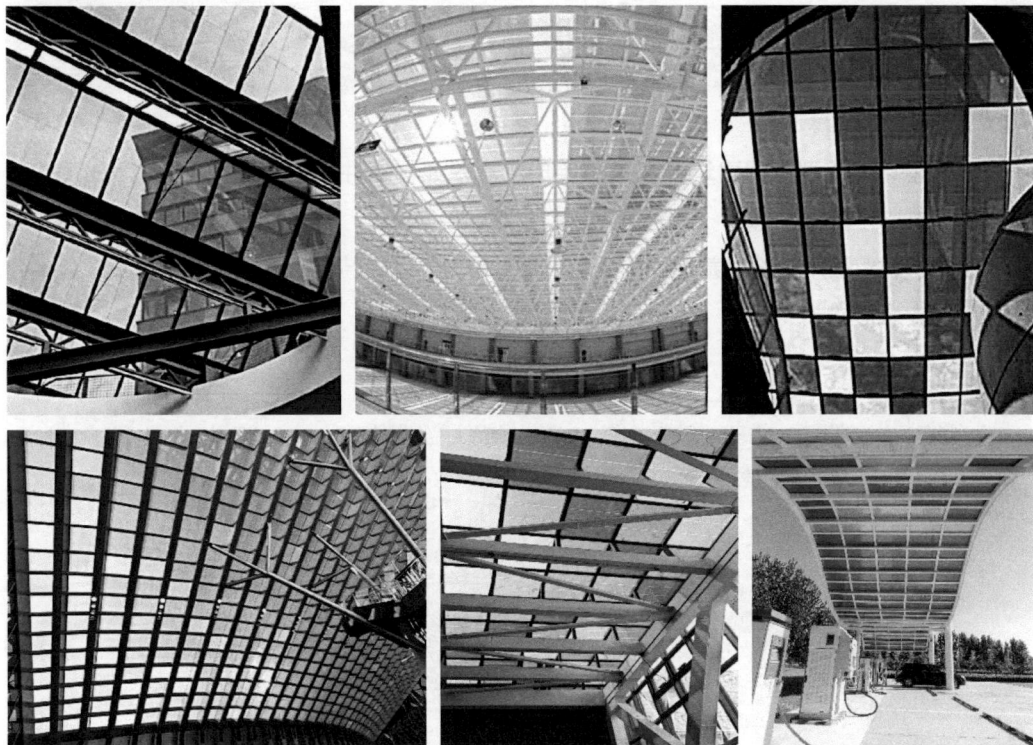

图4-39 薄膜光伏采光顶应用形式

图4-40 光伏玻璃幕墙应用形式

图4-41 光伏瓦应用形式

安装型：安装型光伏建筑是在建筑完成之后对光伏组件进行安装和架设，即BAPV。BAPV通常采用平屋顶安装，顺坡架空安装和墙面平行安装。该形式的光伏组件安装相对简便，在光伏建筑应用中扮演着重要的角色。图4-42为平屋面结合防水卷材安装形式，图4-43为层间墙安装形式。

图4-42 防水卷材屋面

图4-43 光伏墙

2．设计效果

光伏屋面（单晶硅光伏）产电量约为160kWh/（m²·a）（光伏板面积），可抵消碳排放60kgCO₂/（m²·a）（光伏板面积）；光伏幕墙（薄膜光伏）产电量约为110kWh/（m²·a）（光伏板面积），可抵消碳排放41.2kgCO₂/（m²·a）（光伏板面积）。

3．优秀案例

中国建筑科学研究院有限公司的光电建筑·ZEB是一栋既有办公建筑改造项目，建筑面积3000余平方米，安装光伏系统1500m²，装机容量235kW，预计单位建筑面积年发电量每平方米67kWh电，满足建筑自身用能后净产能量可达20%（图4-44）。该建筑实现了净零能耗和净零碳排放，成为从用能迈向产能，助力城市绿色低碳新发展的良好范本。

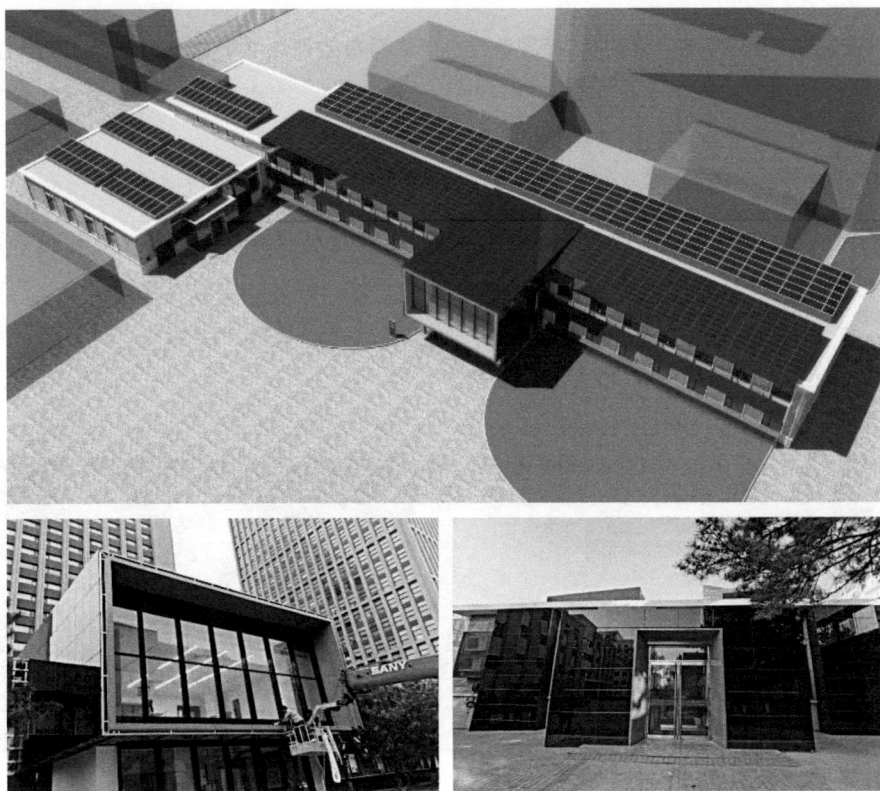

图4-44 光电建筑效果图

4.3.1.2 光储直柔设计方法

1．设计方法

"光储直柔"是集建筑光伏、分布式储能、直流配电、柔性用电于一体的新型建筑配电系统（图4-45）。建筑可以充分利用建筑光伏、储能电池及电动汽车蓄电池、柔性用电设备等能源灵活性资源，使建筑从刚性负载转变为柔性负载，并能根据电力供需关系调节建筑

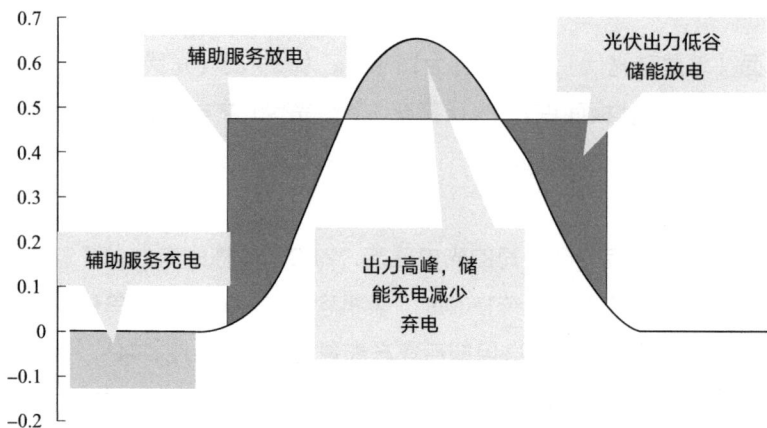

图4-45 光储直柔系统示意图

用电功率或光伏发电功率，实现"荷随源动"，从而有效解决太阳能光伏发电功率与建筑终端用电功率时空错配难题，促进建筑光伏发电本地消纳，提高电网供电安全性、稳定性和可靠性，对于实现零碳建筑和零碳电力都具有重要作用。

2. 优秀案例

中国建筑科学研究院有限公司的光电建筑·ZEB集成了光伏发电、储能蓄电、直流供电、柔性用电，示范性地采用了直流空调、直流照明、直流插座等，实现了光伏产能优先本地消纳，过剩的产能为周边建筑和电动汽车灵活供电，提高了供用电协调性及光伏减碳贡献率（图4-46）。

图4-46 光电建筑光储直柔示意图

4.3.1.3 空气能利用设计方法

随着建筑节能的推进，低温辐射供暖系统以其良好的舒适性、安全性逐渐代替了传统的对流辐射供暖系统。新的末端供暖技术对集中供热热源温度要求的降低，使得空气源热泵等供暖系统得以大量推广应用。

1. 设计方法

空气源热泵的性能会随室外气候的变化而变化，当室外空气温度大于0℃时，常规空气源热泵机组可以安全可靠运行；而在我国北方室外空气温度极低的地区，热泵在冬季供热量不充分，多采用多能互补的空气源热泵供暖系统以补充能源的配比。根据项目具体特点及环境条件补充能源的配比宜为30%～50%，供暖效果的保障与初投资及运行费用的节约会达到比较理想的结合点。各气候区空气源热泵及补充能源应用方式推荐如表4-9所示。

基于气候分区的空气源热泵配置 表4-9

气候区	特点	设计要点	初投资	供暖碳排放
夏热冬冷地区	全年供冷量远大于供热量	系统搭建时应重点关注供冷工况的能效，设计中优化配置水冷式冷水机组的容量并优先运行，以提高平均制冷能效。空气源热泵机组兼具供冷供热功能	空气源热泵供冷机组兼具热泵功能，在初投资方面具有优势	同等供热效果时，空气源热泵+水冷式冷水机组的形式，其间接碳排放低于燃气锅炉+水冷式冷水机组系统
寒冷地区	多数城市年供冷量大于年供热量	系统的构建和运行应重点关注制冷工况的能效，投资允许时建议适当配置水冷式冷水机组。该地区冬季室外温度较低，热泵制热能力衰减较多	热泵方案的系统初投资较夏热冬冷地区高	同等供热效果时，空气源热泵的间接碳排放低于燃气锅炉，但碳排放降低效果不如夏热冬冷地区好
严寒地区	全年供热量远大于供冷量	冬季室外温度低，热泵制热能力衰减多、能效降幅大，宜采用空气源热泵+其他供热设备的复合热源方式，在室外温度条件较好时尽量运行空气源热泵机组以提升运行能效，也有利于控制初投资。冷源方面仍建议在投资允许时适当配置水冷式冷水机组	热泵方案的系统初投资增幅较大	同等供热效果时，空气源热泵的间接碳排放与燃气锅炉接近
温和地区	空气源热泵的应用和夏热冬冷地区较为类似，可参照其进行系统搭建			
夏热冬暖地区	仅有供冷需求，不推荐在该气候区的大、中型项目中应用空气源热泵机组			

2．优秀案例

被动式超低能耗住宅屋Passive House是一种气密性高、能耗极低的高标准建筑。这类建筑室内冷热负荷低，采用集新风、采暖、制冷和净化为一体的组合式空气源热泵机组，可一机解决被动屋的整个暖通机电系统，实现户内健康、舒适、节能、降碳的理念（图4-47）。

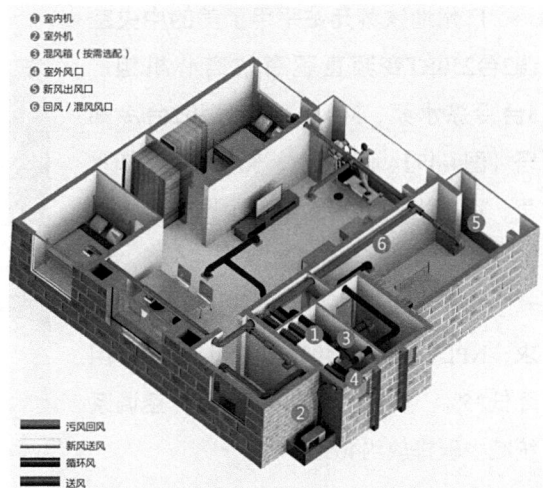

① 室内机
② 室外机
③ 混风箱（按需选配）
④ 室外风口
⑤ 新风出风口
⑥ 回风/混风风口

污风回风
新风送风
循环风
送风

图4-47 被动式超低能耗建筑环境一体机

4.3.2 高效设备低碳设计方法

1．设计方法

我国制冷机房能效提升具有很大挖掘空间，随着"双碳"目标的提出，高效制冷机房越来越受到设计师青睐。应在设计阶段优先设计高效制冷机房，提升制冷机房系统综合能效比。

随着节能标准的提升，各种高效机电设备生产并得以应用，如磁悬浮空调机组，其能效比一般可以比传统机组提高20%左右，且在负载率较低的情况下，磁悬浮制冷机组的能效比提高更为明显。磁悬浮空调机组维护简单，运行费用比传统冷水机组可减少50%。

建设高能效机房系统具体包含以下几个方面：第一，制冷机房中应采用具有能效比高的主机、水泵、冷却塔等设备。第二，控制策略应能够保证整个机房系统长时间处于高效区工作。第三，尽量减少系统的阻力（包括局部阻力和沿程阻力），保证从主机到水泵等的管路最短。第四，制冷机房采用智能控制技术，实现机房系统无人值守和自动运行。

2．优秀案例

1）北京五棵松冰上运动中心

北京五棵松冰上运动中心采用了3台克莱门特水冷高效磁悬浮变频离心机组，总冷量达到3600kW。在满负荷运行状态下，机组的COP可达5.87，IPLV值可达10.41，空调系统减少碳排放约30%（图4-48）。

图4-48 五棵松冰上运动中心

2）广州地铁苏元站

广州地铁苏元站采用了美的中央空调2台250RT变频直驱高效离心机组、3台冷冻水泵、3台冷却水泵和2台冷却塔（图4-49）。其中，冷冻水泵、冷却水泵、冷却塔风机均采用变频调节技术。空调冷源系统全年能效系数为6.48，达到了广州地铁对于机房能效大于5.0的要求；NPLV提升35.40%，主机运行费用降低35%，投资回收期小于3年，空调系统减少碳排放约40%。

图4-49 广州地铁苏元站

4.3.3 智慧科技赋能低碳设计

1. 设计方法

绿色低碳建筑可以通过融合先进的智慧技术，实现建筑的高效节能、自动化控制、智能化运营。如：智能化系统可实现室内温度、湿度、光照等环境参数的自动调节；智能家居可提高居住者生活便利性；可再生能源和节能技术的智能化控制在提升设备运行效率的同时，有利于降低建筑能源消耗和碳排放，实现环境保护和可持续发展。

1）设备联动控制与管理

基于物联网和智能控制技术，通过对建筑内各种设备进行监测和数据分析，实现设备之间的协同联动控制和运行管理（图4-50）。例如：建筑遮阳，夏季根据室外光线强弱自动闭合遮阳以避免室内得热，冬季自动开启遮阳将阳光导入，增加室内温度；在晴天或强光照射时可适当调整采光顶的开合程度，提高室内采光量，减少室内照明设备的使用；根据室内温度、阳光强度等因素自动调整立面幕墙的角度和开启程度（图4-51）。设备集成控制系统可以根据室内温度和光线条件实现自动化控制，从而实现节能降碳的目的。

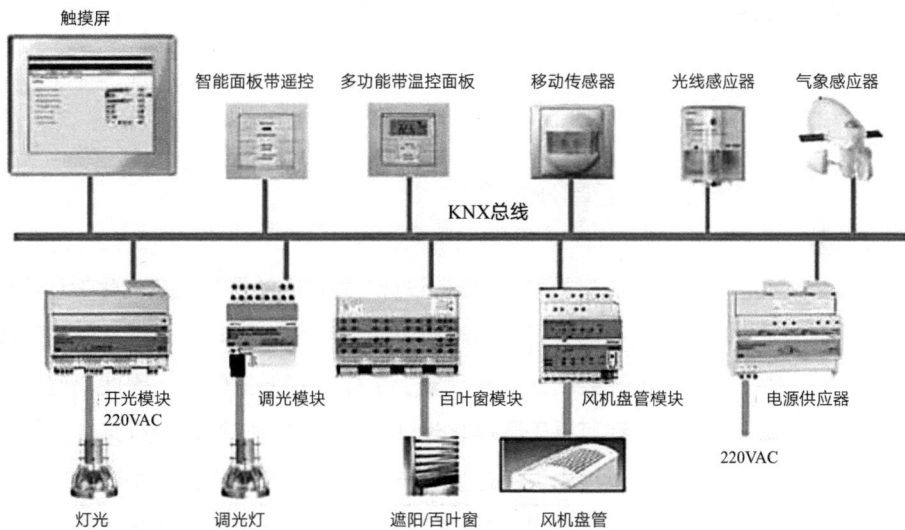

图4-50 设备联动控制示意图

图4-51 根据室外光线的强弱，遮阳板自动调节效果图

2）零碳驾驶舱

基于先进的智能化系统，可搭建绿色低碳建筑能耗及碳排放监测和分析管控平台，平台可集成数据分析处理、数据展示、交互体验三位一体的能耗和碳排放数据，综合碳排放情况、能耗监测、水耗监测、室内环境监测等多维智能化展示建筑碳排放情况。

2．优秀案例

基于PKPM平台开发的碳排放监控平台，可实时展示建筑用电量、发电量、碳排放数据等，并进行同期对比、环比对比，为用户数智化评估减排效果、科学规划减排路径提供指导。平台可快速生成碳排放报告，可实现全流程追踪，实现碳资产运营策略化、碳账本数据可视化。

4.4
数字化设计工具

4.4.1 工具开发理念

▶   在以"绿色建筑低碳设计"为核心的绿色建筑优化设计过程中，诸多因素都会对绿色建筑低碳性能产生影响，尤其在方案阶段，传统的设计会出现多次反复、工作效率低的问题。因此，理想的优化设计过程可基于数字化设计工具，将适应性评价以某种方式植入形体优化过程中，通过设计与评价的协同操作，由设计程序完成目标比较和内部寻优，帮助建筑师将绿色低碳适应性技术措施和方法植入设计过程中，从而有效提高工作效率。

在工具选择上，SketchUp平台在建筑方案设计中具有较高的普及度和可扩展性，Sefaira、Moosas、gModeller等一系列绿色建筑低碳设计的辅助软件开发均基于该平台，并帮助建筑师在建筑设计过程中融入绿色基因，如能耗、采光、热舒适、日照等功能，以提升绿色性能。但此类工具属于传统的设计优化协助软件在设计时需重新建模，在方案早期阶段不易使用。

基于上述问题和理想的建筑方案优化模式，气候适应型绿色低碳建筑方案设计辅助工具（以下简称APD@SKP）被开发，该工具将绿色建筑方案设计与建筑绿色低碳性能分析有效结合，尽量简化软件建模步骤，满足建筑师的使用习惯和建筑设计分析需求，实现建筑绿色低碳性能优化。

4.4.2 建筑信息快速提取功能

建筑师能够使用APD@SKP对SketchUp中建立的建筑方案直接进行数据提取，实现建筑数据与性能分析数据的连接和交互，实现方案阶段早期介入并进行绿色建筑低碳设计优化，如可识别场地、建筑模型等（图4-52和图4-53）。

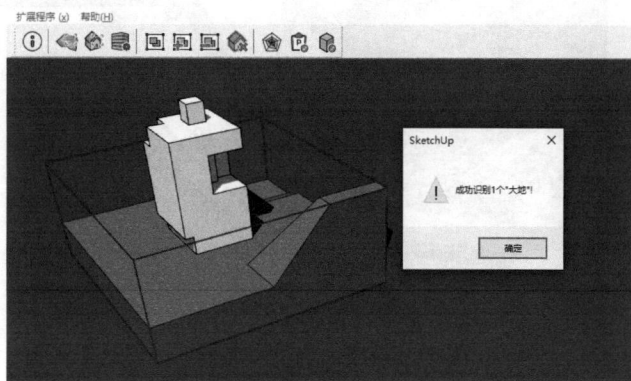

图4-52 工具对场地信息提取截图

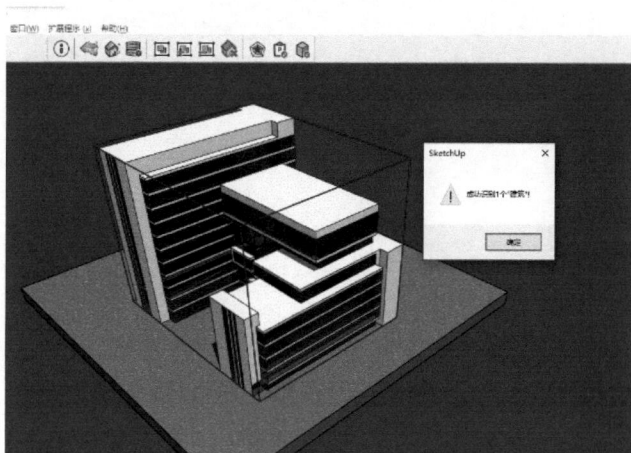

图4-53 工具对建筑信息提取截图

4.4.3 优化分析功能

APD@SKP进行建筑信息快速提取后，可进行建筑方案优化分析。APD@SKP的主要功能包括基于气候适应性的建筑方案优化设计、面向建筑布局的场地微环境分析、面向建筑形体设计的性能分析。

在APD@SKP中，建筑师可以组织或组合不同的建筑与场地，通过软件将其识别为若干组方案并进行技术经济指标和气候适应性计算和对比，对应给出优化建议，指导建筑师调整优化方向。图4-54所示为某中学基于APD@SKP的经济技术指标和气候适应性指数比对实现方案演化的过程。

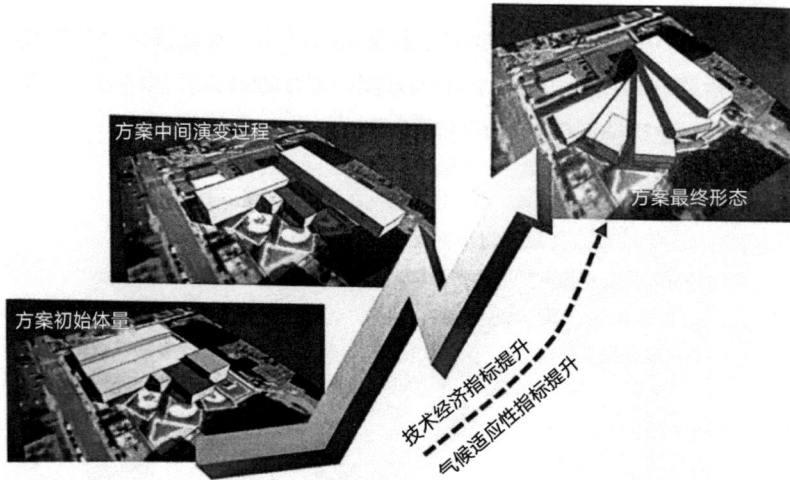

图4-54 基于APD@SKP的方案演化

5

第 5 章　绿色低碳施工技术体系

　　绿色低碳施工是推动城市更新和建筑业高质量发展的重要举措。2030年前碳达峰和2060年前碳中和目标的提出，更加强调了绿色低碳发展时间表的强制性要求。对于建筑行业，在强调设计阶段进行建筑能耗计算的前提下，施工过程中如何强化和体现绿色低碳，更加强调施工主体采用先进合理的绿色低碳施工技术。本章基于现行绿色施工相关国家标准和多个项目的绿色施工实践经验，结合文献及现场调研，阐述了构建绿色低碳施工的内涵，构建了绿色低碳建造技术体系框架，介绍了涵盖资源节约、环境保护，以及体现绿色低碳理念的综合技术等三个方面十二个绿色低碳施工技术子体系，并从适用条件和范围、技术要点、施工要求、实施效果等方面对绿色低碳施工有代表性的新技术进行介绍，以期为建筑行业从业人员的绿色低碳施工提供借鉴。

5.1

绿色低碳施工技术体系构建

5.1.1 绿色低碳施工内涵

▶ 　　绿色低碳的理念各自有其提出背景和发展目的，建立的相应体系往往围绕各自相关重点展开，但提出的技术策略和手段存在一定的重叠。

5.1.1.1 绿色施工

　　根据《建筑工程绿色施工评价标准》GB/T 50640—2010和《建筑工程绿色施工规范》GB/T 50905—2014中对绿色施工的定义，绿色施工是在保证质量、安全等基本要求的前提下，通过科学管理和技术创新，最大限度地节约资源与减少对环境的负面影响，实现"四节一环保"（节能、节地、节水、节材和对环境的保护）的建筑工程施工活动。这里以实现"四节一环保"的目标来定义绿色施工，主要强调资源节约和环境保护。《建筑与市政工程绿色施工评价标准》GB/T 50640—2023拓展了绿色施工的内涵和外延，增加了"以人为本"的要求，以"资源节约"代替"四节"，减少"四节"对绿色施工的约束。该标准中对绿色施工的定义如下：绿色施工是在保证质量、安全等基本要求的前提下，以人为本，因地制宜，通过科学管理和技术进步，最大限度地节约资源，减少对环境负面影响的施工活动。

　　根据住房和城乡建设部2021年3月发布的《绿色建造技术导则》，绿色建造是按照绿色发展的要求，通过科学管理和技术创新，采用有利于节约资源、保护环境、减少排放、提高效率、保障品质的建造方式，实现人与自然和谐共生的工程建造活动。这里强调人与自然和谐共生，在绿色施工强调的节约资源、保护环境的基础上，增加了减少排放、提高效率、保障品质的要求。

　　虽然绿色施工中包含了节能技术，绿色建造中也明确提出了减少排放的目标，但其只作为绿色技术实施自带的附属产物，并未真正将低碳理念贯穿于绿色施工过程中。

5.1.1.2 低碳施工

尚未有关于低碳施工的完整定义，但是基于低碳理念，低碳施工应将施工阶段的能耗及二氧化碳排放作为低碳施工评价的重要指标。低碳施工除了满足绿色施工的基本要求外，特别注重减少二氧化碳的排放。施工阶段碳排放不仅指施工现场的碳排放，还包括与施工相关的其他活动的碳排放，包括材料运输碳排放、施工现场碳排放以及施工废弃物处置产生的碳排放。

施工现场碳排放，按区域可分为施工区碳排放、生活区碳排放和办公区碳排放，影响因素主要包括施工机械、施工设备的选择，照明、食堂炊事用能及能源选择等。

材料运输碳排放，指材料运至工地现场过程产生的碳排放，影响因素主要包括运输方式、运输距离、运输总量、运输效率等。

施工废弃物处置碳排放，也是施工阶段碳排放的组成部分，包括废弃物运输碳排放和分类处置碳排放。从低碳的角度，一方面尽量减少施工垃圾，另一方面尽量做到废弃物资源化利用。

5.1.1.3 绿色低碳施工

根据以上对绿色施工、绿色建造、低碳施工概念的对比分析，绿色施工与低碳施工既有紧密的关联，又有不同的侧重。一方面绿色施工内涵最广而且仍在不断扩展，另一方面低碳施工由于具有明确的且单一的目标指向，仍在不断提高目标评判值并细化评判规则。绿色施工强调资源节约和环境保护，低碳施工更侧重降低能源消耗，减少碳排放。

因此，绿色低碳施工技术可以理解为在保证质量和安全等基本要求的前提下，通过科学管理和技术创新，最大限度地节约资源和能源、减少对环境的负面影响、减少二氧化碳排放并提高施工效率的建造技术。

5.1.2 绿色低碳施工技术体系框架

《建筑工程绿色施工评价标准》GB/T 50640—2010中绿色施工技术主要从"四节一环保"的维度归纳提炼，既包括节材技术、节水技术、节地技术、节能技术等资源节约的施工技术，还包括垃圾减量及回收再利用、施工噪声控制、污染物控制、扬尘控制等环境保护方面的施工技术。《建筑与市政工程绿色施工评价标准》GB/T 50640—2023中绿色施工除包括资源节约内容外，新增了"人力资源节约和保护"，强调改善作业条件，减轻劳动强度；增加了技术创新的内容。《建筑工程绿色施工规范》GB/T 50905—2014中绿色施工技术，主要从施工对象的维度即地基基础、主体结构、装饰装修、机电安装、防水保温以及施工现场等着眼。比如，采用预拌混凝土在现行《建筑与市政工程绿色施工评价标准》GB/T 50640中属于节材技术，在现行《建筑工程绿色施工规范》GB/T 50905中属于主体结构中混凝土结构的绿色施工技术。因此，这两部与绿色施工相关的国家标准，尽管技术划分方式不同，但提到的绿色施工技术大都是侧重于某单一方面的效果提出的。

近年来，建筑行业也涌现出了很多体现绿色低碳理念，降低资源和能源消耗的综合性的新技术，这些技术可以实现绿色低碳的多个目标和效果。比如，基坑支护可回收锚杆技术，回收后可以重复使用，是属于典型的节材技术，同时，锚杆回收后，不再占用基坑边线特别是场地红线外的地下空间，也属于典型的节地技术。再如，近年来国家大力发展的装配式建筑技术，无论是装配式结构还是装配式装修，其施工都能实现保证质量、安全、减少资源和能源的效果，提高效率，全面体现了绿色低碳理念。因此，这类综合性技术也应作为绿色低碳施工技术体系的重要组成部分。

基于以上对相关标准和文献疏理，绿色低碳施工技术体系既包括实现某一单方面效果的绿色施工技术，也包括实现多方面效果的绿色施工技术，总体上可以分为三大类：资源节约、环境保护、综合技术。

资源节约方面包括节材技术、节水技术、节地技术、节能技术。环境保护方面包括垃圾减量及回收再利用技术、施工噪声控制技术、污染物控制技术、扬尘控制技术。综合技术方面包括岩土工程技术、结构工程技术、装修工程综合技术、机电工程技术。绿色低碳施工技术体系总体框架如图5-1所示。

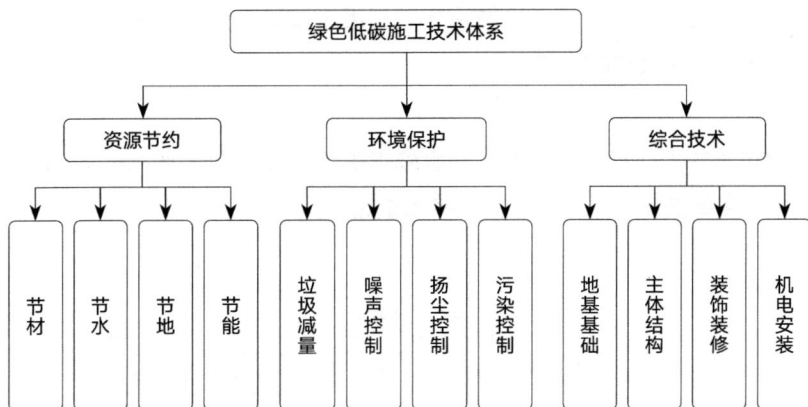

图5-1 绿色低碳施工技术体系总体框架

5.1.3 绿色低碳施工技术体系内容

5.1.3.1 资源节约

1. 节材技术

施工节材技术是体现绿色低碳施工资源节约的重要方面，可分为节省材料通用技术、节省结构和装修材料技术、节省周转材料技术、节省施工临时设施技术四类。施工节材技术子体系如图5-2所示。

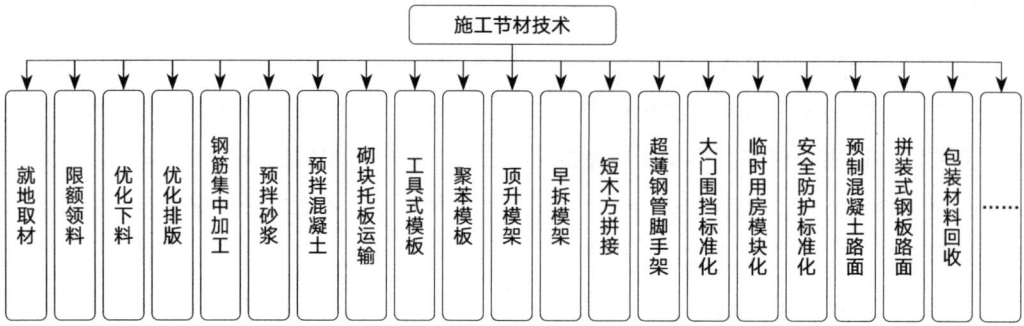

图5-2 绿色低碳施工节材技术子体系

通用技术包括就地取材、限额领料、优化下料、优化排版、包装材料回收等。建筑实体材料包括集中加工钢筋、钢筋机械连接、焊接封闭箍筋等，预拌混凝土、优化混凝土配合比、在原材料中掺加固废等，砌块集中切割、砌块托板运输、采用预拌砂浆、落地灰收集再利用等，优化钢材连接节点、加工钢材余料回收利用，面材优化排板、工厂加工板材、成品保护、外窗外墙同步施工等。施工周转材料包括铝合金模板、塑料模板、工具式模板、聚苯免拆模板、顶升模架、短木方拼接等，超薄钢管脚手架、管件合一技术、早拆模架等。施工临时设施包括安全防护标准化、临时用房模块化、工地大门标准化、工地围挡标准化、利用既有建筑作为施工临时用房、利用市政道路作为施工道路、施工道路路面采用预制混凝土板或拼装式钢板等。

2. 节水技术

施工节水技术主要包括用水计量、节水施工工艺、节约地下水及降水利用、非传统水源利用、节水器具等五类。施工节水技术子体系如图5-3所示。

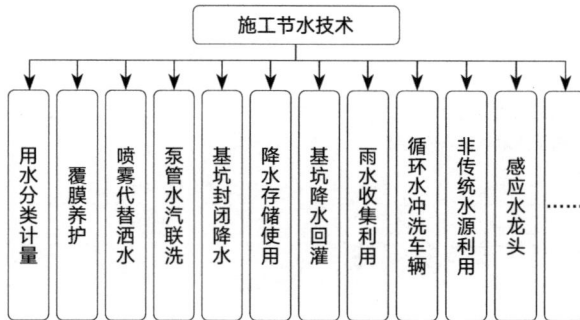

图5-3 绿色低碳施工节水技术子体系

用水计量包括按定额限量用水、工程和生活用水分类计量等。节水工艺包括喷雾代替洒水抑尘、覆膜养护混凝土、混凝土泵管水气联洗等。节约地下水包括基坑封闭降水、基坑降水回灌，降水存储用于施工、喷洒路面、绿化浇灌等。非传统水源包括雨水收集利用、循环水冲洗车辆等。节水器具包括洗手池感应水龙头、小便池感应节水器等。

3．节能技术

施工节能技术是绿色低碳施工技术的重要组成部分，也是影响施工碳排放的重要因素。施工节能技术主要包括能耗计量、节能设备机具、节能施工工艺及措施、太阳能利用、节能灯具等五类。施工节能技术子体系如图5-4所示。

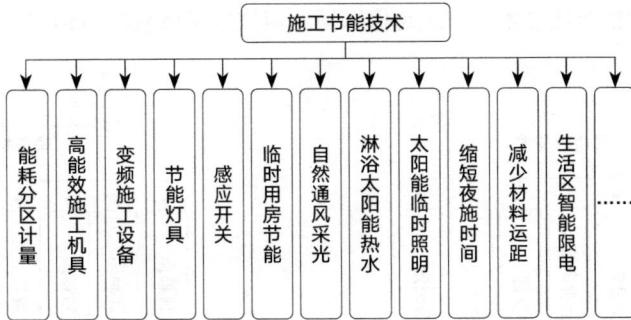

图5-4 绿色低碳施工节能技术子体系

能耗计量包括按定额限量用电，工程和生活、办公用能分区计量，生活区智能限电、施工用能监测等。节能机具设备包括高能效施工机械、变频施工设备机具等。节能工艺包括临时设施节能达标、自然采光、通风和遮阳、缩短夜施时间、缩短冬施时间、减少材料运距、减少材料二次搬运等。太阳能利用包括太阳能热水淋浴、太阳能临时照明等。节能灯具包括LED灯、感应开关等。

4．节地技术

施工节地技术主要包括施工场地规划、施工临设及临设道路、节地施工工艺及措施等三类。施工节地技术子体系如图5-5所示。

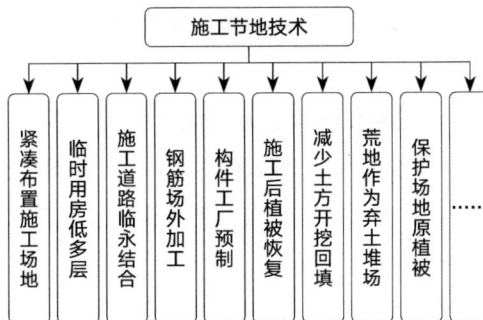

图5-5 绿色低碳施工节地技术子体系

场地规划包括施工场地布置紧凑合理、钢筋场外加工、构件工厂制作等。施工临设包括临时用房采用低多层房屋、充分利用市政道路和拟建道路作为临时道路。节地工艺包括施工后恢复植被、减少土方开挖回填、利用荒地作为弃土堆场、保护场地原有植被等。

5.1.3.2 环境保护

1）垃圾减量利用技术

施工垃圾减量利用是指施工现场建筑垃圾源头减量、分类回收、再利用与再生利用。该技术是贯彻绿色低碳施工理念、落实固体废弃物污染环境防治的政策、规范和引导施工现场原生材料低消耗、建筑垃圾高效利用、减少施工现场垃圾排放，实现资源节约、保护环境、减少碳排放的重要技术。施工垃圾减量利用技术子体系如图5-6所示。

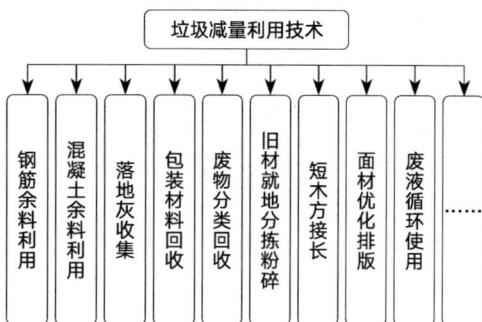

图5-6 垃圾减量利用技术子体系

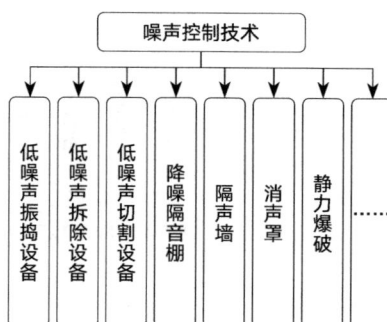

图5-7 施工噪声控制技术子体系

源头减量指在设计和施工过程中，通过节材设计、减废工艺、精细管理等手段从源头减少施工现场建筑垃圾产生，主要包括面材优化排板、块材优化排板、钢筋数字化翻样下料、钢筋场外集中加工、挖填土石方场内平衡、施工设施永临结合、加强成品保护等。分类回收存放包括固废分类回收、旧材就地分拣粉碎、分类集中存放等。再利用指建筑垃圾直接作为施工材料或经不改变原生状态的处理后应用于本工程，包括钢筋余料利用、木方余料接长、落地灰收集、废液循环使用等。再生利用是指施工现场建筑垃圾经改变施工材料原生状态处理后成为可利用的再生资源。主要包括混凝土、砌块等破碎作为再生骨料。

2）施工噪声控制技术

施工噪声控制技术可分为选用低噪声设备、隔声装置、降噪工艺等。施工噪声控制技术子体系如图5-7所示。低噪声设备包括低噪声振捣设备、低噪声拆除设备、低噪声切割设备等。隔声装置包括隔声棚、隔声罩等。降噪工艺包括静力爆破、静力切割等。

3）施工扬尘控制技术

施工扬尘控制技术可分为喷雾降尘、封闭覆盖、工艺除尘、绿化防尘等。施工扬尘控制技术子体系如图5-8所示。喷雾降尘包括雾炮降尘、自动喷淋、搭式起重机高空喷雾等。封闭覆盖包括土方开挖覆盖、基坑开挖覆盖、堆土覆盖、土方封闭运输、材料加工防尘罩等。工艺除尘包括出口清洗车辆、管道静电除尘、布袋除尘、湿法除尘等。绿化防尘包括停车场地植草砖、种植草坪、种植灌木、盆栽绿化等。

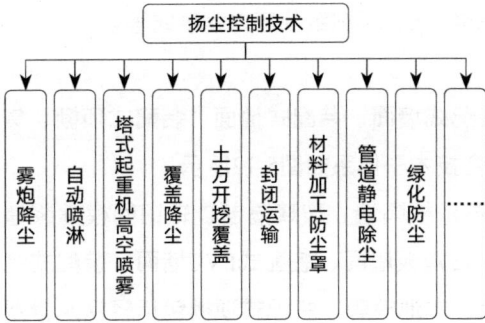

图5-8 施工扬尘控制技术子体系

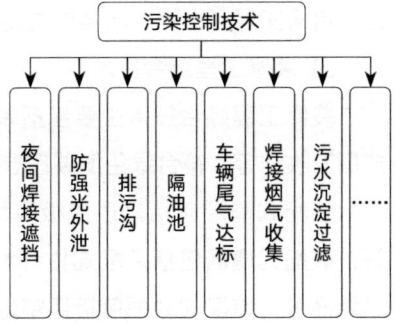

图5-9 施工污染控制技术子体系

4）施工污染控制技术

施工污染控制技术可分为光污染控制、废液污染控制、废气体污染控制等。施工污染控制技术子体系如图5-9所示。光污染控制包括夜间焊接遮挡、防强光外泄罩等。废液污染控制包括排污沟、隔油池、污水沉淀过滤池等。废气污染控制包括运输车辆尾气达标监测、电焊烟气收集等。

5.1.3.3 综合技术

1）岩土工程综合技术

岩土工程综合技术在建筑领域主要包括基坑支护、基础抗浮、桩基等。符合绿色低碳理念的岩土工程综合技术子体系如图5-10所示。基坑支护包括可回收支护锚索、可拆卸锚杆、装配式钢结构内支撑等。桩基工程包括劲性复合桩、螺杆桩、能源桩、桩基后压浆等。抗浮桩包括缓粘结预应力抗浮锚杆、缓粘结预应力抗浮桩等。

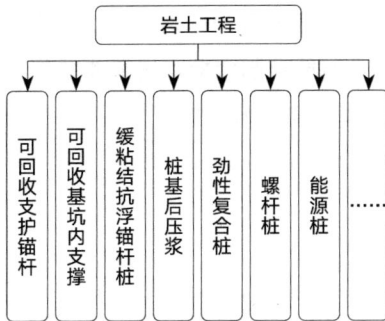

图5-10 岩土工程综合技术子体系

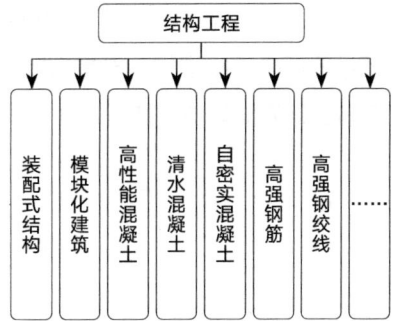

图5-11 结构工程综合技术子体系

2）结构工程综合技术

结构工程综合技术主要包括装配式建筑、高性能混凝土、高强钢材等。符合绿色低碳理念的结构工程综合技术子体系如图5-11所示。装配式建筑包括装配式混凝土结构、装配式钢结构、装配式木结构、模块化建筑等。高性能混凝土包括高性能混凝土、清水混凝土、自密实混凝土等。高强钢材高强钢筋、高强钢绞线、缓粘结预应力钢绞线等。

3）装修工程综合技术

装修工程综合技术主要包括装配式隔墙、装配式墙面、装配式地面、装配式顶棚、集成厨卫收纳等。符合绿色低碳理念的装修工程综合技术子体系如图5-12所示。

装配式隔墙包括轻质条板隔墙、轻钢龙骨石膏板隔墙、玻璃隔断、轻钢网模灌浆墙等。装配式墙面包括装配式竹纤维墙面、装配式石膏板墙面、装配式PVC墙面、装配式金属墙面等。装配式地面包括架空地板、复合地板、木地板等。装配式顶棚包括轻钢龙骨塑钢扣板吊顶、轻钢龙骨铝合金扣板吊顶等。集成式厨卫包括集成式厨房、整体式卫浴、集成式收纳等。

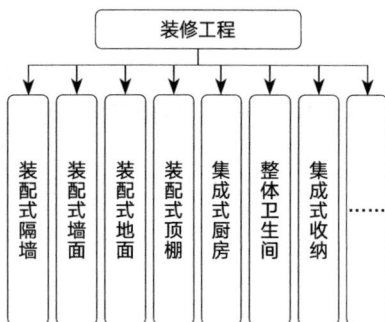

图5-12 装修工程综合技术子体系

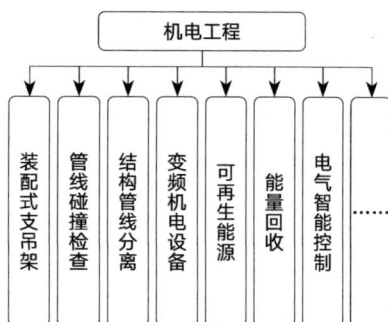

图5-13 机电工程综合技术子体系

4）机电工程综合技术

机电工程综合技术主要包括装配式支吊架、BIM技术应用、能量回收、智能控制和其他技术等。符合绿色低碳理念的机电工程综合技术子体系如图5-13所示。装配式支吊架包括装配式支吊架、装配式抗震支吊架、装配式综合支吊架等。BIM应用包括利用BIM技术进行管道碰撞检查等。能量回收包括电梯能量回馈技术等。智能控制包括电气智能控制、智慧工地等。其他包括结构与管线分离、采用变频电机、可再生能源利用等。

5.2
绿色低碳施工新技术

5.2.1 临时设施定型化、标准化技术

5.2.1.1 技术概况

▶ 临时设施与安全防护的定型化、标准化技术分为两种情况，一种是整体设施在场外进行加工制作，运至现场进行安装使用，如可移动临时厕所、集装箱式标准养护室、可周转使用办公室及生活用房等；另一种是部分零部件场外加工、购置或取材于现场边角余料现场加工，然后在现场进行拼装使用，如工具式加工车间、可周转洗漱池、可周转垃圾站等。本技术结合施工现场使用要求，对各种临时设施及安全防护设施进行标准化和定型化设计、加工，实现各种设施的工具化、定型化、标准化，一次投入多次周转使用，节约材料，现场安装使用具有快速高效、移动灵活、安全稳固、使用方便等特点。

5.2.1.2 适用范围

临时设施与安全防护的定型化、标准化技术适用于所有建筑施工现场，特别是场地比较狭小的施工现场以及施工作业楼层内。

5.2.1.3 技术要点

1. 可周转装配式围墙

城区主要道路的工地应设置高度不低于2.5m的封闭围挡，一般路段的工地应设置高度不小于1.8m的封闭围挡。可周转装配式围墙采用型钢做立柱，柱间采用彩钢夹芯板，如图5-14所示。可周转装配式围墙不仅安拆方便快捷，避免了砖砌围墙拆除后产生的大量建筑垃圾，也满足了单层彩钢板围墙强度不足的问题。

2. 可移动装配式样板墙

一般项目样板间展示区需要展示分部及子分部工程包括混凝土结构、砌体结构、屋面、装修、给水、排水、电气等。这些分部及子分部工程样板采用可吊装重复使用的集装箱，尺寸规格为5950mm

（长）×2950mm（宽）×2500mm（高）。集装箱底座采用工字钢和槽钢，在集装箱内可集中展示各种需要展示的样板，如图5-15所示。

图5-14 可周转装配式围墙示例

图5-15 可移动装配式样板墙示例

3．集装箱式标准实验室

单个集装箱实验室的尺寸为5950mm（长）×2950mm（宽）×2500mm（高），面积约为18m²。主框架采用方钢管（80mm×80mm×3mm），底座次梁采用方钢管（30mm×50mm×2.5mm），顶盖主结构采用方钢管（80mm×60mm×3mm），顶盖次梁采用方钢管（80mm×60mm×2.5mm）。骨架采用焊接完成，墙体采用3mm厚双层夹芯钢板，墙体填充防火岩棉。内墙面和顶棚可采用1.5mm厚PVC防水塑胶板，地面为水泥压光。实验室内管线全采用暗敷，不易被损坏而造成危险。标养间内喷淋为侧喷，喷洒龙头沿三面墙布置，可有效喷洒养护试块；安装空调及温湿度控制仪随时调控温湿度（图5-16）。

图5-16 集装箱式标准实验室示例

4．移动式临时厕所

用于建筑工地的定型化移动卫生间，按材质可分为玻璃钢、高密度聚乙烯、彩钢等；按使用形式可分为免冲洗、自冲洗及水冲直排式。移动式临时厕所具有移动灵活、清洁简单、外观整洁、可重复使用、成本较低等特点。冲水型（水冲直排）产品提前预留给水排水水口，至现场连接送水口和排污沟即可。高档的冲水型移动式厕所，本身自带给水排水设施（自带清水箱和污水箱），无须现场组装、直接使用，使用过程中需定期清理污水箱、在清水箱注水。

5．可周转洗漱池

可周转洗漱池由不锈钢水槽、台面、型钢支撑架组成，不锈钢水槽可购买成型商品，台面采用防水板材现场加工，支架采用型钢现场焊接。具有取材方便、施工快捷、成本低廉、拆移方便等特点（图5-17）。

图5-17 可周转洗漱池示例

5.2.1.4 应用效果

本项技术的使用，直接简化了现场搭建各种临时设施及安全设施的工作，不仅很好地满足了现场施工的需求，还节约了场地、节省了搭建时间、降低了施工投入。同时，对于使用安全性、现场整洁、美观等也起到了很好的作用，提升了企业形象和管理效果。此外，由于标准化临设的工具化和定型化，使得这些临建设施得以在各工地之间方便灵活地周转使用，为施工项目创造了显著的经济效益。

5.2.2 超薄钢管脚手架

5.2.2.1 技术概况

超强薄壁钢管脚手架采用高强度直缝焊接钢管，其钢管强度高，屈服强度为1000、1200MPa，是Q235级钢管屈服强度的4.26倍以上。超强薄壁钢管壁厚1.5mm左右，具有重量轻、单价低等特点，其重量相较于传统Q235脚手架钢管重量降低50%以上，大幅降低劳动强度，提升施工效率。每米单价相较于传统Q235架子管每米价格可降低20%，降低施工成本。

5.2.2.2 适用范围

适用于房屋建筑和市政工程等施工用落地扣件式超强薄壁钢管双排脚手架、扣件式超强薄壁钢管满堂脚手架、型钢悬挑扣件式超强薄壁钢管脚手架、扣件式超强薄壁钢管支撑脚手架。

5.2.2.3 技术要点

1．设计要求

（1）超强薄壁钢管脚手架的承载能力应按概率极限状态设计法的要求，采用分项系数设计表达式进行设计。可只进行纵向、横向水平杆等受弯构件的强度和连接扣件的抗滑承载力计算，立杆的稳定性计算，连墙件的强度、稳定性和连接强度计算，立杆地基承载力计算，架体抗倾覆承载力计算。

（2）计算构件的强度、稳定性与连接强度时，应采用荷载效应基本组合的设计值。超强薄壁钢管脚手架中的受弯构件，应根据正常使用极限状态的要求验算变形。验算构件变形时，应采用荷载效应的标准组合的设计值，各类荷载分项系数均应取1.0。超强薄壁钢管脚手架结构设计应根据超强薄壁钢管脚手架种类、搭设高度和荷载采用不同的安全等级。

（3）超强薄壁钢管双排脚手架计算、满堂脚手架计算、支撑脚手架计算、型钢悬挑超强薄壁钢管脚手架计算等应符合国家现行有关钢管脚手架标准的规定。

2．构造要求

（1）超强薄壁钢管双排脚手架搭设高度不宜超过45m，高度超过45m的双排脚手架，应采用分段搭设等措施。

（2）超强薄壁钢管脚手架必须设置纵、横向扫地杆。纵向扫地杆应采用直角扣件固定在距钢管底端不大于200mm处的立杆上。横向扫地杆应采用直角扣件固定在紧靠纵向扫地杆下方的立杆上。

（3）纵向水平杆应设置在立杆内侧，单根杆长度不应小于3跨；纵向水平杆接长应采用对接扣件连接或搭接。

（4）开口型超强薄壁钢管脚手架的两端必须设置连墙件，连墙件的垂直间距不应大于建筑物的层高，并且不应大于4m。

（5）连墙件必须采用可承受拉力和压力的构造。对高度24m以上的双排脚手架，应采用刚性连墙件与建筑物连接。

（6）当超强薄壁钢管脚手架下部暂不能设连墙件时应采取防倾覆措施。当搭设抛撑时，抛撑应采用通长杆件，并用旋转扣件固定在脚手架上，与地面的倾角应在45°～60°之间；连接点中心至主节点的距离不应大于300mm。抛撑应在连墙件搭设后再拆除。

（7）架高超过40m且有风涡流作用时，应采取抗上升翻流作用的连墙措施。

（8）高度在24m及以上的双排脚手架应在外侧全立面连续设置剪刀撑；高度在24m以下的超强薄壁钢管双排脚手架，均必须在外侧两端、转角及中间间隔不超过15m的立面上，各设置一道剪刀撑，并应由底至顶连续设置。

5.2.2.4 应用效果

使用超强薄壁钢管，对钢材的使用大幅下降，可大量节约炼钢所需的进口铁矿石资源，为我国节约大量的原材料；其生产带来的碳排放也就相应地大幅度减低，生产每吨超强薄壁钢管的碳排放量相较Q235架子管可减少1.8t，从另一个方面诠释了绿色建材绿色工程的建设理念。

5.2.3 聚苯免拆模板技术

5.2.3.1 技术概况

聚苯免拆模板是一种工厂自动化生产的新型免拆模板。聚苯免拆模板、成型钢筋和预拌混凝土有机结合，可形成一整套具有鲜明建筑工业化特点和显著优势的聚苯免拆模板混凝土结构体系。该技术源于欧洲，并经过欧洲有关认证机构认证，在欧洲的国家和地区有较广泛的应用。聚苯模板是一种以阻燃型发泡聚苯乙烯泡沫塑料和内嵌钢骨为主要材料工厂化生产的一种新型免拆模板。按使用部位，可分为墙体用聚苯免拆模板（图5-18）和楼盖用聚苯免拆模板（图5-19）。聚苯免拆模板与成型钢筋和预拌混凝土有机结合，可形成一整套具有鲜明建筑工业化特点和显著优势的聚苯免拆模板混凝土结构体系。聚苯免拆模板混凝土结构体系在保证建筑个性化需求的基础上最大限度地提高了建筑工业化水平。同时，利用聚苯免拆模板良好的保温隔热特性，可实现结构与保温一体化。

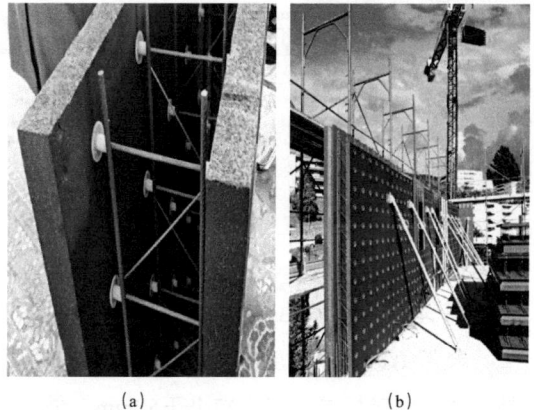

（a）　　　　　　　　　　（b）

图5-18 墙体用聚苯免拆模板
（a）单块模板；（b）施工安装后

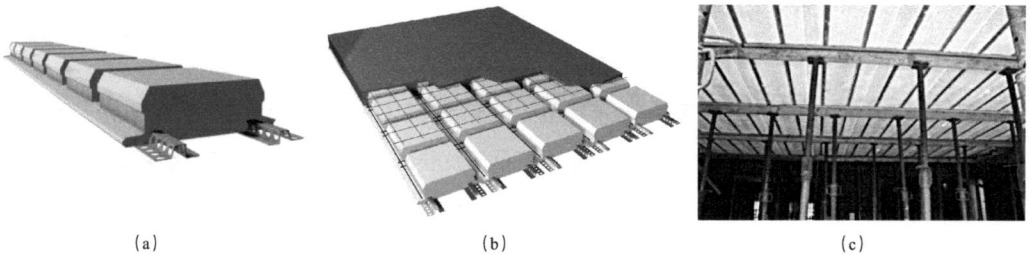

（a）　　　　　　　　（b）　　　　　　　（c）

图5-19 楼盖用聚苯免拆模板
（a）单块模板；（b）聚苯免拆模板混凝土楼盖示意；（c）楼盖支撑

5.2.3.2 适用范围

适用于层数不大于6层，高度不大于20m，抗震设防烈度为8度及以下地区的聚苯免拆模板混凝土剪力墙，以及多层、高层建筑中聚苯免拆模板混凝土楼盖。

5.2.3.3 技术要点

1）墙体用聚苯免拆模板中的聚合聚苯板的性能应符合表5-1的规定。

聚合聚苯板性能　　　　　　　　　　　　　　　　　　　　　　　　　　　　　　表5-1

序号	项目	性能要求
1	抗压强度（N/mm²）	≥0.9
2	抗折强度（N/mm²）	≥0.6
3	燃烧性能等级	A₂
4	导热系数［W/（m·k）］	≤0.065

2）楼盖用聚苯免拆模板中的模塑聚苯乙烯泡沫塑料的性能应符合表5-2的规定。

模塑聚苯乙烯泡沫塑料性能　　　　　　　　　　　　　　　　　　　　　　　　　表5-2

序号	项目	性能要求
1	密度（kg/m³）	≥20
2	压缩强度（N/mm²）	≥0.10
3	燃烧性能等级	B₁
4	导热系数［W/（m·k）］	≤0.040

3）墙体用聚苯免拆模板的构造应符合以下指标要求：

聚苯免拆模板宽度不宜小于300mm，且不宜大于1200mm，高度不宜大于4800mm；内外侧聚合聚苯板厚度均不应小于50mm，外侧聚合聚苯板厚度应满足节能设计要求；钢筋梯架间距、对拉栓沿模板长度及宽度方向的间距均宜为200mm，钢筋梯架距模板边缘的距离不应大于100mm；单块聚苯免拆模板中不应少于两组钢筋梯架；钢筋梯架高度应与外侧模板高度相同。

4）楼盖用聚苯免拆模板尺寸应符合以下指标要求：

单块聚苯免拆模板长度不宜大于12m；聚苯免拆模板标准宽度应为600mm；垂直龙骨方向的模板肋槽宽度宜为120mm，且不应小于80mm；沿龙骨方向模板肋槽宽度宜与一致，肋槽宽度和间距可根据设计要求调整；聚苯免拆模板厚度不应小于70mm，且不宜大于350mm；垂直龙骨方向模板肋槽深度不应小于40mm，且不宜大于320mm；聚苯免拆模板下缘厚度不应小于30mm；沿龙骨方向模板肋槽深度不应小于30mm，且不宜大于310mm。

5）聚苯免拆模板混凝土墙体宜按图5-20的顺序进行施工。

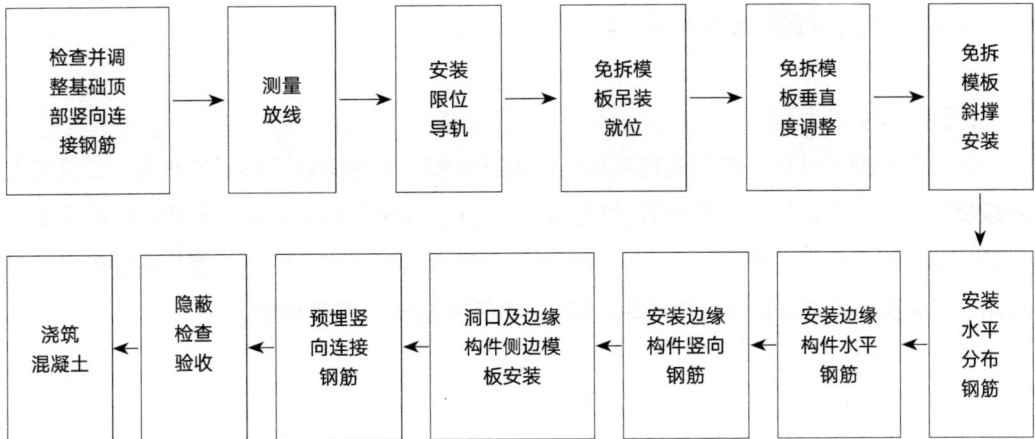

图5-20 聚苯免拆模板混凝土墙体施工工艺流程

6）相邻两块墙体聚苯免拆模板应通过水平连接件和对拉栓的圆盘套管连接，水平连接件的竖向间距不宜大于0.6m；拐角处墙体聚苯免拆模板应通过L形连接件和对拉栓的圆盘套管连接，L形连接件的竖向间距不宜大于0.6m。

7）墙体拐角处的聚苯免拆模板可采用标准模板现场切割，插入水平钢筋后再进行封堵。后封堵的聚苯免拆模板可采用带倒刺的尼龙连接件与墙体混凝土锚固，施工时通过L形连接件或背楞与相邻模板连接固定。

8）墙模板内的混凝土浇筑不得发生离析，浇筑速度不宜大于1m/h，倾落高度不宜大于2m。当不能满足要求时，应加设串筒、溜管等装置。聚苯免拆模板混凝土楼盖应按图5-21进行施工。

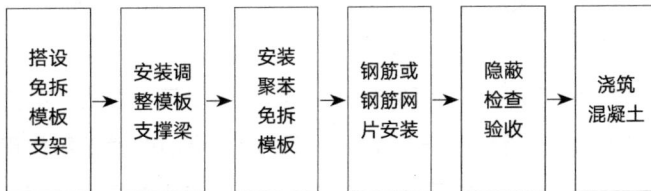

图5-21 聚苯免拆模板混凝土楼盖施工工艺流程

5.2.3.4 应用效果

墙体用聚苯免拆模板将模板工程与保温工程、钢筋工程一体化，解决了墙体模板和钢筋工程费工费时、外墙的外保温易脱落等问题；楼盖用聚苯免拆模板中内嵌龙骨具有一定的刚度和承载力，可节省模板支撑梁及竖向支撑，聚苯免拆模板混凝土楼盖的芯模和底模一体化，可节省混凝土30%~40%、节省钢筋约20%，减轻结构自重约30%，同时解决了空心楼盖芯模上浮问题。聚苯免拆模板混凝土结构体系在保证建筑个性化需求的基础上显著提高了建筑工业化水平。采用聚苯模板技术不仅可以大量减少模板支撑等周转材料，还可减少现场用工，缩短工期。与传统散拼竹胶模板体系相比，具有综合成本低，技术经济性优势显著等特点。

5.2.4 建筑垃圾减量化与再利用技术

5.2.4.1 技术概况

建筑工程施工过程中产生的建筑垃圾分为三大类：一是钢筋下料后的料头；二是废旧的模板和木方；三是墙体及构件破除后的石渣。通过深化钢筋下料单、利用钢筋料头制作钢筋马凳、铁艺构件、回收站回收废旧钢材、模板废料用于安全围挡、墙体砌块废料破碎后用于绿化回填等方法再生利用建筑垃圾，做到节能减排，保护环境。

5.2.4.2 适用范围

适用于对建筑工程施工过程中产生的建筑垃圾进行减量化与再利用处理。

5.2.4.3 技术要点

1．废旧钢材回收

项目管理人员"吃透"设计图纸，对设计图纸中不合理的地方及时与建设、设计单位进行沟通，避免因返工浪费钢材；对钢筋下料单进行深化和优化，防止钢材浪费。工程中剩余的钢筋料头中选择直径ϕ20mm以上的，可用于制作施工区大门及生活区内的钢筋排水沟盖板，并可以多次循环使用，节约材料。直径ϕ8～12mm，长度在10～20cm左右的钢筋料头可以用于墙体拉结筋的预埋筋预埋至混凝土柱墙构件中。直径ϕ18mm以上，长度的在40～50cm左右的钢筋料头可以用于室外工程中支设模板。制作地下室集水坑的盖板时，可以作为盖板背后的加劲肋，增大盖板的抗弯强度。直径ϕ8mm、ϕ10mm、ϕ12mm的钢筋料头可以用于制作板马凳筋。最后施工结束后，剩余未回收利用的钢筋料头交由回收站回收。

2．模板及木方回收利用

木方在施工过程中由于部分结构的特殊性需要截断使用，导致了极大的浪费，可采用短方料对接技术使短方料重新应用于工程中。可以使用废旧的模板用作用电设备防护的挡板围护。施工现场构造柱的预留筋可能会对施工人员碰伤造成意外伤害，采用废旧模板制作保护盒可以防止施工人员的意外伤害。可以用废旧模板制作楼层内平面洞口的防护。搅拌机、材料堆放场地可以采用废旧模板做围护，起到抑制扬尘的作用。剩余的无法再次利用的交由废品回收站回收。

3．墙体及构件破除后产生的石渣回收再利田

墙体砌块材料用于绿色回填使用。混凝土灌注桩超灌部分破碎后用于室外临时道路碎石垫层。

5.2.4.4 应用效果

实施建筑垃圾分类收集与再利用技术，使钢筋、模板、木方等材料得到充分利用，降低了材料的损耗率，减少了建筑垃圾的产生，产生了良好的经济效益和社会效益。

5.2.5 装配式钢结构基坑内支撑技术

5.2.5.1 技术概况

装配式钢结构基坑内支撑体系的组成主要有钢支撑、钢围檩、横杆、八字撑、牛腿、液压千斤顶、系杆以及各节点，施工方式为现场装配。装配式基坑体系的优点很多，可回收重复使用，绿色环保，能结合预应力快速形成支撑刚度，比传统基坑工期短，造价降低30%以上，且安装拆除施工时对周边环境影响小。

5.2.5.2 适用范围

本技术适用于各种平面形状的基坑工程；且对撑长度不宜大于200m，鱼腹梁跨度不宜大于64m。

5.2.5.3 技术要点

（1）基坑支护结构中设计原则、荷载作用、承载力计算、变形计算和稳定性验算，应符合现行行业标准《建筑基坑支护技术规程》JGJ 120的有关规定。

（2）钢支撑体系宜采用标准件，必要时，可在局部和与混凝土构件衔接位置采用非标准件。钢支撑构件在运输、安装和使用过程中应满足强度、刚度和稳定性要求。

（3）钢支撑对撑、角撑及鱼腹梁预应力的施加应遵循对称、分级、均匀的原则且与混凝土衔接部位的强度应满足设计要求方可进行。

（4）钢支撑体系的安装和拆除顺序，应根据支护结构的设计工况，进行动态施工和信息化设计。支撑拆除应在换撑安装与使用达到设计规定的使用条件后进行。并应结合基坑工程的特点，根据土方开挖或结构换撑形成的情况，采用流水作业安装和拆除支撑构件。

（5）临时支撑结构不应兼作施工平台、物料堆场。当确需设置时，应进行专项设计且应满足独立设置原则和相关荷载要求。

（6）钢支撑体系各工序的施工，尚应符合现行《建筑工程施工质量验收统一标准》GB 50300的有关规定，可按原材料与构配件进场检验、支撑体系安装检验和预应力施加施工检验三个阶段分别进行。

（7）在基坑支护结构使用期间，应对装配式深基坑支护技术预应力鱼腹梁组合钢支撑构件（对撑、角撑、钢绞线等）进行内力监测。

（8）牛腿安装：悬臂体系的挂梁与悬臂间必然出现搁置构造，通常就是将悬臂端和挂梁端的局部构造称为牛腿，又称梁托。牛腿包括托钢围檩、钢支撑以及系杆的牛腿，钢围檩牛腿与工法桩连接方式采用焊接，与钻孔灌注桩采用化学锚栓连接，钢支撑牛腿与预埋板的连接则采用焊接的方式，系杆牛腿也是采用焊接方式连接格构柱。

（9）围檩安装：钢围檩的牛腿安装之后，所有的牛腿的上表面标高应相等，使其与钢围檩均匀接触、传力。所有牛腿焊缝质量必须满足设计规范要求，且通过现场焊缝的质量检测。

（10）钢支撑、千斤顶安装：钢支撑从围檩侧向混凝土支撑侧安装，按照前期制订的施工方案，每根钢支撑分多段依次安装，钢支撑与钢支撑之间采用螺栓拼接。其中，每根钢支撑最后一段与千斤顶拼装之后再安装，安装完毕后，最后一段钢支撑与埋板之间留有缝隙，其间隙会在千斤顶加压之后进行消除。

（11）八字撑及横杆安装：八字撑设置在钢围檩与钢支撑的交叉处，通过螺栓与钢支撑连接，通过接头与钢围檩连接。接头安装在钢围檩后，再将八字撑搁置在接头上并用螺栓固定。在接头与八字撑、钢围檩所围成的间隙内浇筑细石混凝土，以传递八字撑与钢围檩间的作用力，细石混凝土可浇筑在尺寸较大的塑料袋中并振捣密实，塑料袋与边缘板件需接触紧密。

（12）紧固螺栓及平直度检查：螺栓拧紧需要分为初拧和终拧2步。在螺栓初拧和终拧前后都需要检查钢支撑竖向和水平向挠曲变形，且要求将挠曲变形控制在规范要求范围内，以便让钢支撑更好地发挥转载力。按照从西向东，从钢围檩侧向千斤顶侧的顺序，采用扭矩扳手对所有螺栓进行初拧和终拧。

（13）间隙部位的混凝土浇筑：钢围檩与围护桩的间隙、钢围檩与八字撑的间隙这两个部位需要浇筑细石混凝土。钢围檩与围护桩的间隙浇筑细石混凝土之前，需要先清理干净围护桩上虚土，并且对围护桩的表面进行凿平，使其处在同一竖直平面内。模板要架设牢固，在与钢围檩及围护桩接触紧密后，进行混凝土浇筑并振捣密实。应选择高强度的细石混凝土，为了缩短达到设计强度的时间，可加入适量早凝剂。在钢围檩与八字撑的间隙内将细石混凝土浇筑在尺寸较大的塑料袋中并振捣密实，塑料袋与边缘板件应当接触紧密。

5.2.5.4 应用效果

钢支撑体系可实现现场装配化、标准化施工，提升施工质量，提高施工效率，并可重复周转使用，可施加预压力控制基坑变形，有利于保护环境，有效助推绿色建造。

5.2.6 可拆卸、可回收锚杆技术

5.2.6.1 技术概况

随着我国工程建设的发展和地下空间的开发利用，基坑工程的数量和规模不断扩大。拉锚式围护结构通过设置锚杆对挡土结构提供支点，为后续基坑开挖和地下室施工提供相对宽裕的空间，可提高施工速度和施工效率，同时具有较好的经济性，已在基坑支护工程中得到大量应用。但锚杆常常会超越用地红线，产生侵权问题；同时锚杆主筋不可回收形成了长期的地下障碍物，严重影响了场地的后续开发利用，给后续工程建设留下了隐患。可

回收锚杆为解决这一工程问题提供了有效手段。与常规锚杆相比，可回收锚杆通过主筋回收避免了永久超越用地红线，不影响场地的二次开发利用，节约资源、环境友好，具有广阔的工程应用前景。

可回收锚杆通常采用压力集中型或压力分散型锚杆，其中压力分散型锚杆通过设置多个承载头改善了锚杆主筋、锚固体和侧壁土体的受力状态，有利于提供更大的承载力。

工程应用较广、技术较为成熟的可回收锚杆主要包括机械锁型、熔解型和锚筋回转型三种类型。机械锁型可回收锚杆是目前工程应用最多的可回收锚杆类型，其主筋（通常采用钢绞线）预先通过楔块、螺纹、插销等机械连接方式与解锁装置锚固，回收时通过顶进、拉拔辅索、旋转等单一或复合行为使主筋与锚固件解锁脱开，从而实现主筋回收。

5.2.6.2 适用范围

适用于采用桩锚、锚索、复合土钉墙等支护方式的基坑工程，特别是不能长期占用红线外场地的基坑工程。

5.2.6.3 技术要点

1）可回收锚杆的使用应综合工程地质、水文地质条件、周边环境条件、基坑功能要求和使用期限、回收要求及条件等因素，结合地区经验，因地制宜，选择合适的锚杆类型、解锁装置、施工工艺和回收工艺。

2）施工前进行基本试验和回收试验，高压喷射注浆锚杆以及锚固段位于软弱土层时，尚应进行蠕变试验。

3）采用机械锁型解锁装置的可回收锚杆的筋体与解锁锚具应采用机械方式连接，筋体可通过拉拔辅索、顶进、旋转等单一或复合行为与解锁锚具分离；解锁装置的保护罩应具有足够的强度和刚度，确保顶进过程中可保护解锁装置；解锁锚具和承压板应匹配且可靠连接；解锁装置应确保密封性，且应不受顶进过程及注浆的影响。

4）采用熔解型解锁装置的可回收锚杆的通电解锁导线应附在筋体外侧套管内，并应具备足够承受变形的能力；解锁锚具在使用条件下应具有足够的化学稳定性和物理稳定性。

5）采用锚筋回转型装置的可回收锚杆的筋体应由成对无粘结钢绞线组成；承载体宜采用U形件，且相邻承载体宜相互错位组装；承载体可采用聚酯纤维增强塑料等高强材料，其强度和构造应满足锚杆极限抗拔承载力和回收的要求；筋体和承载体的结合方式应确保在回收时可通过外部机械设备拉拔钢绞线一端将钢绞线从锚固体中抽出。

6）锚杆杆体在组装、存放、搬运过程中，应防止套管损伤、附着污物；安放前进行质量检验，解锁装置应灵敏有效，隔离套管不松动。机械锁型解锁装置的可回收锚杆安放后，在筋体外露端应设标识区分各单元锚杆。熔解型解锁装置的可回收锚杆的钢绞线宜设置不同颜色导线，安放前进行通电检测，合格后方可使用，安放后应再次通电检测，不合格的应立即更换。锚筋回转型装置的可回收锚杆筋体外露端应按筋体长短顺序进行分组标记。

7）可回收锚杆回收前的换撑应遵循先换撑后回收的原则，从下到上逐层换撑及拆锚；换撑措施应具有足够的传力强度和刚度；应利用地下结构设置换撑措施，实现支护结构内力有序地调整、转移和再分配后，方可回收相应区域的锚杆。

8）锚杆筋体回收应根据可回收锚杆类型及解锁装置采取相应的回收工艺与回收设备，并应符合下列规定：

（1）机械锁型可回收锚杆：采用辅索拉拔解锁型时，首先应采用千斤顶作用于辅索，拔出100～200mm后抽出辅索，再采用千斤顶逐一作用于主索，使之脱离固定台座，然后可人工拔出主索。采用顶进解锁型挤压套抽中丝式解锁方式时，首先应采用冲击锤将筋体冲击推进一定距离，使挤压套上芯棒与拆除机构啮合，再采用千斤顶拉动筋体使筋体与挤压套分离，然后可人工拔出筋体。采用顶进解锁型直列无级调压式解锁方式时，首先应采用千斤顶冲击筋体将解锁装置内保险调压机打开，再采用千斤顶拉动筋体使其与夹紧机构分离，然后可人工锤击筋体，使其松动后拔出筋体。采用旋转解锁方式时，首先应采用扭力扳手或专用卡口钳对筋体转动2～5圈，使筋体与夹紧机构分离，然后可人工拔出筋体。

（2）熔解型可回收锚杆：回收前应采用通电热熔解锁装置，通电电压不应高于36V，热熔时间不宜少于45min；热熔解锁后，采用自动回收设备整体回收筋体。

（3）锚筋回转型可回收锚杆：筋体回收前应先卸除锚具内同一钢绞线两端的夹片；根据拆除时场地的条件，筋体回收可采取直接用小型卷扬机抽拉或自动回收千斤顶直接抽拉的直拉法；或可采用卷扬机，拉向与筋体方向垂直，用滑轮导向的侧拉法；当钢绞线较长时，可采用千斤顶和卷扬机相互配合完成筋体回收作业。

9）锚杆筋体回收应做好安全防护工作。回收筋体时，应根据可回收锚杆类型，对相邻主体地下结构采取相应的保护措施，回收过程中应做好基坑坡顶的临边安全防护；采用自动回收设备进行回收时，应对自动回收设备稳压性进行检查，油泵运行过程中操作人员不得离开作业区，回收作业停止前应先停止油泵运行并切断油路和电源，筋体卸载及锚具工作夹片拆除过程中，锚头前方不应站人，操作人员应在锚头侧方位施工，并应做好安全防护工作；回收过程中应对支护结构变形和周边环境进行实时监测与现场巡视，发现安全隐患或发生异常响声或发现筋体断丝、锚楔碎裂时，应立即停止回收作业，分析原因并排除隐患后方可继续作业。

5.2.6.4 应用效果

可回收式锚杆在施工完成后从结构体中拆除并回收，回收部件能重复使用，大大减少材料成本。回收速度快，通过人工即可将钢绞线拔出，回收方便。此外，锚杆回收后，不再占用基坑外侧或红线外侧空间，节省土地资源，有利于场地外地下空间的开发利用。

5.2.7 缓粘结预应力抗浮桩技术

5.2.7.1 技术概况

随着我国城市化建设的高速发展，城市人口愈来愈多，城市功能越来越丰富，城市不断地向地下空间拓展。在地下水丰富的地区且地下水保护越来越受到重视的形势下，地下空间结构的抗浮问题日益突出。为解决抗浮问题，主要有两种思路：一是控制、减小地下水浮力效应，如降排地下水法和隔水控压法；二是增加结构抗浮能力，如压重抗浮法和设置抗浮锚杆或抗浮桩法等。为保护地下水资源并考虑抗浮治理的长期成本，多选择第二种思路。压重抗浮法需要增加结构自重、增加覆土层厚度，可能影响设计使用功能、增加造价且抗浮能力增加有限。抗浮锚杆或抗浮桩法结构受力合理，不影响设计使用功能且后期维护简单，是目前广泛使用的抗浮治理方法。

抗浮锚杆在得到广泛应用的同时，其耐久性越来越受到业界的重视。《建筑工程抗浮技术标准》JGJ 476—2019对抗浮锚杆锚固体的裂缝进行了严格的限制：对抗浮设计等级为甲级的工程，按不出现裂缝进行设计，在荷载效应标准组合下锚固浆体中不应产生拉应力；对抗浮设计等级为乙级的工程，按裂缝控制进行设计，在荷载效应标准组合下锚固浆体中拉应力不应大于锚固浆体轴心受拉强度。对于抗浮桩，为控制裂缝宽度，通常采用增加受力钢筋数量的方法来实现，而在桩体抗拔承载力特征值较大时，通常因钢筋用量过大而影响其经济性或因钢筋过密而影响混凝土浇筑的密实性。对抗浮锚杆锚固体或抗浮桩桩体施加预压力是解决上述问题的有效方法。

目前，对锚固体或桩体施加预压力的技术主要分为无粘结预应力与有粘结预应力两类。无粘结预应力技术施工工序较为简单，但无粘结筋体与周围锚固体或桩体没有粘结，预应力全靠锚具夹持支撑。在地下复杂环境下锚具容易锈蚀失效。另外，在地震等动荷载作用或水浮力循环作用下，无粘结预应力锚头锚具可能出现夹片脱落问题，造成锚固失效。无粘结预应力锚具一旦失效，预应力将全部丧失，安全风险较大。有粘结预应力技术力学性能可靠，但工序复杂，孔道灌浆密实度不易保证，钢绞线容易锈蚀，影响耐久性和筋体受力。有粘结预应力技术的这一现状制约了有粘结预应力抗浮锚杆和抗浮桩的应用。

缓粘结预应力抗浮锚杆和抗浮桩是新型预应力锚杆（桩）技术，其核心是使用了缓粘结预应力技术。缓粘结预应力技术是在无粘结预应力和有粘结预应力基础上发展而来的一项新型预应力技术，其主要通过缓胶粘剂的固化实现预应力筋与混凝土之间从无粘结逐渐过渡到有粘结的状态。其综合了无粘结预应力施工简单、质量易于控制和有粘结预应力力学性能好的优点，并摒弃了二者的缺点。

相比有粘结预应力技术，缓粘结预应力抗浮锚杆（桩）省去了波纹管和灌浆的工序，极大地提高了施工效率。同时，从根本上规避了因波纹管灌浆不密实而导致的结构受力及耐久性减弱问题。长远来看，在地下复杂环境中，缓粘结预应力抗浮锚杆（桩）技术相较传统无粘结预应力、有粘结预应力抗浮锚杆（桩）技术具有更加优良的耐久性，减少了后期预应力损失、失效可能，进而降低了后期可能的维护、加固治理成本，具有良好的应用前景。

5.2.7.2 适用范围
适用于新建、扩建与改建建筑和既有建筑抗浮工程。

5.2.7.3 技术要点
1）缓粘结复合抗拔桩由现场施工的抗拔桩体、缓粘结钢绞线主筋、桩端引导复合体、锁定装置四部分组成。

2）抗拔桩体为现场施工的素混凝土桩，桩径350～1000mm（常用桩径400～800mm），桩身混凝土强度等级C30以上，成孔工艺优先采用长螺旋，部分地质情况可选用旋挖或冲击成孔。

3）桩端引导复合体包括预制钢筋混凝土承载构件、缓粘结钢绞线、挤压锚头、限位板、锥尖。

4）锁定装置由桩顶反向预制承载构件、挤压锚和承载板（压花锚）组成。

5）在正常桩基施工过程中，复合钢筋笼锤击到位后，将张拉装置（涂隔离剂）套入，待混凝土强度达到要求后剔凿到位即可张拉。张拉后该处形成受力面（1.2倍预加力），在无粘结状态下，将压应力通过上下挤压锚和钢板传递给桩。

6）缓胶粘剂在定制时间内达到相应强度，钢绞线与护套形成全粘结状态，压应力均匀分布于桩身混凝土内。此时即使锚头松脱，或者有外力干扰，水位循环变化，桩身的应力状态也不会变化。

7）在实际工程中，可按照《建筑桩基技术规范》JGJ 94—2008要求对抗拔桩进行构造配筋，抗拔桩也可兼作承重桩使用。

5.2.7.4 应用效果
缓粘结复合抗浮桩的桩身混凝土承受压应力，配筋远小于常规拉力型抗浮桩（按裂缝宽度计算通常配筋率很高）。缓粘结复合抗拔桩推荐采用长螺旋后插工艺，施工费用低于泥浆护壁等施工工艺，施工速度快，是常规旋挖泥浆护壁施工速度的2倍，且基本没有泥浆产生，不用考虑泥浆处理费用。经过数个项目应用效果对比，造价上比常规拉力型抗浮桩节约造价1/4～1/3，节省工期约15%～25%。

5.2.8 能源桩技术

5.2.8.1 技术概况
地热能与化石能源燃烧和传统空气源热泵相比，地源热泵系统可减少碳排放，降低环境污染。传统的地源热泵系统使用的地源换热器是埋在水平沟槽或垂直钻孔中的封闭热吸收管，根据需要通过循环热吸收管中的防冻液，将浅层地热能从地热源侧转移到用户侧（冬季），或将用户侧热能储存在地热源侧（夏季）。安装地源热泵系统需要额外的钻孔和开挖，而大面积的额外土地使用和安装成本限制了这项低碳技术的使用。能源桩是地源热泵系统中的一项新技术，它将地热换热器整合到基础结构中。

5.2.8.2 适用范围

能源桩适用于利用浅层地热能作为热源，且基础采用桩基的工程项目。

5.2.8.3 技术要点

1）能源桩施工应对既有地下管线及构筑物采取保护措施。

2）管材运输前应包装并应加上保护帽，其应在管材和系统连接时去除。管材在运送、搬运及储存过程中应采用装卸设备，管材不得被挤压、重摔、拖拽等。管材应储存在现场的干燥地段。管材存储摆放应有序，管材存放应有隔离措施，且不应与地面直接接触和被污染。直管应根据其直径给予支撑，支撑数量应根据管路直径确定。对现场存放的管材及管件应采用遮阳网进行遮挡，其堆放高度不宜超过1.5m，且应放于通风处。

3）桩孔内换热管路安装施工应符合下列规定：

（1）应避免机械损坏和焊接损伤。钢筋笼连接时，应对换热管采取有效的保护措施，宜采用橡塑保温材料对连接段的换热管进行包裹。

（2）当采用混凝土灌注桩作为能源桩时，换热管应贴紧钢筋笼绑扎，螺旋形布管方式宜绑扎在钢筋笼外侧。绑扎材料宜采用塑料绑带，且绑扎间距不宜大于500mm。当采用预制管桩作为能源桩时，换热管应按钻孔埋管的方式布置在桩孔内，并应采取定位措施，换热管在空间上应具备分散性和稳定性。

（3）钢筋笼较长时应分段安装，螺栓连接；换热管路应小心插放，U形管脚以及换热管路之间的距离应满足设计要求。

（4）桩身混凝土应采用泵送自密实混凝土；浇筑混凝土和钢管拔出时应避免钢筋笼隆起变形；完成泵送混凝土工作后应检查换热管路的最终位置。

（5）在施工过程中，应对换热管路按测试控制点进行压力检查，有损坏时应及时修补替换。

4）换热管路安装时应采取避免管路损坏或污染的措施。位于基桩顶部的管路宜加装钢套管，且在安装过程中应采取循环管路不被损坏的措施。保护套管长度不宜小于2.0m，桩顶标高以下不宜小于0.5m，标高以上不宜小于1.5m；套管外径不宜小于换热管外径的2倍。换热管穿过钢套管段时宜外包橡塑保温材料，换热管应居中，并应采取措施阻止水泥砂浆进入钢套管内。

5）钢筋笼上的换热管安装完成后，在桩身混凝土浇筑之前，应对换热管进行试压和保压处理。对回路一端应进行封堵，另一端应设置PE阀门，待试压满足设计要求后，应关闭PE阀门，确保换热管在带压状态下下管和完成桩身混凝土浇筑。

6）灌注桩桩头处理和截桩前桩头内循环管路应完好。宜采取限位措施进行钢套管的切除作业，且不应对换热管造成损伤。断裂或破坏的循环管应通过二次保护修整，且碎片残渣不应进入管内。钢套管切除后，应对换热管进行冲洗，且应进行试压检验至检验合格。

5.2.8.4 应用效果

与传统地源热泵系统相比，能源桩既可作为基础结构承重构件又可作为热泵热交换构件，不需要为了安装地源热泵系统而额外地钻孔和开挖，节省了浅层地热能开发和利用的土地成本和安装成本。由于桩身混凝土具有良好的导热性、热容量和耐久性，能源桩具有较高的能量交换效率和较长的使用寿命。

5.2.9 装配式抗震支吊架技术

5.2.9.1 技术概况

装配式综合支吊架凭借通用性强、灵活多变、精准计算设计、综合考虑机电管线、合理利用空间、安装便捷、易于维护等优点，已成为发达国家建筑机电管线和设备安装的标准化产品。自2008年以后，我国的外资项目和国内的汽车、烟草、医药、能源、轨道交通等项目，开始陆续应用装配式综合支吊架。2015年8月，国家标准《建筑机电工程抗震设计规范》GB 50981—2014颁布实施后，装配式抗震支吊架在我国得到快速应用，涌现出了众多装配式抗震支吊架生产厂家，促进了具有抗震性能的装配式抗震支吊架系统快速推广应用。目前，《装配式支吊架通用技术要求》GB/T 38053—2019和《建筑抗震支吊架通用技术条件》GB/T 37267—2018产品标准已颁布实施，关于装配式综合支吊架的设计、施工、验收的国家、行业和团体标准正逐步编制。

5.2.9.2 适用范围

装配式综合支吊架适用于建筑非结构构件（例如吊顶、架空地板、幕墙等）、建筑机电工程（例如机电设备、机电管线、电梯等）支承。

5.2.9.3 技术要点

1．产品要求

装配式综合支吊架产品质量应符合《装配式支吊架通用技术要求》GB/T 38053—2019、《建筑抗震支吊架通用技术条件》GB/T 37267—2018和《建筑机电设备抗震支吊架通用技术条件》CJ/T 476—2015等国家、行业产品标准的规定，并应取得第三方检验机构的型式检验报告。

2．设计要求

装配式综合支吊架设计可参考《建筑机电工程抗震设计规范》GB 50981—2014、《装配式支吊架系统应用技术规程》T/CECS 731—2020和《装配式综合支吊架设计标准》T/CECS等标准的规定。装配式综合支吊架由多个构件组合而成，应考虑各个构件的承载力设计值，地震作用宜根据支吊架抗侧刚度整体分配，宜采用性能化设计方法。

3．施工、验收及维护

装配式综合支吊架的施工验收可参考《抗震支吊架安装及验收标准》T/CECS 420—2022、《装配式抗震支吊架施工质量验收规范》DB11/T 1810—2020。应重视材料进场抽样检验和工程质量检验，尤其是后锚固锚栓的施工质量应重点监控。维护中应注意变形、松动、脱落检查，对已经发生腐蚀的部分应及时采取除锈防腐处理。

5.2.9.4 应用效果

装配式支吊架具备通用性强、合理利用空间、安装便捷、节省材料、缩短工期等优点，在地铁、体育馆等机电系统复杂的工程项目中得到普遍应用。随着生产和应用快速扩张，装配式抗震支吊架的成本直线下降。在机电系统复杂的工程项目中，以设计、材料、安装、效率等综合成本作比较，装配式综合支吊架已比传统的角钢焊接支架更经济。装配式综合支吊架还有防腐性能好、绿色环保、可重复利用、易于维护等优点，很有可能全面替代传统支吊架系统。

6

第 6 章　绿色建筑低碳运行管理技术

6.1

绿色建筑低碳运行技术特征

> 绿色建筑低碳运行管理不仅是绿色技术的选择，更重要的是绿色技术的真正落实和高效应用。因此，绿色建筑低碳运行管理是一个全过程、全要素的技术应用和管理过程，需要综合考虑建筑的功能、性能、成本和效益等各个方面，对建筑的各项指标进行监测、评价和优化，形成持续闭环的管理系统。绿色建筑低碳运行管理是绿色建筑理念的具体实践，也是绿色建筑发展的重要保障。

在绿色建筑安全耐久、健康舒适、生活便利、资源节约和环境宜居五大范畴中，涉及运行的技术及管理体系处于不断地发展和完善中，总体上以环境保障、节能低碳、服务提升为其核心需求，如图6-1所示。其中，环境保障是绿色建筑运行的基本要求，涵盖建筑内的热湿环境控制、声环境控制、光环境控制及空气质量控制等，同时涵盖对建筑场地环境的宜居性保障。实现节能低碳的目标通常需要有效的优化调控手段及资源集约利用措施，一般利用控制器、执行器等设备，根据建筑的用户需求和负荷变化，对建筑的暖通空调、照明、动力等用能系统进行自动或手动的调节和控制，保障建筑的节能低碳效果。

图6-1 绿色建筑低碳运行管理技术特征

在服务提升中，一方面，面向建筑使用者，通过提供便利的出行与公共服务等管理手段，引导居民进行日常的行为降碳；另一方面，面向运维管理部门，要求实施低碳运行评估和建筑智慧低碳管理。低碳运行评估技术主要通过对建筑碳排放指标的监测和分析，评价建筑的低碳运行水平，识别运行中存在的问题和降碳潜力；建筑智慧低碳管理则主要利用云计算、物联网、大数据等技术，构建绿色建筑的智慧监管平台，实现对建筑碳排放相关数据的实时采集、存储、分析和展示，为建筑的低碳运行提供决策支持和管理服务。

近几年，新技术不断发展，建筑高效产能、储能和用能协同相关技术的涌现为低碳运行提供了更多选择，如光储直柔技术、基于需求响应的用能系统优化调控技术等；部分先进技术处于研究和试点阶段，也实现了较好的降碳效果。可以预见，未来相关技术的逐渐成熟并推广应用，将为我国量大面广的绿色建筑低碳运行注入强大的生命力。

6.2

绿色建筑运行存在的问题

▶   绿色建筑运行碳排放，一方面来源于暖通空调、照明、插座、电梯等用能系统运行过程中的能源消耗；另一方面来源于相关资源消耗，如水资源、材料等消耗。与常规建筑相比，绿色建筑在环境保障、节能和节水控制方面均执行更高的标准要求，然而大量调研结果表明，部分绿色建筑运行中在环境保障方面仍存在一系列问题，包括供需不平衡、冷热不均等，其节能和节水效果亦不显著。基于此，本节从环境保障、能源和水资源利用等方面，剖析绿色建筑低碳运行中存在的主要问题，为相关低碳技术发展提供方向参考。

6.2.1 环境保障问题

1. 建筑热环境控制

绿色建筑在建筑热环境控制中采用PMV-PPD指标作为热舒适衡量标准，且要求主要房间均配有能够独立控制的热环境调节装置，以保障室内环境质量和用户满意度。然而，不同气候区的绿色建筑在运行阶段面临着与常规建筑类似的室内热环境问题：在严寒和寒冷气候区，绿色建筑冬季一般采用集中供热方式保障室内温度水平，受限于供热系统调控能力，供热管理部门为降低投诉率，通常向建筑提供过量的供热量，导致大部分建筑室内温度较高，偏离热舒适Ⅰ、Ⅱ级指标要求，如图6-2所示。较高的室内温度伴随着较低的室内相对湿度，极易对室内人员产生各类不良影响，如口干、咽痛、皮肤干燥等；而在夏热冬冷气候区，绿色建筑冬季通常不会进行大范围集中供热，当热源不足时，会出现室内温度较低的情况，影响建筑热舒适水平。

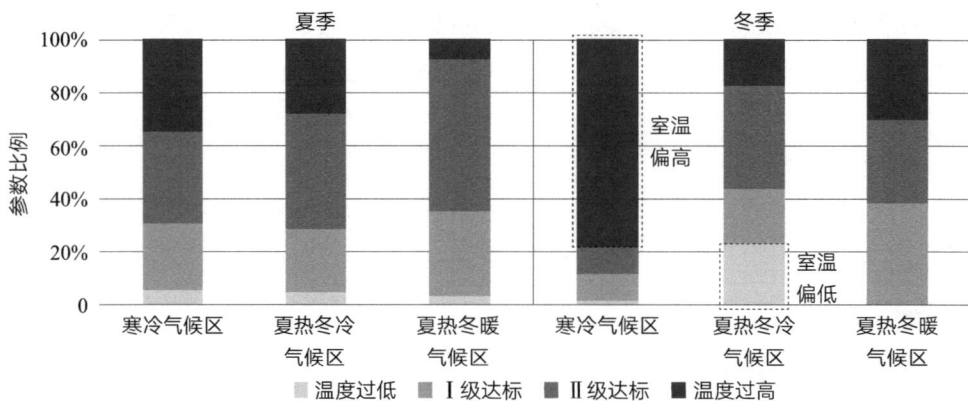

图6-2 不同气候区绿色建筑室内温度达标情况

2．建筑光环境控制

为节约照明能耗，部分绿色建筑通过设置导光管、天窗等方式提升天然采光效果。导光管采光系统在土建中需要预留安装位置，给屋面防水增加了薄弱环节，导致在实际运行过程中漏水现象频出。部分地下空间的采光天窗采用与水景相结合的设计方式，如图6-3所示，长期的运行和缺少维护容易导致密封性能下降，出现渗水现象，影响地下空间的正常使用。

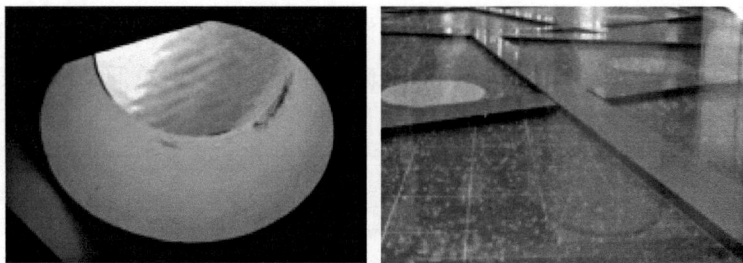

图6-3 地下空间天窗采光与水景相结合

在运行管理过程中，因为缺乏与人工照明动态的配合及良好的运维管理，部分天然采光系统并未发挥应有的节能效果。如某项目地下车库局部区域设置了导光管采光，但现场调研时发现，虽然室外天气晴好，导光管采光效果也能满足地下空间的基本需求，但物业仍然开启了该区域的人工照明，徒增能源浪费；部分采用天窗进行地下空间采光的建筑，

　　　　　　　　　　　　　　　　　　　　　　　　　建筑低碳建设关键技术

由于天窗与室外地坪同高，物业出于安全考虑在天窗顶部安装了格栅，如图6-4所示，造成天窗顶部极易堆积灰尘和杂物，加之很少清理，严重影响了地下空间的采光效果。

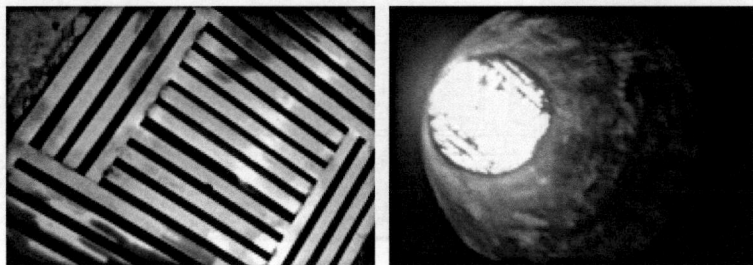

图6-4 天窗上部放置格栅，污染严重

6.2.2 能源利用问题

1. 暖通空调系统

绿色建筑暖通空调运行中的主要问题在于供需不平衡，不仅造成了如6.2.1节所述的建筑热环境问题，也带来了较大的能耗和碳排放。以地源热泵系统为例，理想的运行方式是根据室外气象条件等环境参数进行智能控制，以保证节能性和人员热舒适。但实际运行中，部分系统对于热负荷变化的响应机制缺失，现场并未能根据室外气温条件进行相应的节能操作。在部分负荷状态下，有些水泵仍然采用额定频率运行，以致长时间存在"大流量小温差"的耗能运行模式。且由于系统机组和地源侧水泵未达到联动效果，当机组停止运行时，地源侧水泵可能仍然运行，造成较多的能源浪费。

主机容量过剩导致系统运行能效低的现象在绿色建筑中同样屡见不鲜。如热泵系统的主机容量应根据建筑的实际冷（热）负荷进行合理匹配，以保证系统在不同工况下的高效运行。而实际运行中，多数系统的大部分时间负荷率在50%以下。主机容量偏大造成系统的能效比（EER或COP）远低于设计预期。

2. 照明系统

照明能耗约占建筑能耗的20%～30%，当前大部分绿色建筑采用了节能照明设备，并具备一定的控制管理措施。但实际运行的节能效果与管理水平密切相关，由于缺乏良好的自动化控制手段，导致无效照明现象频出：部分无人房间长时间开灯，即使在白天也有约20%的时间存在无效照明现象。同时，过度照明问题突出，特别是在办公建筑中，当白天室外光线充足时，室内照明通常不会及时关闭，如图6-5所示。在地下室照明方面，部分建筑存在照明质量低、照明能耗大以及物业管理控制不合理的现象，不但影响照明体验，还存在一定安全隐患。

针对智能照明系统应用，大部分还是重场景、轻节能。建筑应用智能照明系统的目的，往往是为了满足某些特殊功能区域对于照明调控的需求，并未将智能照明系统与节能降碳联系起来。目前，虽然公共区域声光延时等控制取得了良好的节能效果，但办公室、会议室、餐厅等人员常驻区域的灯光调节还存在提升空间。

图6-5 建筑照明与室外采光未实现有效联动

3. 电梯系统

电梯耗电主要来自于驱动轿厢升降的电动机，其负载消耗的电能约占电梯总耗电量的70%，因此，在运行中的调节控制对电梯能耗影响较大。国家、地方标准要求绿色建筑选用节能电梯，但对电梯节能控制方式没有强制性规定，尚无相关能源效率等规范提供检测与监管技术支撑，大部分电梯基本是全天候运行，并无根据实际人流量制订相应的控制策略及能量回馈节能装置，导致了严重的电梯能耗问题。

4. 可再生能源利用

绿色建筑对可再生能源利用的形式包括太阳能光热系统、光伏系统及各类热泵系统等。通常情况下，居住建筑采用光热系统提供生活热水；公共建筑根据热水需求不同，光伏和光热系统均有涉及。在实际运行中，可再生能源系统性能与运维管理水平密切相关，部分系统性能与设计预期存在较大差异。

以普遍应用的光热系统为例，系统在循环管路、供水管路、水箱等多个环节易出现热量损失，如部分项目在施工、维修过程中将保温层损坏，未及时修复，导致系统实际散热量远超过设计值，甚至占到整套系统得热量的70%以上。同时，在极寒天气下还会出现管路冻结、漏水、真空管爆裂等问题，影响系统使用效果。在管理方面，多数住宅小区物业服务协议中未明确太阳能热水系统服务内容，且物业管理收费中未包含该部分费用，普遍将太阳能热水系统归入项目公用设备维护范围内统一进行管理。发生集热器真空管爆裂、保温失效、集热器缺液、管路堵塞等问题时，物业亦无法及时提出有效解决方案。部分物业甚至为了减少运行管理投入，冬季直接将太阳能热水系统停用。

5. 数据监测

绿色建筑通常采用分项计量系统，部分接入建筑能源管理平台，但由于运维管理人员水平有限，基本上都停留在能源数据的统计方面，且部分建筑存在统计不完整、运行不稳定、各类数据无法区分、运维人员操作不熟悉，甚至验收后闲置不用等问题，部分问题总结如图6-6所示。能够对能源数据进行分析的数量较少，利用监测系统对运行设备进行联动控制的更少。总体上缺乏对运行数据的有效利用，没有发挥出数据监测在节能降碳方面应有的作用。

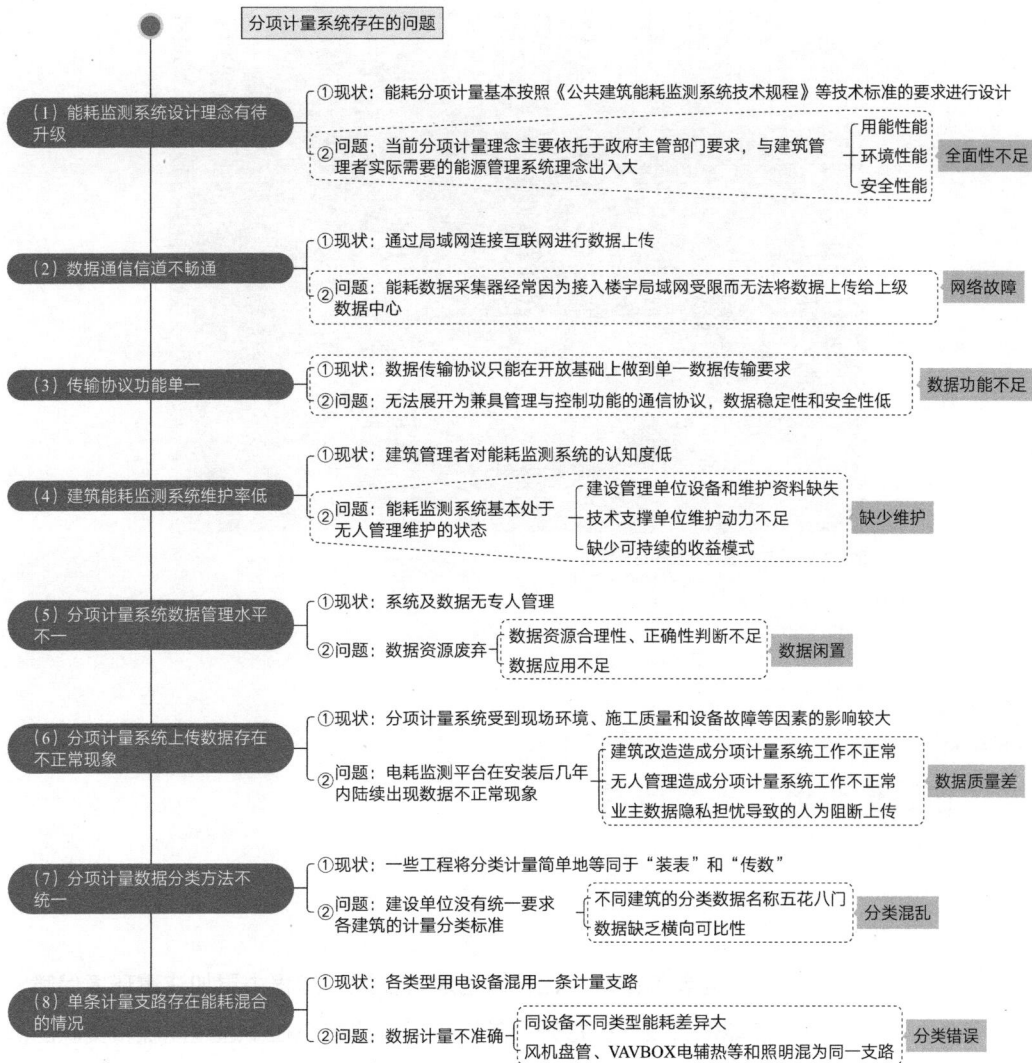

分项计量系统存在的问题

(1) 能耗监测系统设计理念有待升级
- ①现状：能耗分项计量基本按照《公共建筑能耗监测系统技术规程》等技术标准的要求进行设计
- ②问题：当前分项计量理念主要依托于政府主管部门要求，与建筑管理者实际需要的能源管理系统理念出入大
  - 用能性能
  - 环境性能
  - 安全性能
  - **全面性不足**

(2) 数据通信信道不畅通
- ①现状：通过局域网连接互联网进行数据上传
- ②问题：能耗数据采集器经常因为接入楼宇局域网受限而无法将数据上传给上级数据中心
  - **网络故障**

(3) 传输协议功能单一
- ①现状：数据传输协议只能在开放基础上做到单一数据传输要求
- ②问题：无法展开为兼具管理与控制功能的通信协议，数据稳定性和安全性低
  - **数据功能不足**

(4) 建筑能耗监测系统维护率低
- ①现状：建筑管理者对能耗监测系统的认知度低
- ②问题：能耗监测系统基本处于无人管理维护的状态
  - 建设管理单位设备和维护资料缺失
  - 技术支撑单位维护动力不足
  - 缺少可持续的收益模式
  - **缺少维护**

(5) 分项计量系统数据管理水平不一
- ①现状：系统及数据无专人管理
- ②问题：数据资源废弃
  - 数据资源合理性、正确性判断不足
  - 数据应用不足
  - **数据闲置**

(6) 分项计量系统上传数据存在不正常现象
- ①现状：分项计量系统受到现场环境、施工质量和设备故障等因素的影响较大
- ②问题：电耗监测平台在安装后几年内陆续出现数据不正常现象
  - 建筑改造造成分项计量系统工作不正常
  - 无人管理造成分项计量系统工作不正常
  - 业主数据隐私担忧导致的人为阻断上传
  - **数据质量差**

(7) 分项计量数据分类方法不统一
- ①现状：一些工程将分类计量简单地等同于"装表"和"传数"
- ②问题：建设单位没有统一要求各建筑的计量分类标准
  - 不同建筑的分类数据名称五花八门
  - 数据缺乏横向可比性
  - **分类混乱**

(8) 单条计量支路存在能耗混合的情况
- ①现状：各类型用电设备混用一条计量支路
- ②问题：数据计量不准确
  - 同设备不同类型能耗差异大
  - 风机盘管、VAVBOX电辅热等和照明混为同一支路
  - **分类错误**

图6-6 绿色建筑分项计量系统存在的主要问题

6.2.3 水资源利用问题

针对绿色建筑场地内的绿化浇灌、道路浇洒、景观补水等，设计中普遍采用了雨水、建筑中水等非传统水源。运行中，部分建筑中水处理设施运行效率较低，存在设施不运行、非传统水源实际处理量低于设计值等问题。

在针对非传统水源利用的调研中发现，样本中50%的建筑利用非传统水源进行绿化浇灌，40%的建筑进行道路浇洒，6%的建筑进行水景补水，4%的建筑进行冲厕。实际运行中，6%的建筑未运营相关设施，10%的建筑非传统水源实际处理量约为设计规模的33.2%～84.3%，8%的项目实际处理量为设计规模的50%以下，造成建筑中水处理设施运行效率低。同时，在绿化灌溉中，部分建筑缺少微喷灌等高效灌溉方式，如图6-7所示，存在运行管理不到位、水资源浪费的问题。

图6-7 缺少节水灌溉设施的室外绿化

6.3
绿色建筑低碳运行关键技术

▶ 　　与普通建筑相比，绿色建筑在运行过程中更加注重环境保障、节能低碳及服务提升，其低效运行的核心在于通过能源和资源的高效利用，有效保障建筑及场地的环境和服务水平。从当前运行阶段存在的各类问题出发，绿色建筑要实现真正的低碳运行，一方面要集约利用各类资源；另一方面需要解决运行信息传递不闭环、控制与反馈缺少协同、缺乏集中管理的问题，打通信息传递壁垒，实现"状态识别—精准控制—及时反馈"闭环。同时，加强系统运行管理，优化运行调节与控制，动态匹配最优状态点。结合以上需求，本节从环境保障、节能低碳及服务提升三个方面总结相关代表性先进技术，为绿色建筑低碳运行提供技术参考。

6.3.1 环境保障

6.3.1.1 建筑环境多参数协同监测与反馈控制技术
　　为满足绿色建筑在建筑室内热湿环境、声光环境控制等方面的高标准要求，当前绿色建筑运行中主要采用温湿度传感器及控制面板、二氧化碳传感器、照明红外感应控制等方式，实现对某项参数的局部监测或控制，如图6-8所示。近年来，对建筑众多环境参数的协同监测与控制，即时反馈人员舒适和满意度，成为系统按需调节、保障建筑健康舒适水平和低碳运行效果的重要手段，相关技术不断取得发展。

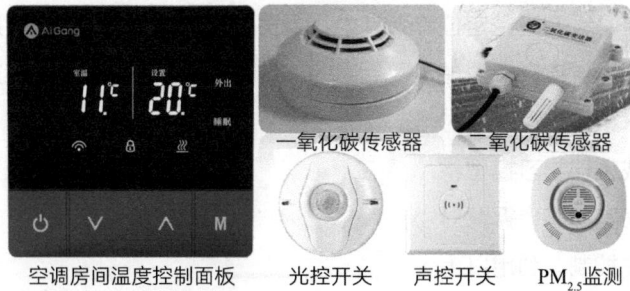

一氧化碳传感器　　二氧化碳传感器

空调房间温度控制面板　　光控开关　　声控开关　　PM$_{2.5}$监测

图6-8 建筑环境部分主流监控设备

多参数协同监测与系统反馈是解决当前设备监测参数单一、成本高、缺少协调与反馈的重要手段。清华大学林波荣教授团队以室内环境质量、人员满意度及热舒适度识别为切入点，以实现准确的信息交互等作为目标，开展了大量研究工作。一方面，面向室内人员与室内空气品质（IEQ）之间的相互作用，开发了智能IEQ监测与反馈系统（IBEM），如图6-9所示，覆盖环境温度、相对湿度、CO_2、PM$_{2.5}$和照度等多项监测参数[65]。同时，通过网络平台和移动界面，在室内环境与用户之间建立信息传递的"桥梁"，以进行数据呈现和人机交互。其中，开放网络平台为专业运维人员提供数据可视化和下载功能，移动界面主要面向建筑用户，用来了解IEQ的状况并给出评级意见。IBEM监控设备上附带二维码，用户可以使用智能手机扫描最近的IBEM设备，实现对移动界面的访问。

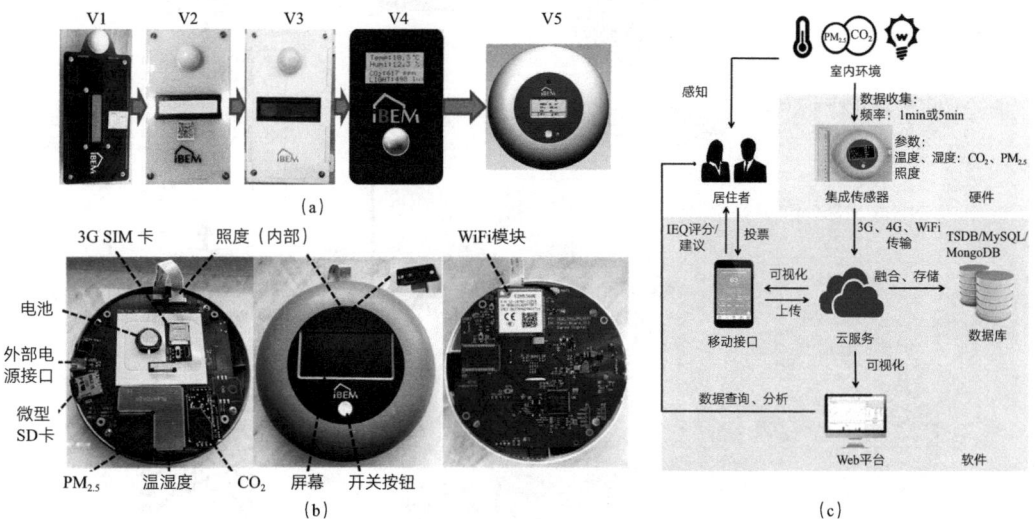

图6-9 IBEM设备
（a）各版设备开发过程；（b）设备内部结构；（c）系统架构

在多参数协同监测基础上，室内人员的在室状态识别是热湿及光环境优化控制的主要依据之一。如部分办公建筑空调系统采用固定的上下班时间表，不能根据人员在室状态的变化进行调节，导致空置房间的空调长时间运行，造成能源浪费。因此，基于人员在室状态对空调系统进行动态调节，对建筑节能运行有重要影响。

获取人员在室状态的主要方式包括CO_2浓度监测、摄像头图像采集、被动红外传感器、插座电耗数据采集、WiFi设备定位等，其中，人员在室对房间CO_2浓度的影响比温度更加直接、显著，且传感器对该影响更易识别。因此，选择CO_2浓度作为人员在室状态识别的指标是一种可行的技术手段。通过短时间内的学习，生成机器学习模型，快速识别人员的在室状态，据此对空调系统进行启停控制。利用以上模型和数据得到的空调系统运行策略，测试期间的设备运行时间可减少19%[66]，如图6-10所示。在此基础上，通过与室内温度等其他参数共同进行控制决策，可有效降低暖通空调运行能耗。

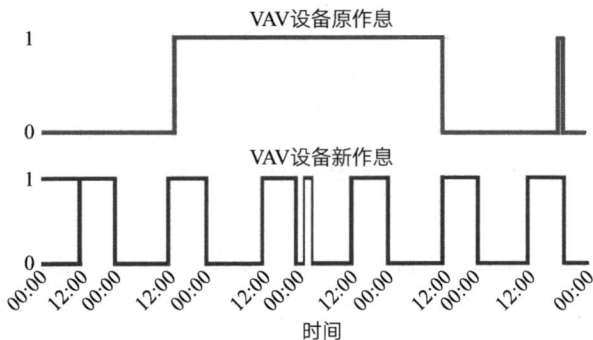

图6-10 基于人员作息识别的空调系统运行时间表对比

计算机视觉技术作为非侵入性人员在室信息获取技术，与基于需求的控制策略相结合，能够发挥更多的作用。一种有效的应用方式是：通过集成基于视觉的摄像头、HVAC系统负荷与热舒适预测模型，优化HVAC系统设定温度（图6-11）。首先，由室内摄像头识别

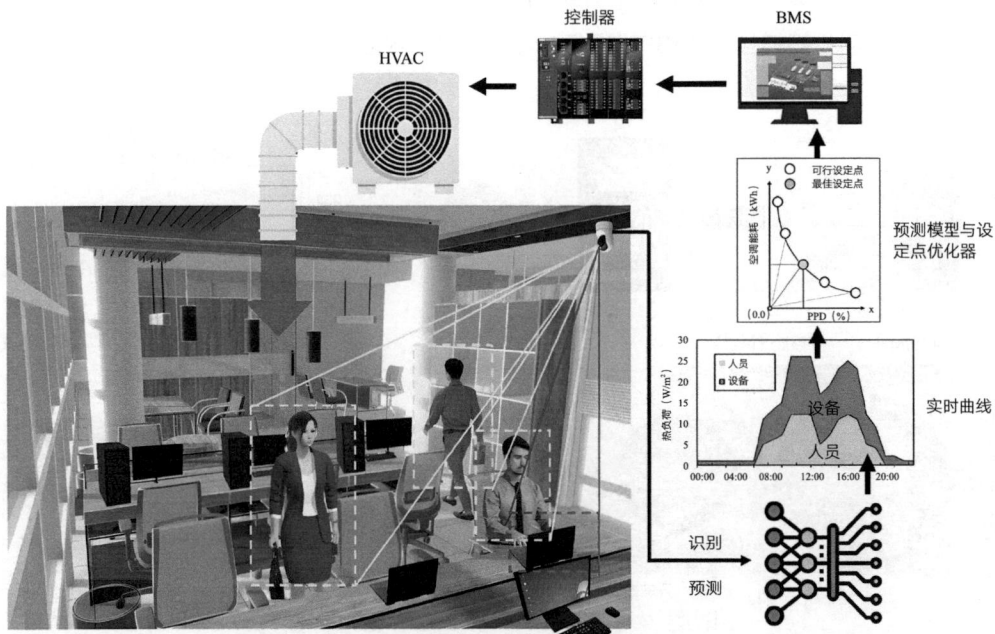

图6-11 基于计算机视觉的暖通空调热负荷预测与优化策略示意

建筑低碳建设关键技术

建筑内人员的活动和设备使用情况，并实时预测建筑内扰。然后，将信息输入到基于人工神经网络的HVAC负荷及热舒适预测模型中，获得HVAC负荷、建筑内人员的热舒适水平及不满意百分比预测值。当识别出室内没有人员时，HVAC系统及时关闭；当有人时，通过帕累托前沿分析系统节能和热舒适水平两个目标下的最佳空调设定温度[67]。结果表明，利用该方式冬季可使空调系统供热量减少36.8%，建筑内人员的热不舒适时间降低5.26%；在夏天，暖通空调系统的制冷能耗可减少3.5%~33.9%，而建筑内人员的热不舒适时间降低0.17%~2.89%。

　　建筑内人员处于不舒适的热环境中经常会进行一系列的热适应行为，比如穿/脱外套、卷袖子、扇风、双手哈气等，通过识别各类热适应行为，可间接获得人员的热感觉，进而为暖通空调的实时调控建立基础。特别是针对开敞办公空间等具有实时视频监控的场所，可通过计算机视觉技术，监测人员热适应行为，及时识别室内人员的冷/热感觉，指导暖通空调系统作出相应反馈调节。一种典型的技术研发路线，即首先通过大范围调研获得人员处于较冷和较热环境时的热适应行为，并通过大量实际测试数据，建立涵盖各类热适应行为视频片段的样本数据库；然后，基于视频理解领域先进的Two-Stream Inflated 3D ConvNet（I3D）和SlowFast Networks等人工智能算法进行数据训练，获得的人员热适应行为识别模型，实现对人员的热适应行为的识别，如图6-12所示。识别精度超过90%，可作为基于人员热舒适响应的暖通空调优化控制的技术基础。

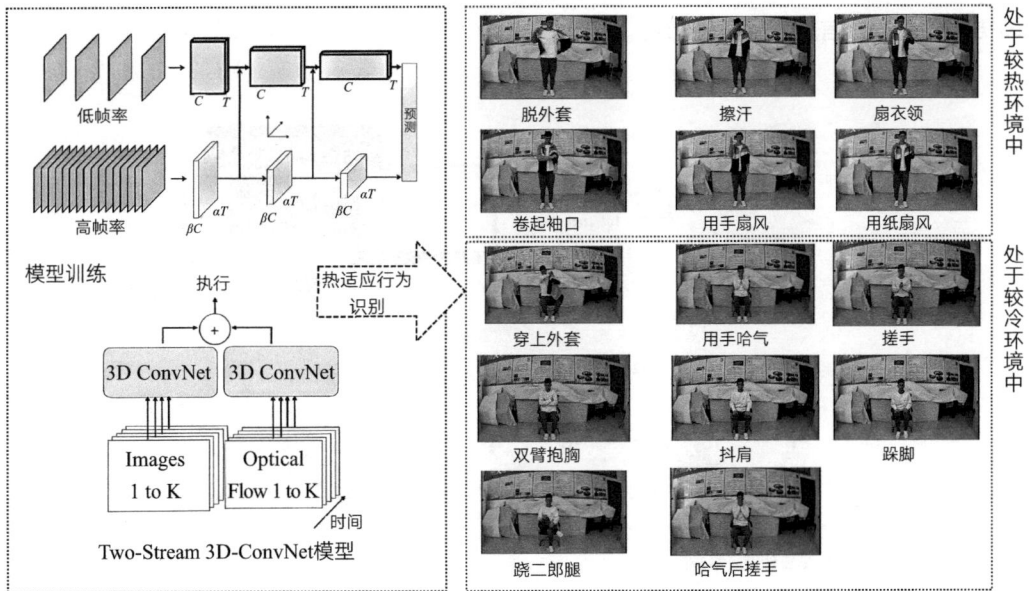

图6-12 较热和较冷环境中人员的热适应行为识别

　　基于需求响应的建筑环境多参数协同监测与反馈控制技术发展涵盖热湿环境、声光环境及空气品质保障等各类要素，具有广阔的应用前景。以上技术尚处不断的试验、研究及改进阶段。2023年，由中国科学院牵头的国家重点研发计划"室内空气污染物多参数动态识别、高效低碳净化与病原体消杀技术"项目启动，目标是面向日益迫切的室内空气净化和病原体消杀技术需求，针对室内病原体、空气毒性与典型VOCs组分，研制动态识别及在线监测技术，攻克病原体与$PM_{1.0}$、SVOCs等典型室内污染物高效协同净化技术，设计开发系列空气品质调控和节能降碳的新型材料，形成围绕生物气溶胶、SVOCs等的"污染源—传递—暴露—健康风险—高效治理"系统创新成果，提出室内空气净化与病原体消杀的系统解决方案并示范应用，助力我国室内空气净化产业升级。

6.3.1.2 室外绿化环境智能灌溉技术

适宜的绿化灌溉技术，对于居住小区、高校等具有较大绿化面积的绿色建筑尤为重要。其中，智能灌溉系统利用传感器、控制器、执行器等实现自动化灌溉，可以根据植物的需水量和环境变化调节灌溉强度和频率，在提高绿化植物的生长质量和维护效率的同时有效节省水资源，是绿色建筑场地绿化保障的有效技术之一。

智能灌溉系统通常需要在绿地中安装各种传感器，用于监测土壤湿度、空气湿度、温度、光照等环境因素，如图6-13所示。监测数据通过物联网传输到中控系统，由相关的控制软件进行处理和分析。中控系统根据预设的参数，计算出合理的灌溉量和灌溉时间，并自动控制电磁阀和喷/滴灌头进行灌溉。同时，系统通过生成数据分析结果和报告，可帮助管理人员了解绿化植物的生长情况，并及时调整灌溉计划和管理策略。在应用端，智能灌溉管理系统一般可实现手机、电脑等多种登录方式。用户可以统一进行管理，随时通过现场传回的图像和信息掌控各种情况。

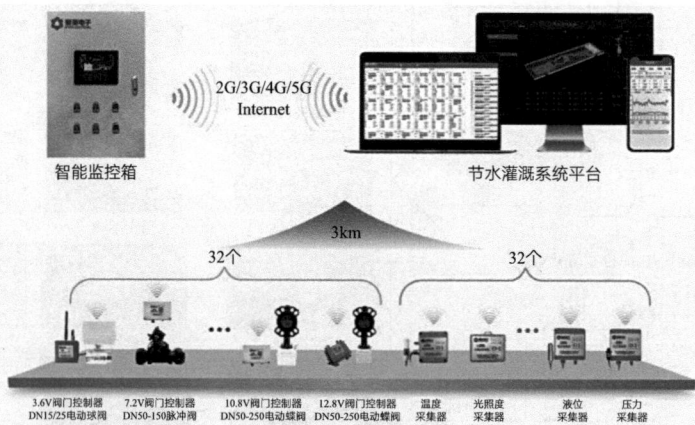

图6-13 某智能灌溉系统示意图

灌溉设备可采用喷灌溉、滴灌溉和微灌溉等类型实现节约用水。如某高校景观绿化灌溉系统，采用了微喷灌的节水灌溉设备，如图6-14所示，微喷灌系统通过湿度传感器控制，喷头分为齿轮旋转喷头和旋转散射喷头两种类型，可根据土壤湿度自动控制系统的启闭，进而提高室外灌溉用水的使用效率。

图6-14 微喷灌+土壤湿度传感器控制

6.3.1.3 水资源就地处理回用技术

对建筑雨水、废水的就地处理回用，可有效节约水资源，并减少由城市水处理厂远距离输送导致的能源消耗，是保障建筑水环境、降低碳排放的重要技术手段。根据对北京市居民生活用水的调研，其冲厕用水约占生活总用水量的27%，理想条件下可用处理后的中水、雨水完全替代。雨水的收集处理是水资源就地回收利用的常见方式之一，主要采用满足杂用水标准的蓄积雨水浇灌绿地、洗车冲厕、回灌地下等。此外，建筑空调冷凝水作为纯净度高于自来水的高品质回用水，亦可用于空调冷却水补水、建筑绿化灌溉、景观用水等多个场景。

1. 雨水收集利用技术

绿色建筑场地内的雨水收集利用包括雨水的引入、净化和回用等系统，如图6-15所示。对于硬化的屋面，可将雨水集中引入到透水路面、绿地，或储水设施蓄存；庭院、小区广场、人行道等地面上的雨水收集，可首先选用透水材料铺装或建设汇流设施，将雨水引入透水区域或储水设施中。

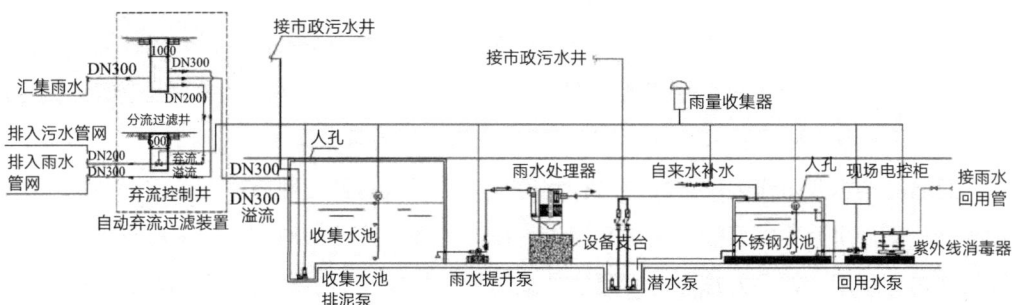
图6-15 雨水回收处理原理图

雨水净化是雨水收集利用的关键环节，目标是对雨水进行有效的拦截和处理，去除其中的污染物，提高雨水水质。其中，利用下凹式绿地对雨水进行净化是一种有效的降本增效方式。由于屋面雨水中含有的污染物较少，可根据设置的雨水立管位置和场地内布置的地下雨水管线流向，将建筑周边的绿地设置成下凹式绿地，同时屋面雨水采用重力流的内排水系统，即雨水立管直接散排，实现屋面雨水在源头上的滞蓄、入渗和净化处理。同时，需定期对下凹式绿地进行维护和清理，保持其良好的入渗和滞蓄能力，避免绿地表面积水或淤塞。对于下沉式广场、汽车坡道雨水，可采取明沟、暗沟、集水坑等措施，在雨天加大雨水排水泵的流量，保证水泵不间断动力供应，迅速把雨水排至室外，防止发生淹水事故。

除利用下凹式绿地对雨水进行净化外，雨水回用系统可先经过自动弃流过滤装置，将含有大量污染物且水量较少的初期雨水排入污水管网。雨水量增多后，水位上升，当达到预设水位时结束弃流，雨水通过雨水管流入收集水池。当雨水继续增多，水位继续上升，此时上层较干净的雨水通过溢流管道排入室外雨水管网。收集水池内的雨水由提升泵送至雨水处理设备，经过处理后的雨水自然流入储水池，再由回用水泵将储水池内的雨水加压，通过紫外线消毒器消毒，然后通过回用水管网供水。综上，雨水回用系统的总体处理工艺流程为：场地雨水→自动弃流过滤装置→收集水池→雨水提升泵→雨水处理器→储水池→回用水泵→紫外线消毒器→雨水回用管网。

2．空调冷凝水收集回用技术

大部分空调系统的冷凝水都是直接外排，造成了巨大的水资源浪费。空调冷凝水量与室内人员密度、室内水面、新风量标准等散湿源有关，通常1kW冷负荷每小时约产生0.4~0.8kg冷凝水。对于我国量大面广的绿色建筑，若能够充分利用此处的冷凝水资源，可有效降低建筑用水带来的碳排放。

空调冷凝水收集和利用技术目前国外已有大量应用案例，包括作为景观用水、生活用水及冷却水系统补水等。在美国，圣安东尼奥市市政府对区域内新建商业建筑的冷凝水排水管道设计作出了明确规定，要求将收集后的冷凝水用于城市绿化等。如图6-16所示，美国圣地亚哥机场的暖通空调系统同样通过增加相应收集装置，每年可收集约370m³的空调冷凝水，用于空调冷却塔补水和动力清洗；位于以色列荷兹利亚的微软办公园区将部分空调冷凝水用于景观美化，每年可节省约3000m³水资源；美国亚利桑那大学建筑学院大楼每年收集约360m³空调冷凝水用于池塘和花园补水。美国奥斯汀的两个著名建筑（Austonian和奥斯汀中央图书馆）均对空调冷凝水进行了有效利用。其中，Austonian是一栋56层的公寓大楼，每年收集约48.45m³的空调冷凝水用于建筑中的绿化灌溉；奥斯汀中央图书馆结合空调冷凝水、雨水收集和再生水利用，满足了该图书馆90%的用水需求。

空调冷凝水亦可作为辅助冷源进行利用。小型建筑物多使用风冷却的空调系统，即在冷凝器一侧，采用冷媒直接与周围空气进行换热的散热方式。对此，空调冷凝水可采用多种方式进行利用，如将处理过的冷凝水通过微型水泵加压后，再利用雾化喷嘴进行雾化，直接喷淋到室内空气中，实现空气的等焓加湿过程，降低空气的温度，同时也解决了空调

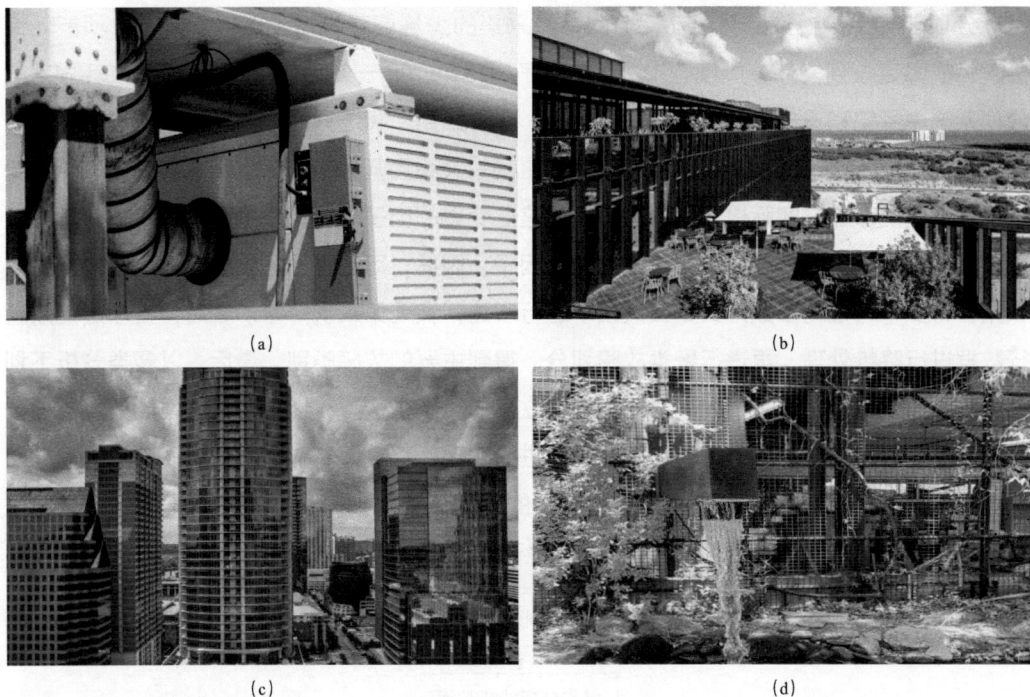

图6-16 典型空调冷凝水收集利用项目
(a) 美国圣地亚哥机场空调冷凝水收集；(b) 以色列微软园区空调冷凝水进行景观灌溉；(c) Austonian大楼使用空调冷凝水灌溉绿化；
(d) 亚利桑那大学利用空调冷凝水补充池塘用水

运行过程中室内空气含湿量不断下降影响人体健康的问题。另外，可将室内蒸发器表面产生的冷凝水通过引水管引到室外机，再利用雾化装置进行雾化后，喷淋在冷凝器周围的空气中，使冷凝器所处的环境温度降低，从而提高空调机组的COP，达到节能减排的目的。

6.3.2 节能低碳

6.3.2.1 建筑系统用能诊断技术

1. 系统故障快速诊断技术

故障诊断在建筑能源管理中起着至关重要的作用，特别是在暖通空调系统方面，通过故障诊断可以节省建筑约15%~30%的能源消耗。故障诊断方法分成定性分析和定量分析两种，其中，基于数据驱动的定量诊断方式逐渐成为热门，尤其在大数据时代下，数据分析和挖掘受到越来越多行业的关注，人们逐渐习惯使用数据作为决策的重要参考依据。建筑节能诊断工作主要是建立在各个系统运行数据的基础之上，通过对大量运行数据的挖掘分析，评估系统的异常，进而得到故障原因。但是绿色建筑结构复杂，建筑能耗数据量以及系统运行的数据量极大，如果对全部数据进行分析，势必会让分析工作复杂程度增大，减缓诊断速度，如何利用较少的数据达到快速诊断成为行业发展关键。

基于最小信息量的绿色建筑系统故障快速诊断方法是一种有效的解决途径，主要诊断流程如图6-17所示。首先，采用绿色建筑的分项能耗数据分类模型，建立基于可拓学的多目标分项能耗评价模型，利用能耗监测平台采集的少量能耗数据，进行多目标分项能耗评价，将故障定位到能耗分类模型中的某一级子项，实现第一次降维。然后，根据能耗异常的分项系统中系统和设备实时能效（如COP等）运行数据，筛选异常能效运行数据集。通过因子分析法（Factor Analysis）能够将多个变量之间的关系用几个因子来表示，其中被表示的变量一般都是能够通过实际检测的，用来描述这些变量的因子现实工程中则是不能被检测的，所以只能把它们看成潜在变量，也称为公共因子。因此，可通过因子分析法，利用异常能效数据，将多个可检测参数用少数公共因子进行表达，实现第二次降维。之后，将原始能效运行数据进行降维处理，再进行聚类故障划分，得到主要的故障类别。最后，以聚类分析下划分的故障类别为基础，运用机器学习算法建立其在线识别模型，通过实时的性能参数对设备能效产生异常时的故障类别进行在线识别，进而实现对建筑节能的实时诊断。该方法通过两次数据降维，不仅大大减少了故障诊断所需的数据记录条数，也减少了单一数据记录的维度，并且提高了诊断速度，实现了最小信息量下的空调系统运行故障的快速诊断。

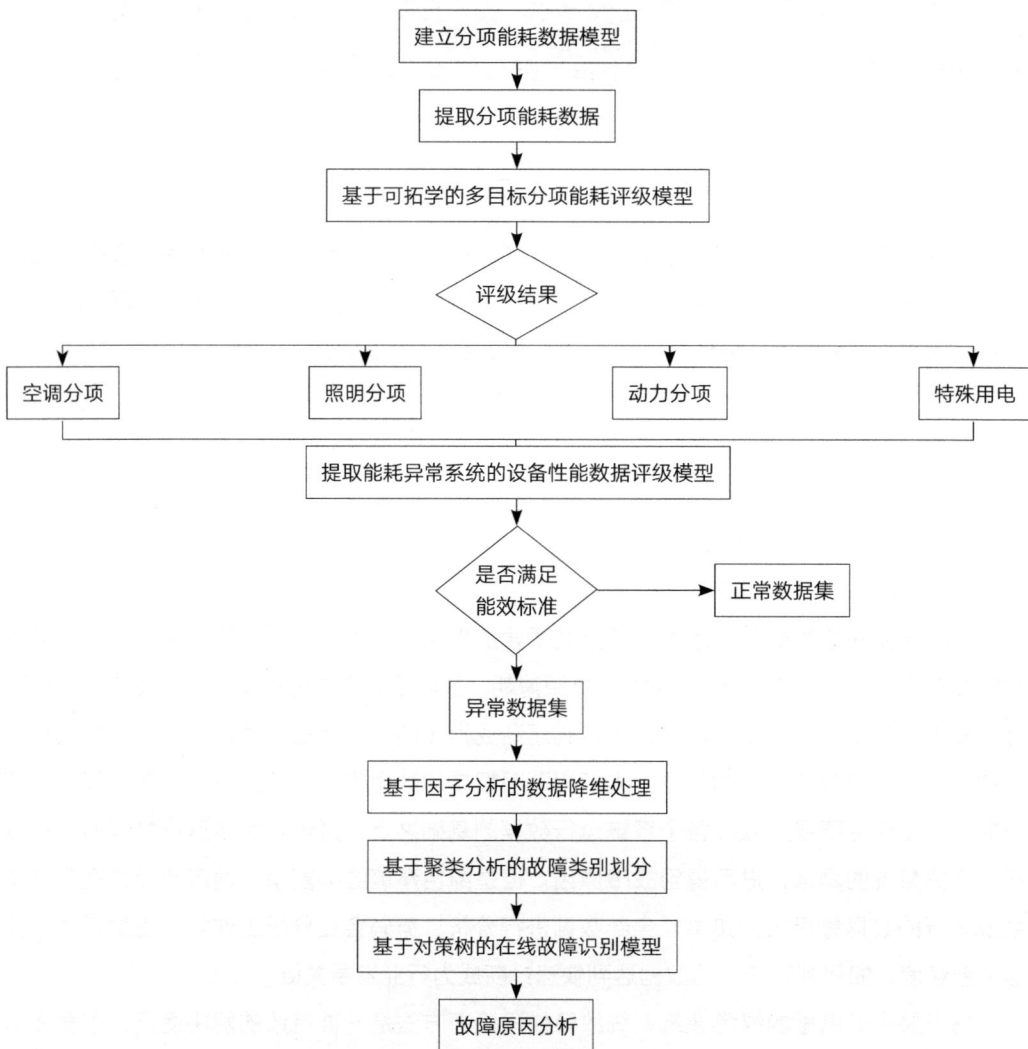

图6-17 大型绿色建筑空调系统故障快速诊断系统流程图

暖通空调系统可以从需求侧和供给侧两个角度进行分析和优化，如图6-18所示。需求侧是指建筑内部的冷热负荷和新风需求，供给侧是指满足需求侧的冷热源、输配系统和空气处理系统。进一步细分，暖通空调系统由冷热源、流体输配系统、空气处理系统、末端等多个子系统构成，如图6-19所示。为降低暖通空调系统的运行能耗和碳排放，需要在需求侧采取降低负荷、提高舒适度的措施，同时在供给侧提高设备效率、优化运行控制，实现供需平衡和节能减排的目标。

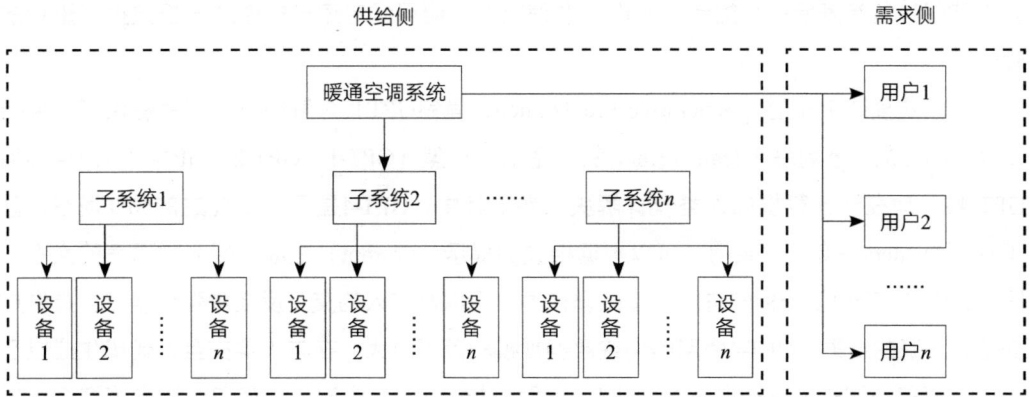

图6-18 暖通空调系统抽象图

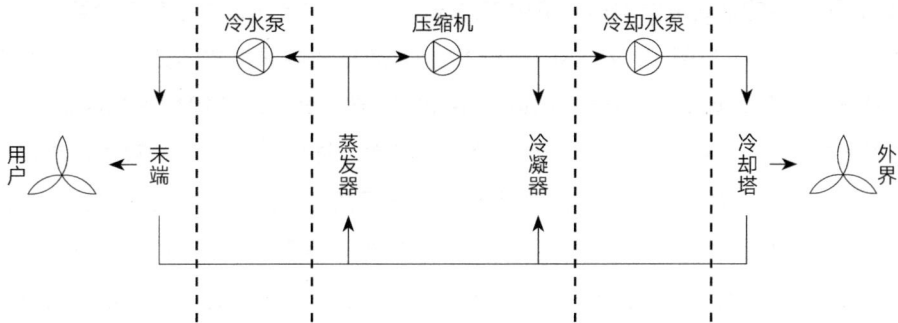

图6-19 空调系统流程示意图

需求侧受到多种因素的影响，包括气候条件、围护结构热工性能、人员行为、设备类型等。若同步诊断分析需求侧与供应侧，其分析内容会大幅度增加，对分析方法的要求也极高，对分析结果的验证也存在较高的难度。为了提高建筑节能诊断的效率和准确性，一种有效的方法是将需求侧和供给侧分离，分别进行诊断，认为两者之间只存在热质交换。这样可以降低诊断难度，提高诊断方法的适用性，也是绿色建筑节能诊断中应该遵循的一条原则。

供给侧的运行状况不仅取决于单体设备的高效运行，还取决于设备之间的配合度。因此，为达到暖通空调系统的节能运行目标，不仅要确保各个主要耗能设备、子系统高效运行，更应优化整个系统的运行效率。在诊断过程中，通过对设备和子系统进行检测工作，以明确系统的实际运行现状，找出节能潜力较大的环节。这种由设备到系统的节能诊断方法，逐步深入分析系统的运行特点，制订合理的节能措施，既可以简化节能诊断工作，又可以达到整体节能运行的目标，是绿色建筑节能诊断中应该秉承的另一条原则。

2. 基于 ChatGPT 的建筑系统故障识别技术

在系统的故障诊断中，仅基于数据挖掘的故障诊断方法高度依赖于监督模型的开发或对无监督方法的结果分析，且在实践中获取故障数据的成本较高。与之不同的是，基于专业知识和相关数据的故障诊断往往比仅基于数据挖掘的方法更可靠、更易于解释。如果计算机能够具备专家所拥有的专业知识和推理能力，便可像专家一样通过分析数据来进行故障诊断。

生成式预训练模型（Generative Pre-Trained，简称GPT）为解决以上问题提供了一种新途径。GPT是一系列基于Transformers的大型语言模型（GPT-1、GPT-2、GPT-3、GPT-3.5和GPT-4），旨在让计算机像人类一样解决问题。其中，GPT-4是目前最先进的GPT模型，基于Transformers深度学习架构，可以根据相关的提示（Prompt）生成类似人类语言的文本。同时，GPT-4应用了一种先进的模型微调技术，可以从与人的交互反馈中强化学习，提供更安全、正确的结果。GPT-4使用的训练数据规模和范围巨大，在与人类交互、代码生成以及利用常识和领域知识进行推理方面表现出强大的能力，在医学、教育和生物学等多个领域均发挥了出色的性能。

借助于GPT-4的推理能力识别建筑用能系统故障，相关技术尚处于研究探索阶段。以空气处理机组（AHU）为例[70]，从ASHRAE RP-1312数据集中收集故障数据和正常数据，并考虑14种故障类型，如表6-1所示，用以评估GPT性能。每次评估用相同的Prompt和GPT-4进行5次独立对话，采用三个指标，包括诊断准确性、推理正确性和一致性。其中，诊断准确性指标用于确定GPT是否可以准确诊断建筑能源系统中的常见故障。除诊断故障类型外，给出原因同样重要。因此，利用推理正确性指标来确定GPT是否能够正确解释其诊断结果。即使给出相同的初始提示，GPT在不同对话中的输出通常也是不同的，因此用一致性指标来评估GPT多次故障诊断结果的稳定性。

ASHRAE RP-1312 数据集中的故障类型

表 6-1

故障编号	故障类型
1	排气阀门卡住（完全打开）
2	排气阀门卡住（完全关闭）
3	回风机卡在固定转速
4	回风机完全失灵
5	新风阀门漏风
6	新风阀门卡住（完全关闭）
7	冷却盘管阀卡住（完全打开）
8	冷却盘管阀被正向卡住（部分打开）

续表

故障编号	故障类型
9	冷却盘管阀卡住（完全关闭）
10	冷却盘管阀被反向卡住（部分打开）
11	加热盘管阀漏风
12	送风机后空气处理机组管道漏风
13	送风机前空气处理机组管道漏风
14	冷却盘管阀控制不稳定

在评估过程中，设置两种提示策略：第一种是将故障数据和故障标签写入提示；第二种是将故障数据、正常数据和故障标签均写入提示，以此分别评估GPT的诊断效果。

在第一种提示策略下，GPT-4可以诊断“排风阀门卡住（完全打开）”“回风机卡在固定转速”“回风机完全失灵”“冷却盘管阀卡住（完全打开）”和“冷却盘管阀控制不稳定”等故障，诊断精度高，推断正确性好。但是，GPT-4无法诊断其他故障。比如，GPT-4无法理解“排风风门卡住（完全关闭）”“新风阀门漏风”等关键变量的变化。图6-20显示了GPT-4无法理解“冷却盘管阀被正向卡住（部分打开）”的故障，导致误诊。

Initial prompt

There is an air handling unit that works in summer. I calculate the average values and standard deviations of several crucial variables of this air handling unit on a day (day 1) when its operation is steady.
The average values of these variables on day 1 are listed as following:
- Mean value of the heating coil valve position is 0.0%.
- Mean value of the cooling coil valve position is 41.92%.
- Mean value of the exhaust air damper position is 40.0%.
- Mean value of the recirculation air damper position is 40.0%.
- Mean value of the outdoor air damper position is 40.0%.
- Mean value of the supply air flow rate is 3040.64m3/h.
- Mean value of the return air flow rate is 2713.03m3/h.
- Mean value of the outdoor air flow rate is 720.02m3/h.
- Mean value of the supply air temperature is 12.8℃.
- Mean value of the mixed air temperature is 23.25℃.
- Mean value of the return air temperature is 22.54℃.
- Mean value of the supply air static pressure is 9.61kPa.
- Mean value of the supply fan speed is 68.42%.
- Mean value of the return fan speed is 54.73%.
- Mean value of the supply air relative humidity is 91.0%.
- Mean value of the supply fan power is 1.07kW.
- Mean value of the return fan power is 0.27kW.
- Mean value of the cooling coil energy consumption is 15.42kW.
- Mean value of the heating coil energy consumption is 0.0kW.

The standard deviations of these variables on day 1 are listed as following:
- Standard deviation of the supply air temperature is 0.26℃.
- Standard deviation of the supply air static pressure is 0.17kPa.
- Standard deviation of the heating coil valve position is 0.0%.
- Standard deviation of the cooling coil valve position is 10.78%.
- Standard deviation of the supply fan speed is 3.24%.
- Standard deviation of the return fan speed is 2.6%.
- Standard deviation of the exhaust air damper position is 0.0%.
- Standard deviation of the recirculation air damper position is 0.0%.
- Standard deviation of the outdoor air damper position is 0.0%.

You should figure out whether this air handling unit has a fault on day 1. If it has, tell me which fault it might have. You have the following options:
- Fault 1: Exhaust air damper is stuck (fully open)
- Fault 2: Exhaust air damper is stuck (fully closed)
- Fault 3: Return fan is stuck at a fixed speed
- Fault 4: Return fan fails completely
- Fault 5: Outdoor air damper leaks
- Fault 6: Outdoor air damper is stuck (fully closed)
- Fault 7: Cooling coil valve is stuck (fully open)
- Fault 8: Cooling coil valve is stuck positively (partially open)
- Fault 9: Cooling coil valve is stuck (fully closed)
- Fault 10: Cooling coil valve is stuck negatively (partially open)
- Fault 11: Heating coil valve leaks
- Fault 12: Air handling unit duct leaks after the supply fan
- Fault 13: Air handling unit duct leaks before the supply fan
- Fault 14: Cooling Coil Valve Control unstable

Initial output of GPT-4

Based on the provided data, it seems that the air handling unit on day 1 has a fault. Specifi [Wrong understanding about Fault 8] coil valve is stuck positively (partially open).
This conclusion can be drawn from the following observations:
- The mean value of the cooling coil valve position is 41.92%, which is not fully open, but it's not closed either. This suggests that the cooling coil valve is partially open.
- The standard deviation of the cooling coil valve position is 10.78%, which is relatively high, indicating that the cooling coil valve position varies significantly, thus potentially pointing to unstable control.

These observations combined point towards Fault 8, as the cooling coil valve seems to be partially open and potentially unstable. None of the other faults' symptoms match the provided data.

图6-20 GPT-4对“冷却盘管阀被正向卡住（部分打开）”出现误诊

在第二种提示策略下，即在GPT-4的提示中同时给出正确数据和故障数据时，诊断准确性、推理正确性和一致性均显著提高，如图6-21所示。大部分在第一种提示策略下出现误诊的故障此时均可正确诊断。但尚有部分情况依然会出现误诊，如"冷却盘管阀被正向卡住（部分打开）""冷却盘管阀被反向卡住（部分打开）""送风机后空气处理机组管道漏风"和"送风机前空气处理机组管道漏风"等。其主要原因在于，在各类故障下，一些变量的变化较为相似，比如，"新风阀门卡死"和"新风阀门漏风"这两种故障导致的结果是类似的，都会有少量新风进入，此时GPT-4难以仅通过有少量新风进入的结果判断是哪种故障。因此，提供更加全面和丰富的信息有助于GPT-4作出更加正确的判断。

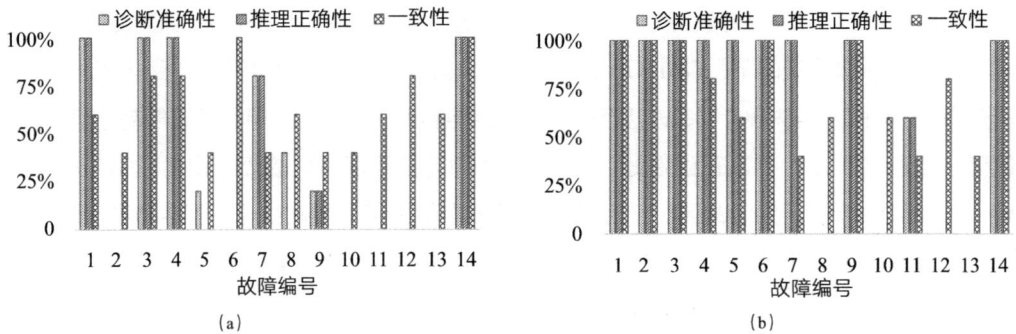

图6-21 GPT-4进行AHU故障诊断的性能表现
（a）第一种策略；（b）第二种策略

基于以上评估，GPT-4在自动化数据挖掘方面表现出强大的能力，可以提高建筑能源系统的能效。对于故障诊断任务，GPT-4能够准确诊断AHU、冷水机组和VRF空调的许多常见故障，且推理过程类似于专家系统，能够给出明确的解释。并且其诊断方法和能力可应用于建筑各类能源系统。与传统数据驱动的故障诊断方法相比，GPT-4具有更好的可解释性、可扩展性和可迁移性。

基于GPT-4的故障诊断尚处于研究阶段，未来在自动生成自定义Prompt、让GPT使用软件工具、构建专业语料库、开发专业定制的GPT模型、评估GPT在实际应用中的表现等方面，依然有广阔的发展空间。

6.3.2.2 建筑系统低碳运行优化控制技术

1．基于数据驱动的建筑负荷预测与优化控制技术

负荷预测是建筑能源系统优化控制的关键环节，且基于数据驱动的用能负荷预测方法通常比传统的基于物理原理的方法具有更高的预测精度和更好的可行性，其模型开发通常包括数据预处理、特征工程、模型训练、模型评估、结果可视化、模型解释等步骤。数据预处理旨在通过缺失数据处理、数据归一化等方式获取高质量的数据进行模型训练。在特征工程步骤中，通常利用专业知识、相关性分析、递归特征消除、降维等方法选择合适的特征用于模型输入。之后，选择合适的数据驱动算法和超参数进行模型训练。许多算法已成功应用于能

源负荷预测，如人工神经网络、支持向量回归（SVR）、随机森林和极端梯度提升算法等。

基于人工神经网络的负荷预测是一种利用神经网络学习历史数据的非线性映射关系对未来负荷进行预测的方法。典型的神经网络模型由输入层、隐含层和输出层三个层次组成，每个层次有若干个神经元，每个神经元有一个激活函数和一个阈值，如图6-22所示。在训练过程中，该算法通过正向传播和反向传播两个步骤不断修正误差，直到达到预设的精度或最大训练次数。

基于SVR的负荷预测是一种利用支持向量机建立回归模型，从而对未来负荷进行预测的方法，如图6-23所示。该算法是一种基于小样本数据的机器学习方法，目标是在样本数据的复杂性和学习能力之间寻求最优解，从而获得良好的推广能力。基本原理是通过求解凸二次规划问题来找到最优超平面或最优超曲面，将不同类别的数据分开。该算法突出的特点是可以通过核函数将非线性数据映射到高维空间中，从而解决非线性问题，并且使算法复杂度不受样本维数影响。

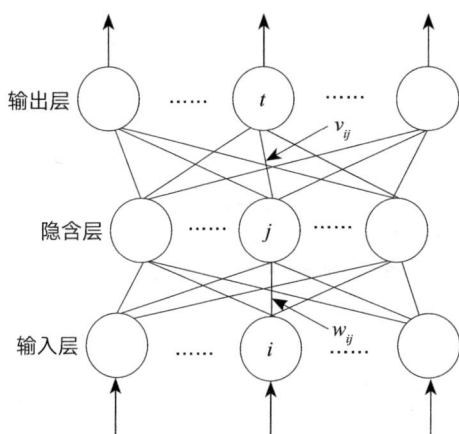

图6-22 BP神经网络示意图

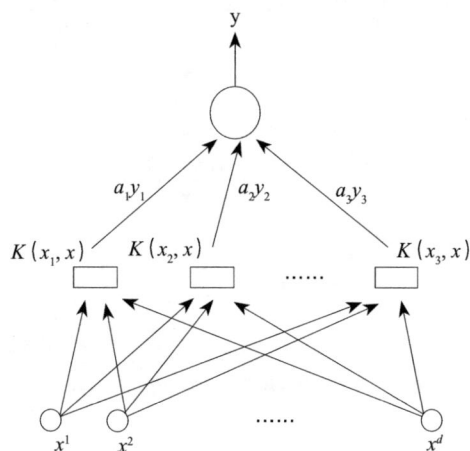

图6-23 支持向量机示意图

预测控制本质上是一种基于负荷预测的最优控制方法，可以提前预测下一时刻的目标值，从而求得系统目标函数的最小值，进而达到对系统运行的最优控制。且预测控制算法对模型要求较低，易于通过工程实现。一般可利用既有机电系统用能模型并结合历史运行数据，优选一种负荷预测方法，或多种适合算法组合，构成复合数据驱动模型，如图6-24所示，作为纠偏控制策略实施的依据。

在实际工程应用中，基于逐渐积累的、空调运行于稳定条件下的大量实际空调历史数据，结合预测算法，对预测时刻的冷或热负荷模型不断优化，随着时间推移，预测结果将越来越准确，并能够为机组进行群控、流量控制、压差控制或者温度控制等方式提供更准确的信号，使空调系统随着时间累积长期处于高能效运行状况中。当前已有相关软件，如建筑机电系统能效优化控制软件（图6-25），综合集成了基于滚动优化策略的前馈预测控制技术、基于系统多目标优化的能效控制方法，通过"能效设定—阈值偏离—实时纠控—自动寻优"的控制逻辑，可实现机电系统的长期高效、稳定运行。

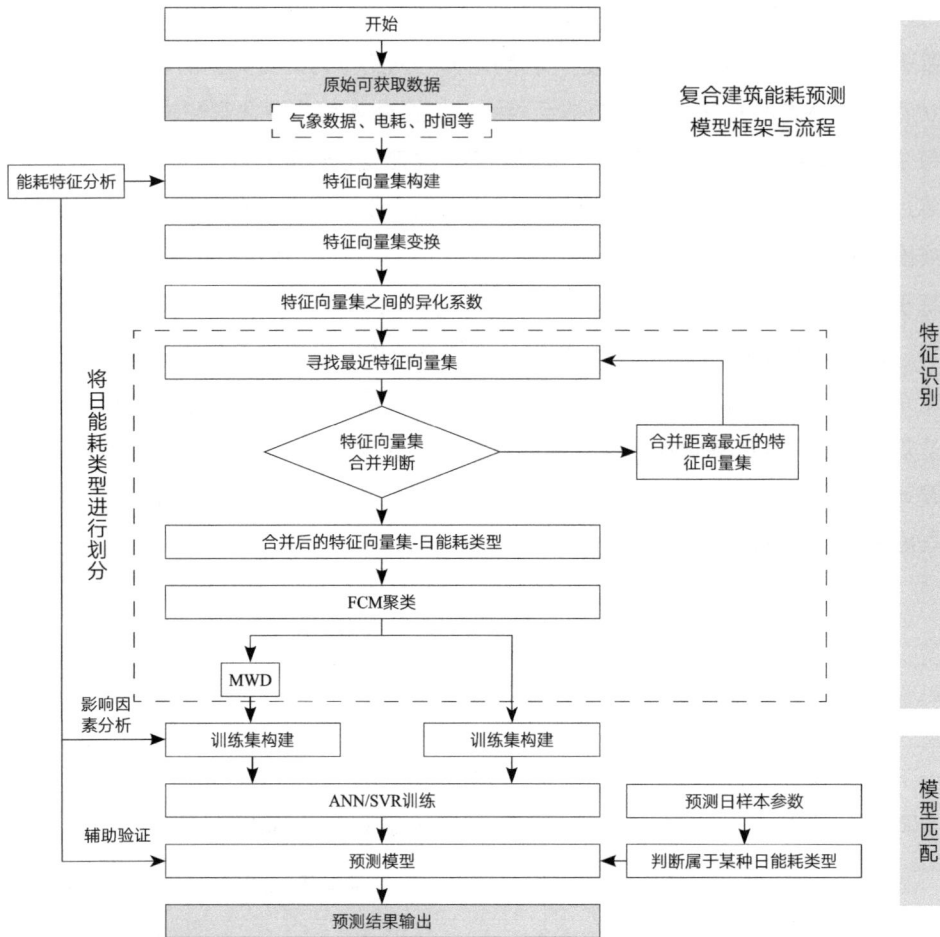

图6-24 某基于复合数据驱动模型的建筑能耗预测

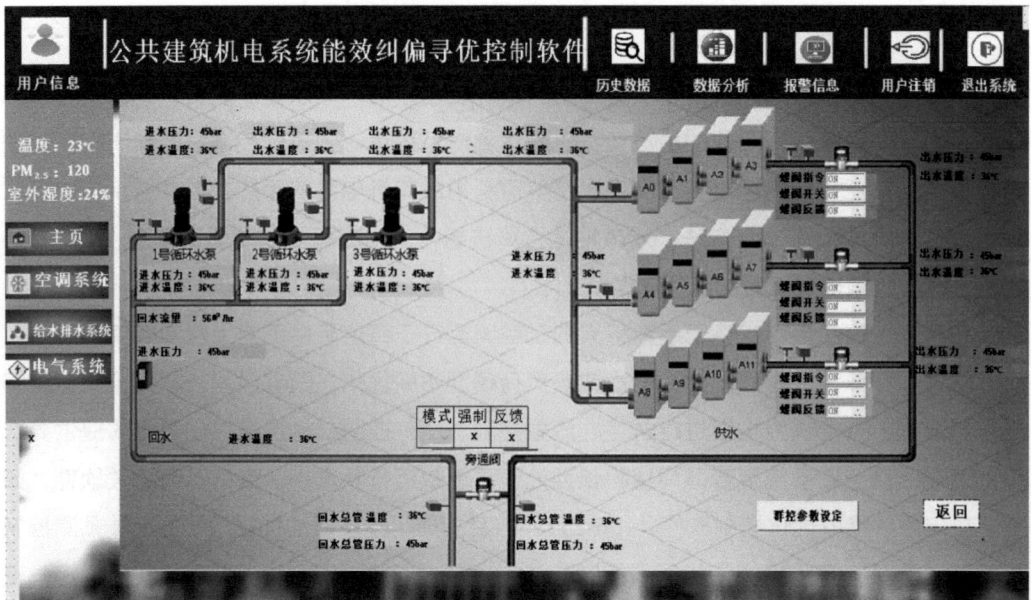

图6-25 建筑机电系统能效优化控制软件

2．建筑智慧照明技术

智慧照明控制模式是一种基于高效照明光源和物联网技术，实现室内光环境智能调节和优化的照明控制方式。可以根据使用需求，以及外部环境的变化，自动或远程地调整灯具启闭，并对亮度等参数进行调控，提高室内光环境的舒适性和节能性。包括声控感应、光线感应等现场控制方式及总线回路控制、无线控制、遥控控制等诸多模式。

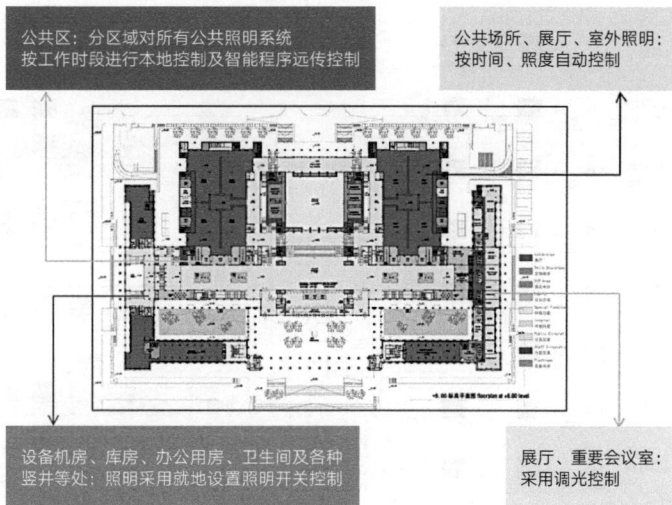

公共区：分区域对所有公共照明系统按工作时段进行本地控制及智能程序远传控制

公共场所、展厅、室外照明：按时间、照度自动控制

设备机房、库房、办公用房、卫生间及各种竖井等处：照明采用就地设置照明开关控制

展厅、重要会议室：采用调光控制

图6-26 某博物馆智能照明控制模式

通过采用智慧照明技术，可大幅度提升照明效率，降低建筑照明能耗。以某博物馆智慧照明系统为例（图6-26），公共场所、展厅、室外照明等采用按时间、照度自动控制的智能照明控制系统；展厅、学术报告厅、数码影院、重要会议室等采用调光控制的智能照明方式；设备机房、库房、办公用房、卫生间及各种竖井等处的照明采用就地设置照明开关控制。通过采用节能灯具和智慧照明技术，场馆的照明能耗比不使用对应技术降低约20%。

在智慧照明系统运行中，能够实现同一功能的运行策略较多，如对于公共区域的灯光控制，可以采取的方式包括就地感应控制，采用楼宇自动化系统远程集中人工管理，采用智能化系统时间表管理，采用专用的照明控制系统智能控制或与其他系统一起配合进行场景控制等。运行过程中，尽量利用天然光减少室内照明，依据照明区域、照明时间、天气，以及工作需求，进行照明灵活调节，亦是实现智慧照明的主要措施，如图6-27所示。对于办公区域，选择成本较低的就地感应控制方式，往往是经济性、易用性较高的方法；而对于公共空间集中管理需求较高或者用户体验要求较高的建筑，如展览馆、酒店、高档商场等，则需要满足集中管理和场景营造的需要。

要实现更为有效的智慧照明控制，可实时采集和传输建筑内部的人流、光照强度、电流等数据，然后根据亮度分类模型进行判断和分类，以及图形化显示环境信息，来实现室内光环境的智能调节和优化。实施中，可根据不同场合和需求，对各个照明节点进行单独或联动的控制，根据舒适和节能原则进行调节，并实现故障告警和远程智能控制，以及通过PC机和App进行人工干预等，满足各种情况下的照明需求，达到智慧低碳运行效果。

3．基于计算机视觉的电梯智能控制技术

在绿色建筑中，电梯作为重要的垂直交通方式和用能设备，不断朝着智慧化管理的方向发展，成为智慧物业管理的重要组成部分。基于安防需求，电梯一般都部署摄像头，可

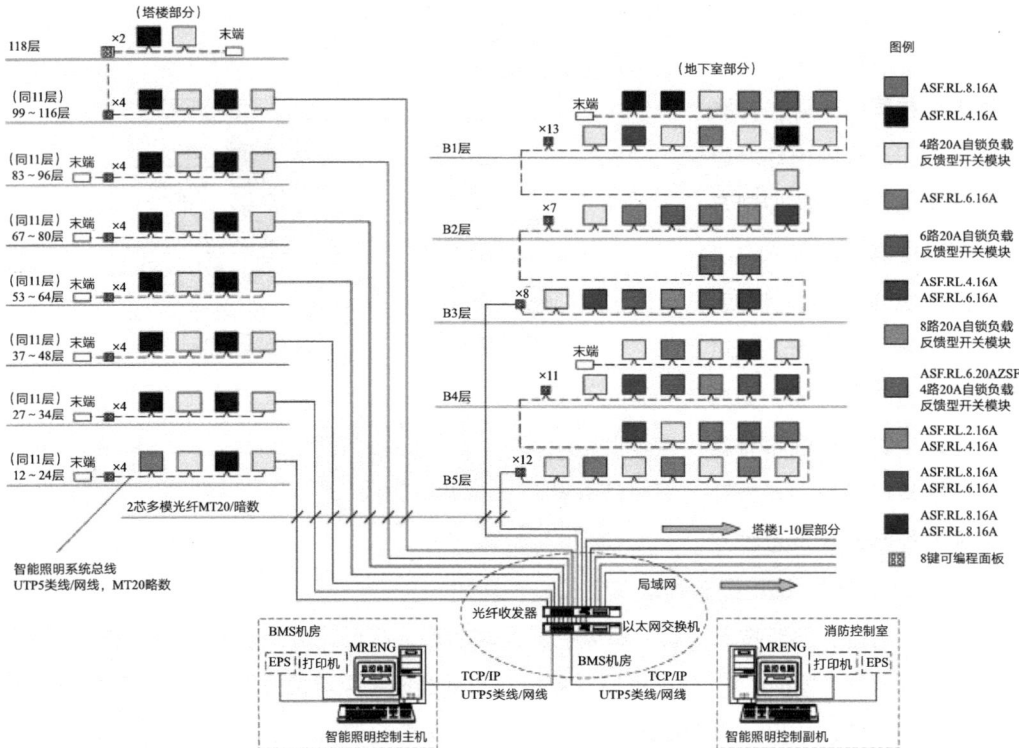

图6-27 某金融中心智慧照明控制系统

很好地与物联网、大数据等信息技术融合。比如新型电梯物联网，通过在电梯轿厢内、电梯井、控制室，以及电梯其他部件上安装传感器、摄像头，来检测电梯的运行状态和零部件的磨损程度等，并实时将数据汇总后反馈到集中管理平台。同时，基于电梯智能摄像头，通过计算机视觉方法获得电梯占用规律、梯内人员特征等，形成不同运营模式下的控制策略，可为减少电梯运行中的无效耗能和碳排放提供助力。

典型的基于计算机视觉的智能电梯信息系统（IEIS），对电梯运行特征识别可分为三步，如图6-28所示。首先，通过训练相关神经网络模型，识别电梯门的启闭状态。第二步，对乘客进行监测及特征识别，包括识别人员的年龄、行为等特征，并对电梯内人流量进行动态监测。第三步，基于监测信息，对建筑入住率进行分析，以优化电梯运行策略。在以上步骤中，乘客检测是分析电梯占用模式的基础，也是制订需求响应运营策略的关键组成部分。通过识别人员的年龄、性别、职业等各种属性，可在提供个性化服务和增强安全保障等方面发挥关键作用。通过对人流量实时监测，可动态调整电梯的运行方式、速度和启停频率，优化电梯群控调度算法，提高电梯运行效率和安全性，降低电梯能耗。

在电梯运行及人员特征识别的基础上，结合一天中不同时段电梯使用模式的特点，便可制订相应的低碳运行优化策略，如图6-29所示。在高峰期，根据IEIS分析获得的梯内拥挤程度，可以指导电梯轿厢内新风调控，并为乘客错梯出行提供实时的建议。在空闲期

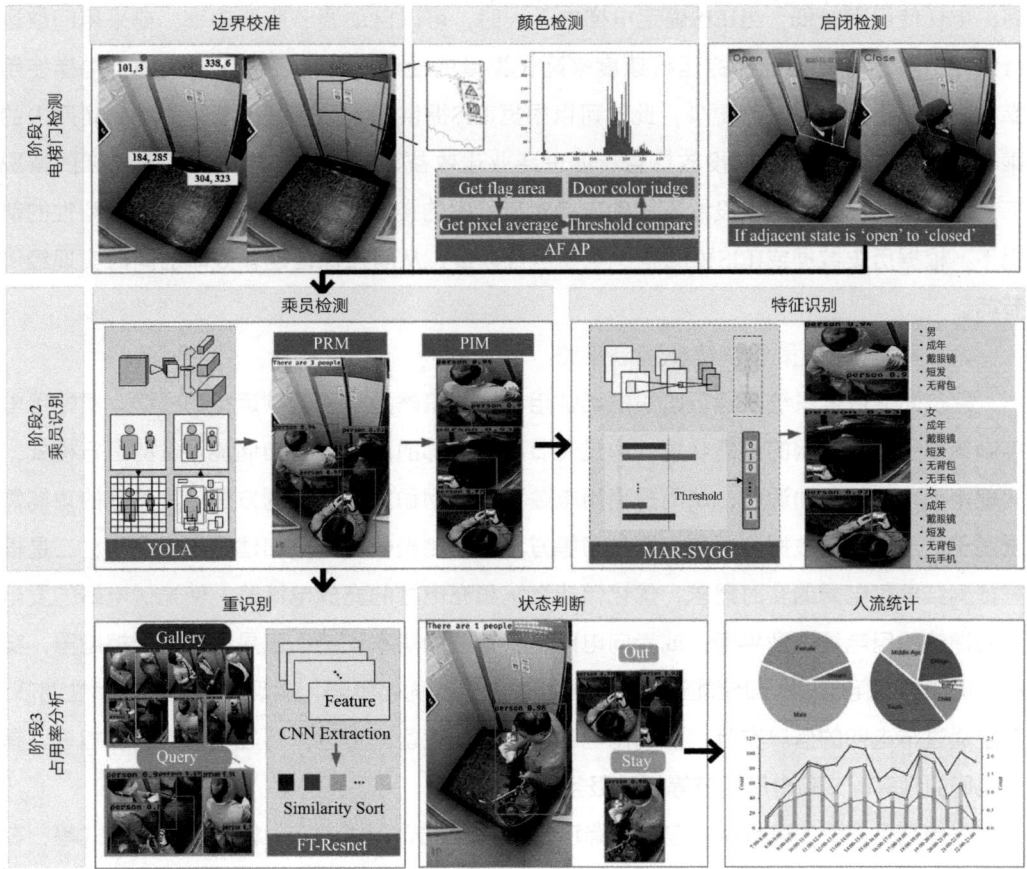

图6-28 某基于计算机视觉的智能电梯信息系统框架

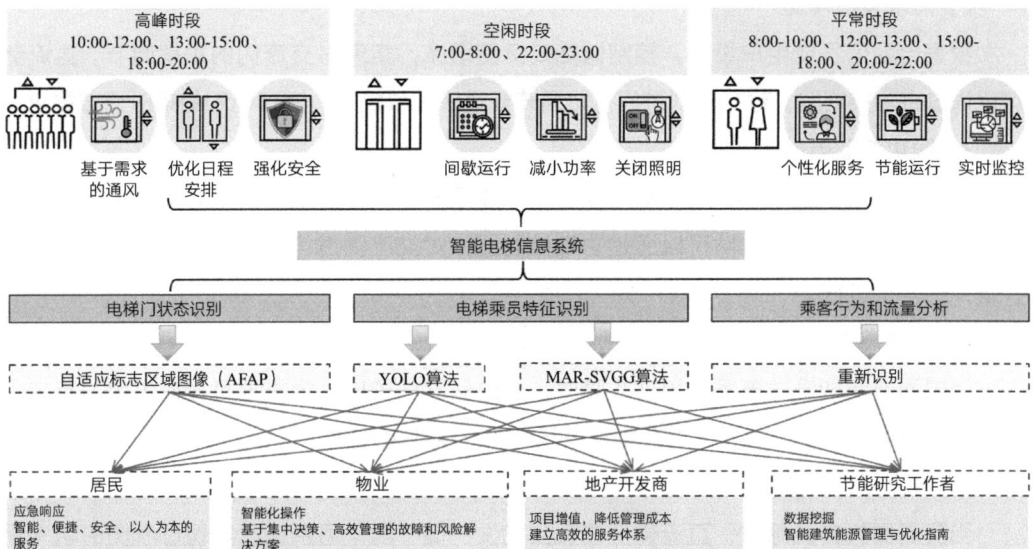

图6-29 基于计算机视觉的电梯低碳运行策略及效益

间，电梯使用率较低，当IEIS确定电梯内无人时，可以自动调节照明功率，或采用间歇运行策略，并通过降低电梯的运行速度来延长设备的使用寿命。在平常时段内，电梯使用率比高峰期更稳定，人流更少，此时可以根据IEIS提供的人员特征识别，为电梯轿厢内的乘客提供个性化服务，如投放广告、促进商业化效益等。在同一楼层有多部电梯的情况下，可以交替运行时间或设置不同的电梯对应不同的楼层区域，在不影响乘客便利性的前提下，根据历史数据或IEIS预测减少电梯运行数量，从而在保证运输效率的同时实现经济节能。

4．建筑光储直柔系统优化控制策略

建筑光储直柔系统在运行阶段的柔性用电控制策略是实现低碳运行的关键。柔性用电控制策略是根据电网的供需状况，通过调节建筑内部的用电设备和储能设备的运行模式，实现用电功率的主动调整，从而提高用电效率和电网稳定性的控制方法。其关键的功能需求在于：一是利用数据分析和机器学习等方法，预测光伏发电量和建筑用电负荷；二是根据预测结果和电网的实时需求，优化储能系统和充电桩的充放电策略，使光伏电站的发电量和建筑的用电量达到平衡，或者向电网提供有益的功率支持；三是通过智能控制器，实时监测和控制用电设备和储能设备的运行状态，执行优化策略，实现用电功率的柔性调节；四是通过与电网的信息交互，协调用电设备和储能设备的运行，响应电网的调度指令，参与电网的频率调节和电压调节等辅助服务。

光储直柔典型的运行模式包括削峰填谷/经济模式、需求响应、限功率取电模式等，在实际的系统运行中，一般可以根据电网和用户的需求进行自适应或者系统控制的切换。

1）削峰填谷/经济模式

根据电价和负荷的变化，调节储能的充放电，实现发电、用电、储电的最大收益。直流侧可以通过无功控制器，对交流侧进行无功补偿或实时功率平衡，优化系统的经济效益。

2）需求响应模式

根据电网信号或用户设定，控制储能或负荷增减，实现对交流侧的功率调节。直流侧可以通过有功控制器，对交流侧进行有功调节或功率因数校正，满足电网的短时调节需求。

3）限功率取电模式

根据电网的容量限制，对储能充放电和新能源发电进行控制，实现对交流侧的恒定功率取电。该模式下，直流侧可以通过功率控制器，对交流侧进行功率限制或功率跟踪，保护电网的安全运行。

4）应急模式

当电网或新能源发电系统出现故障时，启动储能的放电，为重要负荷提供电力支持。直流侧可以通过电压控制器，对交流侧进行电压稳定或电压调节。

5）直流侧孤网模式

当交流侧失去电源时，直流侧形成孤立的发—储—配—用系统，实现直流侧的功率平衡和电压稳定。直流侧可以通过直流微网控制器，对直流侧进行功率分配或电压控制，实现直流侧的自主运行。

在以上运行模式中，需求侧响应是一种利用市场化机制，通过调节建筑用电负荷，实现电网供需平衡和用能效率优化的有效方式。如深圳的未来大厦"光储直柔"项目，基于直流配电技术实现了柔性负荷调节，同时，建立了电网直接调控的技术条件，基于楼宇管理系统，构建了建筑虚拟电厂平台，实现建筑需求响应运行，并具备接入多栋建筑进行负荷聚集的条件和日常及紧急调度的技术条件，如图6-30所示。

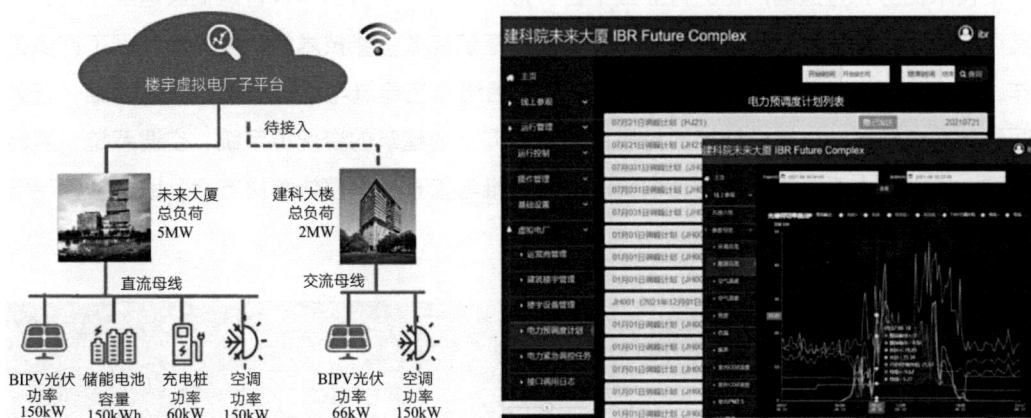

图6-30 未来大厦"虚拟电厂"平台界面

在未来大厦与电网的联合测试中，虚拟电厂平台展现出了有效的调节能力。当接收到电网的响应功率指令后，平台通过AC/DC系统有效地调节直流母线电压，并精确控制储能电池的放电功率，将平均60kW的电力消耗在半小时内降低到了28.9kW，实现了51.6%的削峰比例，如图6-31所示。此外，测试过程中，空调系统也展现出良好的调节性能，从平均40kW降低到20kW，削峰比例达到50%左右。测试结果显示了虚拟电厂平台和空调系统在电力需求响应中的应用潜力，可为实现更高效、更可持续的柔性用电管理提供借鉴。

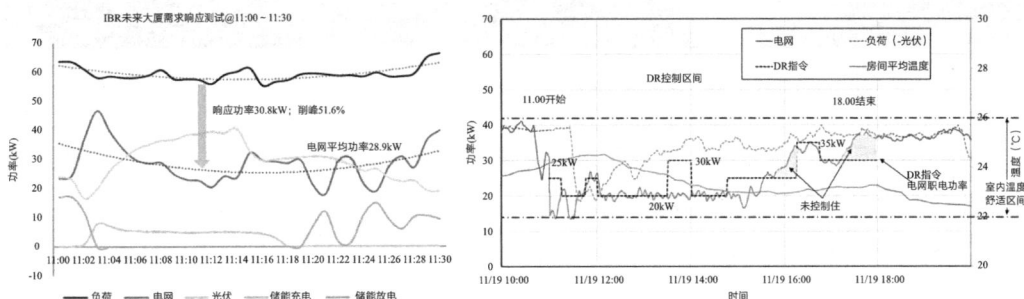

图6-31 未来大厦需求响应测试曲线
（资料来源：中国光储直柔建筑战略发展路径研究项目组）

6.3.3 服务提升

6.3.3.1 建筑能效云整体解决方案

针对建筑的高效运维管控，随着各行业数字化进程的不断推进与云计算技术的不断发展，建筑行业云技术近年来也逐渐形成体系，各类国产化的云平台技术也蓬勃发展。为了响应行业数字化运维管理的需求，助力国家"双碳"战略目标，需结合国内各企业云平台建设技术优势，打造国产化的行业云平台，形成基于云平台的建筑智慧低碳运维新模式。其中，中国建筑科学研究院有限公司近年来在建筑能效运维技术的研发方面开展了许多工作，其牵头开发的建筑能效云V1.0（图6-32）围绕绿色建筑与建筑节能、建筑运维、智慧园区等重点领域，以能源管控的提质增效为导向，为建筑的变配电系统、空调系统、照明系统、给水排水系统等建筑能源系统的高效运维与管理提供整体解决方案，助力绿色建筑服务能力提升。

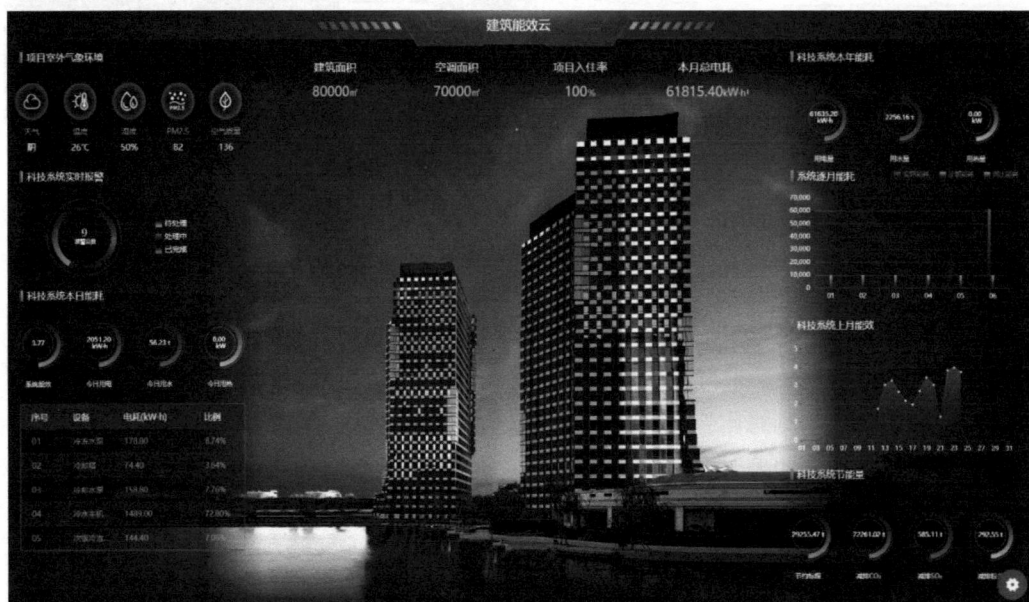

图6-32 建筑能效云界面

在产品的研发理念方面，通过采用自主研发的平台架构、AI算法，充分运用国产技术，定向研发基于我国国情、满足于我国建筑"双碳"及"数字化"需要、联通产业上下游的SaaS服务体系。建设以多元信息为基础，国有云设施为底座，国产自主技术为核心，建筑智慧与低碳运维为总目标的建筑行业能效云智慧运维平台。在产品的应用部署方面，以SaaS服务方式面向所有企业用户，在边缘侧通过标准化成套柜快速将建筑各用能系统接入实现统一运维，满足建筑能耗信息、用电设备相关属性信息、建筑能耗系统的诊断信息和数据的可视化分析应用搭建，在云侧完善系统的调度优化、故障诊断等功能，实现建筑能效管理的云边一体化体系构建。

1. 服务功能（SaaS）

依据顶层功能设计，结合建筑节能领域科技创新基础，在满足市场需要的同时，结合标准和科研成果进行精细化功能实现，服务功能如图6-33所示。

1）基于数据驱动的智慧管控

基于数据驱动的能源分析技术，对海量能源运行数据进行深度挖掘。同时，对智能电网模型、可再生能源模型、需求侧数据模型等进行持续模拟训练，其负荷及能源预测模型能够实现精准的需求侧响应和集中调度管理。

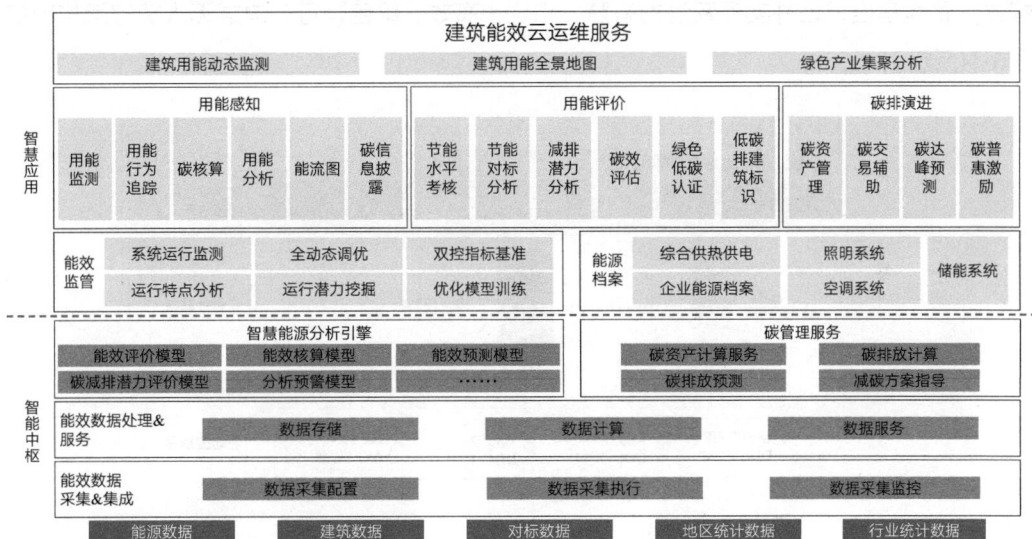

图6-33 建筑能效云SaaS服务功能架构图

2）基于机器学习的故障诊断

对用能系统、用能设备的运行数据、变化趋势进行实时的AI跟踪，充分挖掘历史用能数据，分析特点和规律。可对异常报警实施及时的分析诊断，并以多方式提醒用户根据告警产生时间、类别、严重等级等条件进行历史数据检索和处理。

3）基于管理需求的运维服务

全面展示接入的建筑楼宇的实时用能情况，快速了解建筑用能情况及分项实时数据。基于大数据和AI算法对运行数据进行动态分析及智能优化，指导系统维持高效运行。同时，提供运行分析、能效分析、故障分析、能源报表等多类型运维配套服务，提高整体运维效率。

4）基于自适应管控的能效管理

根据建筑各能源系统的运行数据，结合系统运行特点，建立起一套基于数涵盖建筑能源系统运行监测、设备管控、自适应调节、自学习优化等功能的全过程动态控制技术，保障并实现系统的高效运行。

5）基于管理需求的碳排放管理

根据建筑的各项用能数据，结合标准进行建筑碳排放、碳汇等计算，形成碳资产汇总。通过建筑碳排放综合分析工具，可结合大数据及AI技术进行建筑碳排放预测，提出相应的减碳指导。

2. 建筑能效云应用部署

建筑能效云的建设应用包括边缘侧部署的无人值守智慧管控系统与云端的优化平台等。其中，边端无人值守智慧管控平台是通过统筹一定区域内的建筑能源系统，提高能效管理的科学性。在建筑能源系统的本地侧，构建了基于数据驱动的全动态控制系统，涵盖系统运行监测、设备管控、自适应调节、自学习优化等功能板块，形成无人值守智慧运维模式，最大程度保证并实现系统的智慧、稳定、高效、绿色运行。边端无人值守架构图如图6-34所示。

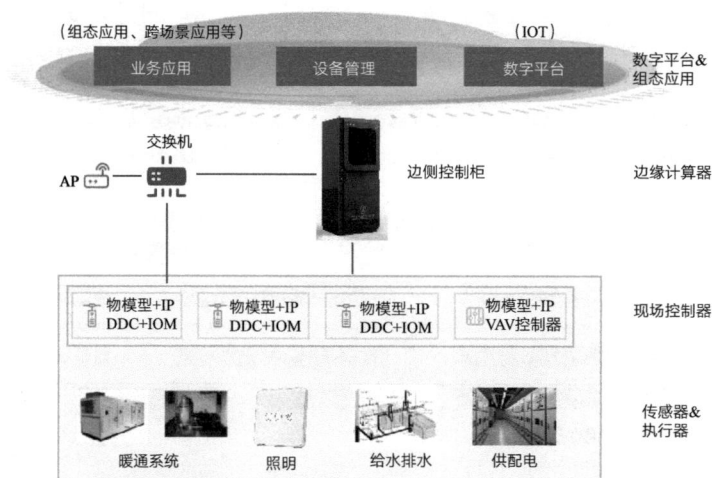

图6-34 边端无人值守架构图

云端AI驱动全过程赋能平台是在云服务侧的一站式云服务功能采购系统，用户可以结合自身需求自由选择、组合各功能板块。在功能实现方面，利用云平台相关AI算法和数据分析能力，充分发掘数据价值，打造建筑能源系统的数据知识库，形成分析结论和决策建议，实现系统的全过程持续优化。通过云服务模式，将能效管理专家经验流程化、服务化，实现多建筑系统的统一运营。融合专家经验和AI算法实现故障自动诊断与智能调优，达成系统高效运营和节能减碳目标，赋能建筑能源系统能效提升。

3. 能效云应用效果

建筑能效云融合了基础设施的建设部署和应用，能够更好地匹配各类型能效监控系统和多样化应用场景。整合了IaaS基础设施、PaaS平台和SaaS应用的一整套特定能效监控应用场景下的云服务，并将数字感知层、通用数据模型、SDWAN、容器、API、行业组件、标准和安全解决方案整合到建筑行业能效云上，可为建筑运维管理部门带来较大的社会和经济效益。在绿色建筑项目上，能效云可使建筑用能普遍降低10%～15%，运维管理效率提升20%～30%，运维人员减少30%，管理成本降低20%（图6-35）。

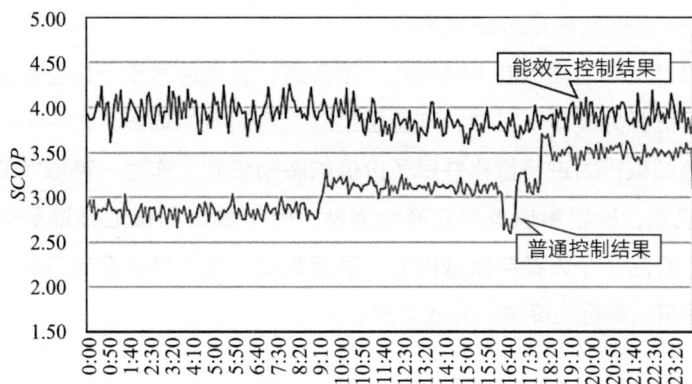

图6-35 不同控制模式下系统SCOP变化对比

6.3.3.2 运维管理服务提升

绿色建筑运行过程低碳性能发挥不仅取决于采用先进的运行优化技术，高效的运维服务和管理同样密不可分，具体包括从源头减少废弃物产生、采用绿色低碳的清洁产品与维护服务、进行更全面的人员培训等。在此过程中，需建立绿色建筑系统性运维管理服务制度，多措并举，全面降低建筑运行中的碳排放。

1．从源头减少废弃物产生

制定并实施完善的废弃物管理制度有助于从源头减少废弃物的产生。对于办公建筑，可在公司层面对运营中产生的废弃物进行评估，明确回收率目标及适当的员工激励措施，并每年进行减碳目标的达标验证。潜在的从源头减少废弃物产生的方式包括：通过使用电子文档和电子签名，或者使用回收纸等，减少纸张用量；开会时，采用绿色会议方式，或者使用经过绿色认证的酒店、会议中心，降低会议碳排放；针对消费品（如电子设备、办公用品、纸张、金属）、日常维护物品（如荧光灯和LED灯）以及建筑装修物品（如吸声顶棚、地毯和家具），可设置专用的回收箱和标识，方便使用者进行分类投放，或与专业的回收公司合作，定期收集和处理回收物等。

2．采用绿色低碳的清洁产品与维护服务

绿色建筑维护中，使用环保的清洁用品，并采用节能低碳的清洁和维护方法，可有效降低清洁维护过程中的碳排放，如采用浓缩的清洁剂以减少包装垃圾的产生量，通过综合虫害治理（IPM）手段可减少场地绿化中农药和除草剂的使用，同时制订用能系统预防性维护、过滤器定期更换的系统性计划等，均是绿色建筑运维服务提升关注的重要内容。

3．进行更全面的人员培训

绿色建筑运行过程中涉及多方面的人员，包括建筑使用者、物业经理和维护人员等。为保证绿色建筑运维管理的质量和效果，需要对相关人员进行更加全面的培训。对于建筑使用者，可采用低碳调研、宣传、设立清晰的标牌和激励计划等方式吸引其参与到低碳行动中；对于运维管理人员，可为其提供低碳管理相关工具支撑，保证运维管理人员能够根据设计意图操作和维护用能设施，具备以低碳为目标对建筑碳排放进行管理的综合能力。

4．依靠碳普惠机制实现碳减排激励

伴随碳排放领域市场化机制不断成熟，碳普惠、碳交易等市场化管理手段逐渐成为绿色建筑低碳运行的强力支撑。其中，碳普惠是以生活消费为场景，对中小微企业、社区家庭和个人的绿色减碳行为进行量化并赋予价值的激励机制。作为一种绿色低碳发展的创新性自愿碳减排机制，碳普惠通过建立商业激励、政策鼓励和核证减排量交易等低碳行为正向引导机制，开启了个人参与碳减排的一扇新窗口，是引导公众参与绿色生活的重要途径，也是绿色建筑倡导行为降碳的有效支撑。

7

第 7 章　绿色建筑碳审定核查

7.1

绿色建筑碳核查发展现状

7.1.1 审定核查发展现状

7.1.1.1 审定核查相关概念

▶ 审定是根据约定的审定准则对一个GHG项目计划中的温室气体声明进行评价,以确定满足审定准则的程度所进行的系统、独立并形成文件的过程,以及能否认为其实施将产生项目计划中所述的拟产生的GHG减排和清除。

核查是根据约定的核查准则对GHG声明进行评价,以确定满足核查准则的程度所进行的系统、独立并形成文件的过程。审定主要是对项目文件的审查,其实质性部分主要在第三方机构的办公场所完成,项目往往还未开工,一般只是核实确认项目文件中的一些信息,与核查活动中的现场核查尚有较大区别。

绿色建筑温室气体审定是根据审定准则对一个绿色建筑项目计划中的温室气体总量进行系统的、独立的评价并形成文件,以确定绿色建筑的温室气体项目计划是否符合约定的准则,以及能否认为绿色建筑项目的实施将产生项目计划中所述的拟产生的与基准线情景相比较的减排量。

绿色建筑温室气体核查是根据核查准则,通过提供客观证据和支撑资料,对项目进行系统的、独立的评价,对绿色建筑项目温室气体排放量和相关信息进行全面核实、查证的过程。

7.1.1.2 温室气体审定核查

在我国"3060双碳"目标下,审定核查是促进碳减排市场有效运行的重要环节。进行审定核查能够摸清企业或项目的排放现状,可以为碳减排量提供数据支撑。

温室气体的审定核查已经被广泛应用于碳排放、碳足迹、产品环境声明等可持续发展方向,服务于温室气体的减排管理和减排交易。在我国,温室气体的审定核查是一种刚起步的、比较新颖的合格评定形式。国际上和我国都采用第三方审核的方式来确保审定核查的准确性和一致性，从而能够为项目审批、碳排放配额分配以及碳减排量化提供重要的支撑依据。

2001年9月国际上发布了第一版《温室气体议定书企业核算与报告准则》，也是最早的针对企业的碳排放的准则。这套准则的灵活与实用性得到了行业、企业、非政府组织和政府的广泛认可和采纳。2006年ISO公布了ISO 14064：2006系列标准，温室气体排放声明不确定度在全世界进行了统一；同年，《2006年IPCC国家温室气体清单指南》发布，该清单为温室气体的排放和清除估算提供了指导。2008年，英国标准协会发布了第一部产品碳足迹核算标准《PAS2050：2008商品和服务在生命周期内的温室气体排放评价规范》。

为了实现控制温室气体排放目标，同时满足国际履约要求，我国碳排放核算进行了大量的工作。分别在1994年、2005年、2010年、2012年和2014年向《联合国气候变化框架公约》提交了国家温室气体清单。从"十二五"开始，我国开始逐步建立国内碳排放交易市场，2011年10月29日发布了《关于开展碳排放权交易试点工作的通知》。从北京市、上海市、广东省等7个省市开展试点，编制地区企业碳排放量化和报告指南以及第三方核查指南，2012年，发布了《中国温室气体自愿减排交易活动管理办法》，并陆续发布24个行业企业温室气体排放核算方法与报告指南。先后分12批共备案200个项目碳减排核算方法学。

2019年，ISO发布了ISO/IEC 17029，该标准规定了温室气体排放声明、环境声明、环境足迹、环境标签、审定核查等第三方机构需要遵循的原则和要求。

为加强全国范围内温室气体排放的控制和管理，规范碳排放权交易及相关活动，2020年12月25日，生态环境部发布了《碳排放权交易管理办法（试行）》。2022年4月22日，国家发展改革委、国家统计局、生态环境部印发《关于加快建立统一规范的碳排放统计核算体系实施方案》，明确了"十四五"时期全国及地方、行业企业、产品碳核算和国家温室气体清单编制等重点任务。2023年10月19日，生态环境部、国家市场监督管理总局公布《温室气体自愿减排交易管理办法（试行）》，是我国开展市场机制控制和减少温室气体排放的有益补充，也是一项推动"3060"目标实现、调动全员参与温室气体减排的重要制度创新和举措。

2023年12月27日，国家市场监督管理总局发布了《温室气体自愿减排项目审定与减排量核查实施规则》，对项目审定与减排量核查的依据、基本程序和通用要求作出明确规定。为我国自愿减排交易市场的有序运行提供了制度保障，为第三方机构规范开展审定/核查活动提供了指导，能够有效规范我国审定/核查活动的一致性和科学性。

7.1.1.3 国内温室气体审定／核查工作流程

根据《温室气体自愿减排项目审定与减排量核查实施规则》CNCA-CCER-01：2023，审定核查程序可归纳为：提出审定核查委托、签订委托合同、审定核查策划、文件评审、现场评审、编写审定/核查报告、审定复核、决定与审定核查报告签发、记录保存等九个步骤。具体如图7-1、图7-2所示。

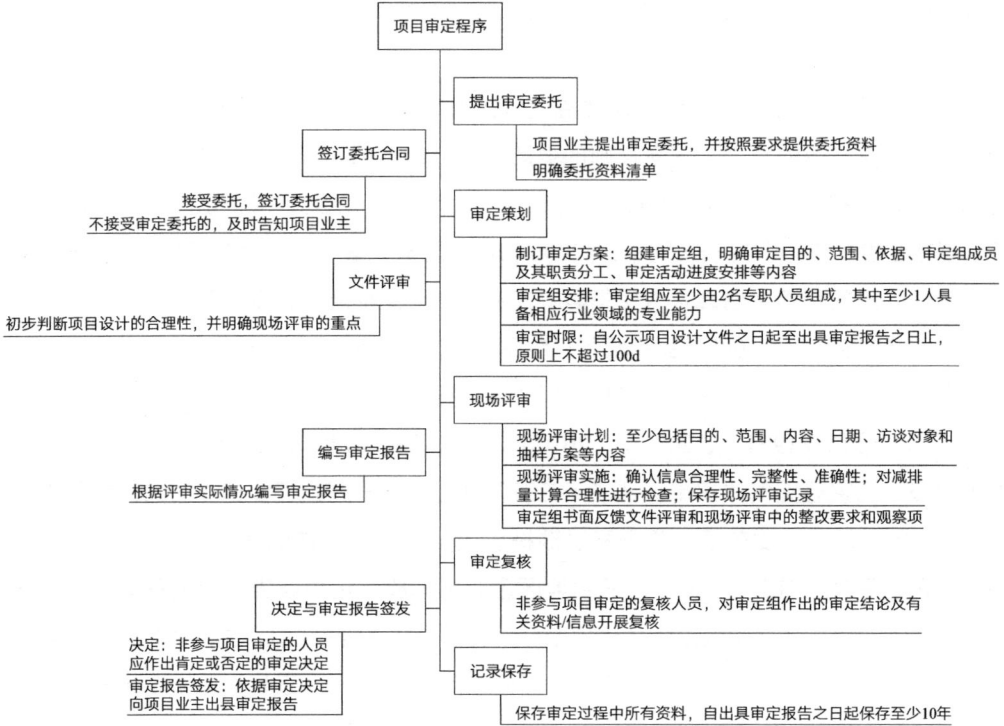

图7-1 项目审定程序

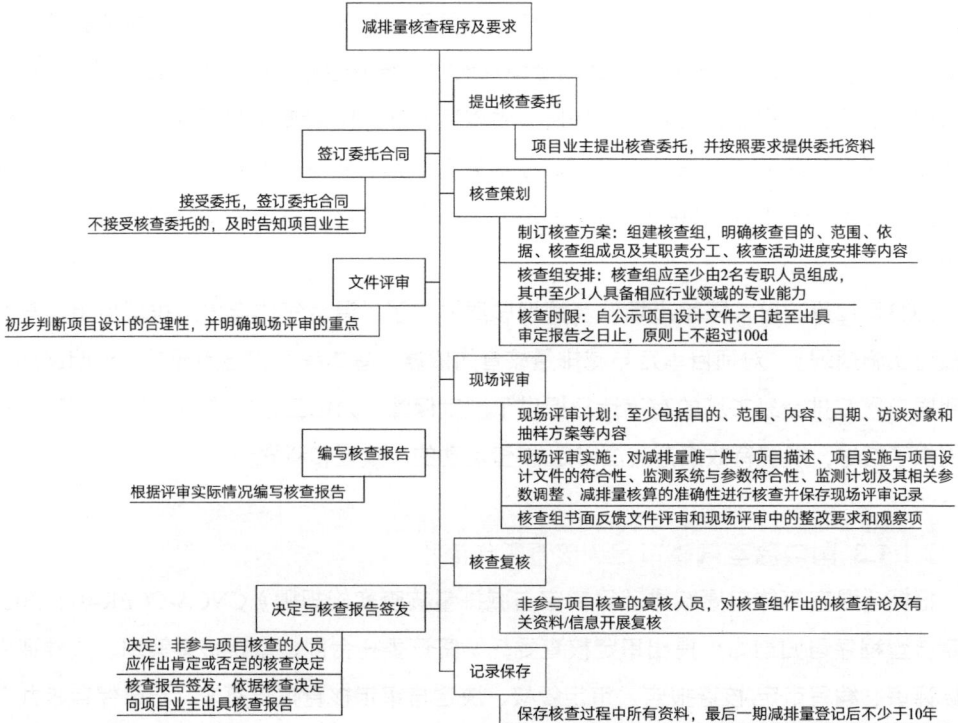

图7-2 减排量核查程序

7.1.2 碳足迹、碳标签（标识）探索

7.1.2.1 碳足迹与碳标签

"碳足迹"的概念最早由加拿大生态经济学家William E.Rees于1992年提出的"生态足迹"演变而来。碳足迹是指在一定的时间和技术条件下，由于个人、组织、活动或产品直接和间接产生的温室气体排放量，用于描述其对环境影响。通常以二氧化碳当量（CO_2eg）表示。碳足迹按照相关度可分为生产生活中直接使用化石能源造成的碳排放量的第一碳足迹，以及购买和使用商品，因为生产、运输、销售、回收等过程间接产生的碳排放量的第二碳足迹。碳足迹按照尺度可分为个人、产品、企业、国家四个层次。

碳标签（标识）是将碳足迹信息通过量化指数表示，以标签形式告知的手段。碳足迹越大，则碳标签数值越大，反之越小。碳标签呈现的碳足迹信息应该通过第三方机构审定/核查。碳标签一般被分为机构碳标签和产品碳标签。目前，机构碳标签数量较少，是一个机构内所有活动的温室气体排放量。产品碳标签是目前最多的呈现形式，是一个产品或服务在一个完整生命周期内排放的温室气体总量。

7.1.2.2 国内外碳足迹与碳标签探索

1.国家层面出台碳足迹相关标准和法规

多国及组织出台碳足迹相关政策，指导碳足迹发展。英国出台PAS 2050标准并建立碳信托公司，泰国建立温室气体管理局，欧盟提出了碳排放交易体系（EU ETS），要求纳入该体系的工业企业报告其碳排放数据。2009年日本公布了 TS Q0010《产品碳足迹评估和标签的通则》。同年法国通过了《格勒诺环境法案》，法案规定，从2011年开始必须通过标记等合理方式告知消费者产品及其包装的碳含量。世界自然基金会（WWF）等国际组织也开展碳足迹的相关研究，2023年8月，欧盟出台了《欧盟电池和废电池法规》，该法规对电池全寿命周期管理进行了规范。

2.企业层面积极强化供应链碳足迹要求

英国连锁百货Tesco、可口可乐、Boots等许多厂商率先通过Carbon Trust公司推出了碳标签产品。自2008年起，德国启动了产品碳足迹试点工作，吸引了BASF、DSM、Henkel、REWE集团等众多德国企业参与。同年，苹果公司开始关注碳排放的情况，并对企业自身碳排放情况进行了核算。

3.中国积极探索碳足迹管理

中国的碳足迹管理从国家层面开始出台相关政策文件，地方政府逐步跟进，从指导方案、标准建设以及落地实践等方面进行了积极的探索。2021年10月国务院印发《2030年前碳达峰行动方案》，该方案要求建立重点企业碳排放核算、报告、核查等标准，探索建立重点产品全寿命周期碳足迹标准。2022年8月国家市场监督管理总局发布《"十四五"认证认可检验检测发展规划》，规划提出要规范开展碳足迹、碳标签等认证服务。与此同时，

各个省份也加速推动了碳足迹的发展。2021年北京市发布《电子信息产品碳足迹核算指南》。2022年，深圳市印发了《创建粤港澳大湾区碳足迹标识认证推动绿色低碳发展的工作方案（2023—2025年）》。2023年，山东省印发《山东省产品碳足迹评价工作方案（2023—2025年）》。青岛市首先启动试点工作，并颁发全市首批碳足迹核查证书。

7.1.2.3 世界范围内碳足迹的探索

碳足迹相关标准主要有 ISO系列标准、英国PAS 2050 规范、《IPCC 国家温室气体清单指南》以及《温室气体议定书》等，2008年，我国将ISO 14040/ISO 14044转化为国标，同年引入PAS 2050碳足迹评价方法并发布中文版。2013—2014年，国家发改委发布《碳排放权交易管理暂行办法》以及10个行业的《企业温室气体排放核算方法与报告指南（试行）》等文件和对应国家标准。

一般意义上的建筑碳足迹指的是建筑全寿命周期的碳排放量。国际标准化组织和英国PAS 2050标准中对建筑全寿命周期碳足迹给出了明确定义，是指每功能单位的建筑产品在从规划设计到拆除废弃整个生命周期内的温室气体排放总量。国家标准《建筑碳排放计算标准》GB/T 51366—2019中对建筑碳排放定义，建筑物在与其有关的建材生产及运输、建造及拆除、运行阶段产生的温室气体排放的总和，以二氧化碳当量表示。

1）美国

20世纪70年代，全球爆发石油危机，美国政府开始制定并实施能源效率标准。1975年，颁布实施了《能源政策和节约法》，1992年，制定了《国家能源政策法》，1998年，公布了《国家能源综合战略》，2005年，出台了《能源政策法案》，2007年，出台了《建筑节能法案》和《低碳经济法案》，2009年，制定了《美国绿色能源与安全保障法案》，推行"能源之星建筑标识"。1996 年，美国绿色建筑委员会推出LEED建筑评价体系，随着LEED体系的不断发展，开始对建筑碳排放量进行规定。

2）英国

英国是最早进行建筑碳足迹研究的国家之一，1990年，英国制定了包含碳排放量计算模型和数据的绿色建筑评估体系（BREEAM）。2001年，英国建筑研究院开始了产品环境声明研究，同时开发了绿色指南评价数据库。英国内政部颁布了SAP对住宅进行综合评价，该评价体系包含了碳排放率及其对环境影响级评价指标。2006年，发布《可持续住宅法案》，对建筑碳排放提出了具体的要求与目标，从建筑运行、建筑维护和能源利用等九个方面对建筑碳足迹进行了评价。

3）德国

德国是最早开始建筑节能工作的国家之一，1976年，颁布《建筑节能法》，2001年，出台《建筑节能保温及节能设备技术规范》。2004年发布《德国国家可持续发展战略报告》，要求要减少不可再生能源的使用，降低二氧化碳的排放。2007年，德国非营利组织可持续性建筑委员会（DGNB）建立德国可持续建筑认证标准。DGNB在建筑碳排放方面作了大量的研究，并根据实践数据建立了建材和设备碳排放数据库。

4）日本

1997年，日本建筑师学会建议采用绿色环保的建筑材料等来降低建筑全寿命周期的碳排放。1999年，日本建筑师学会出版《建筑物的生命周期评价指南》并发布了全寿命周期碳排放模拟计算软件，通过大量时间获得了丰富的碳排放数据。2002年，日本建筑师学会推出建筑物综合环境性能评价体系（CASBEE）。

5）中国

我国对建筑碳足迹研究起步比较晚。2009年10月，生态环境部启动实施产品低碳计划，将给予符合低碳认证的产品加贴低碳标签；2010年，召开了"应对气候变化专项课题——我国低碳认证制度建立研究"；2012年，召开"建筑碳排放计算方法国际研讨会"；2013年，制定《低碳产品认证管理办法》。2006年，在借鉴国外先进经验基础上，结合我国的国情发布了《绿色建筑评价标准》GB/T 50378—2006；2019年，我国针对建筑碳排放的第一部国家标准《建筑碳排放计算标准》GB/T 51366—2019正式发布实施。

7.2
绿色建筑碳排放审定核查研究

7.2.1 基于全寿命期的新建绿色建筑审定方法研究

7.2.1.1 新建绿色建筑碳排放审定阶段

▶ 对于新建绿色建筑的碳中和审定工作，需要考虑绿色建筑整个全寿命周期。我国对建筑全寿命周期阶段的划分还没有完全统一的定义，不同的研究学者，对建筑全寿命周期的划分方法不尽相同，本文综合了大量文献研究，如表7-1所示，将绿色建筑全寿命周期碳排放划分为以下八个阶段，如图7-3所示。

时间	作者	研究对象及边界	划分阶段	文献名称
2018年4月	张孝存	建筑单体	建材生产过程、建筑建造过程、建筑运行过程、建筑处置过程	《建筑碳排放量化分析计算与低碳建筑结构评价方法研究》
2018年12月	伊长生等	低碳建筑	设计、施工、运营和拆除	《基于碳排放核算的低碳建筑全寿命周期评价及其决策应用》
2019年5月	郭春梅等	天津某绿色办公建筑	物化阶段、使用阶段以及废弃阶段	《基于绿色建筑评价体系的绿色建筑全寿命周期碳排放核算模型构建与实例分析》
2019年8月	住房城乡建设部、市场监管总局	民用建筑：单栋建筑或建筑群	规划、设计、施工、运行阶段	《绿色建筑评价标准》GB/T 50378—2019
2019年12月	住房城乡建设部、市场监管总局	新建、扩建和改建的民用建筑，以单栋建筑或建筑群为主	建筑运行阶段、建造及拆除阶段、建材生产及运输阶段	《建筑碳排放计算标准》GB/T 51366—2019
2021年6月	肖旭东	建筑单体	设计决策阶段、建材生产及运输阶段、建造施工阶段、运营维护阶段、拆除处置阶段	《绿色建筑生命周期碳排放及生命周期成本研究》
2022年6月	蒋超等	单体建筑	建筑运行阶段、建材生产和运输阶段、建筑建造及拆除阶段	《绿色建筑全寿命周期碳排放计算实践与探讨——以重庆市设计院建研楼工程为例》
2022年7月	陈华盾等	建筑单体	前期准备阶段、建造物化阶段、使用维护阶段、拆解回收阶段	《基于过程的建筑全寿命周期碳排放核算问题及对策》
2022年11月	韩海青	某具体绿色建筑项目	前期策划、规划设计、施工、运营	《绿色建筑全寿命周期建设工程管理和评价体系研究》
2023年2月	陈嘉雯等	建筑单体	建材生产阶段、建材运输阶段、建筑建造阶段、建筑运行阶段、建筑拆除阶段	《基于〈绿色建筑评价标准〉的绿色建筑减碳技术分析与碳减排量核算研究》

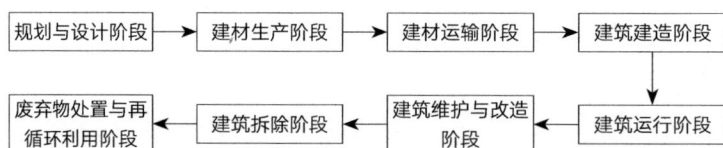

图7-3 绿色建筑全寿命周期碳排阶段

7.2.1.2 绿色建筑各阶段碳排放

绿色建筑全寿命周期各阶段碳排放计算应包含《IPCC国家温室气体清单指南》中列出的各类温室气体。

1. 规划与设计阶段

建筑规划设计阶段的碳排放主要是指绿色建筑从项目开发策划、项目规划方案，到图纸完成，规划及设计单位投入相关人员、物力时所产生的碳排放总和。综合国内外的文献和行业调研发现，国内外对于绿色建筑规划和设计阶段碳排放相关的研究比较少，《建筑碳排放计算标准》GB/T 51366—2019也未包含规划与设计阶段，主要原因是规划与设计阶段产生的碳排放量较小，因此目前国内还没形成比较统一的计算方法。在整个规划与设计期间，碳排放主要来源为规划单位和设计单位内部设备和工具所产生的碳排放，比如办公人员投入、计算机投入、照明设备投入、空调设备的投入、采暖设备投入以及其他设备工作产生的碳排放。

2. 建材生产阶段的碳排放

建筑材料生产阶段碳排放主要包含从原材料开采、运输和制造成产品的碳排放总和。一是建筑材料的原材料开采时因为人员、设备投入等所产生的碳排放，比如原材料开采时消耗的能源等。二是从开采地点运输到生产厂的运输碳排放。三是原材料加工成产品过程中能源消耗所产生的碳排放。

3. 建材运输阶段的碳排放

建材运输阶段碳排放主要包括绿色建筑建造所需材料从工厂运输到工地所产生的碳排放，与运输方式、使用能源和运输距离直接相关。建材的运输方式主要分为水路运输、航空运输、公路运输、铁路运输。建材运输主要消耗的能源有电力、汽油、柴油、水等。

4. 建筑建造阶段的碳排放

建筑建造阶段碳排放主要指施工方根据设计图纸进行绿色建筑建造，施工机械消耗能源所产生的碳排放，是建筑工程全寿命期最关键的环节之一。建筑建造阶段碳排放主要包括各个分部分项工程和措施项目中使用的施工机械台班消耗量、能源用量、小型机械施工工具的能源消耗量以及在整个施工建造过程中临时设施的能源消耗，比如工人和项目部相关人员的项目部办公用电、用水等能源消耗。

5. 建筑运行阶段的碳排放

建筑运行阶段的碳排放主要是指在建筑竣工验收投入使用以后，建筑在整个运行过程中所产生的碳排放，主要包括暖通空调系统、给水排水系统、照明系统、冷热水系统的能源消耗，以及制冷剂的逸散所产生的碳排放。

6. 碳汇

绿色建筑碳汇是指在绿色建筑的项目范围内，由于项目范围内的绿地植被、建筑物植被或者其他碳捕集技术等从空气中吸收并存储二氧化碳的能力。通过碳汇技术可以降低温室气体的排放量。

7. 碳抵消

碳抵消是指利用一定的方式来减少排放源或者是增加温室气体吸收来抵消排放的活动建筑或区域碳抵消可通过绿色电力交易、碳排放权交易等非技术措施实现。

8. 建筑维护与改造阶段的碳排放

我国建筑的一般运行年限为50年，在整个建筑运营过程中，因部分结构（非同寿命建筑围护结构等）、设备等使用寿命到期后需要进行维护或者更换，或者因为建筑老旧进行建筑更新，老旧建筑改造或者建筑功能增加时，需要对部分构件进行更新或者建造的过程，因使用新的建筑材料或者施工能源消耗所产生的碳排放。

9．建筑拆除阶段的碳排放

建筑拆除阶段碳排放是指绿色建筑达到使用寿命以后或者不再满足使用功能需求以后，对整个建筑物进行拆除过程中的碳排放。主要的碳排放来源是拆除过程中使用施工机械时所使用的能源碳排放。

10．废弃物处置与再循环利用阶段的碳排放

废弃物处置与再循环利用阶段碳排放是指在进行建筑拆除以后会产生大量的建筑垃圾，需要对建筑垃圾进行填埋或者再生回收处理过程的碳排放。主要包含了建筑垃圾的运输过程所产生的碳排放和建筑垃圾回收再生循环利用过程产生的碳排放。

7.2.1.3 新建绿色建筑碳排放审定指标体系

1．构建层次分析结构模型

新建绿色建筑全寿命周期碳排放审定指标体系不涉及权重的计算，所以本次仅运用层次分析法进行指标层次结构的构建。通常情况下将研究目标系统中的各因素分成三个层次，即目标层、准则层、指标层。将三个层次各类因素之间的直接影响关系依次排列，即构成了层次结构图，如图7-4所示。

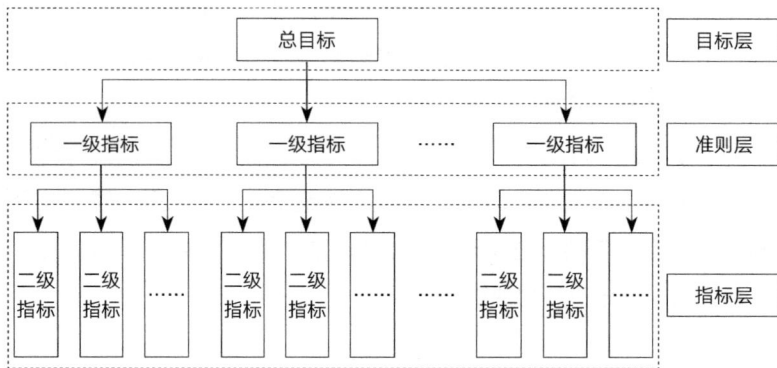

图7-4 层次结构图

2．德尔菲法确定指标体系

德尔菲法（专家调查法），指利用方便的通信方法将待解决的问题分别发送给专家征求意见，分别收取专家意见和建议并进行整理归纳统计，然后反复征询几次意见，最终取得比较一致结果的方法。该方法采用匿名方式，保证了各个专家意见的独立性，通过进行多轮专家问卷调查，最终形成统一意见。使得最后结果既有独立性，又可以集思广益，具有广泛的代表性和较高的可靠性。

本书的德尔菲分析法实施步骤如表7-2所示。

步骤	内容
步骤一：确定专家人选	本研究选定了与绿色建筑全寿命周期碳排放相关的规划、设计单位、原材料生产单位、建筑施工单位、物业运行单位、建筑垃圾再生单位等行业内高级工程师或者项目经理等10人
步骤二：制定征询调查表	根据前面的研究和层次分析法制定新建绿色建筑全寿命周期碳排放审定指标体系调研问卷
步骤三：进行第一轮德尔菲法	将调研问卷逐个发送给各个专家，对各个专家意见进行收集，归纳整理分析，并形成第二轮问卷
步骤四：进行第二轮德尔菲法	将第二轮问卷再次征询专家意见，对返回的意见进行收集、归纳、整理、分析，并形成第三轮问卷
步骤五：进行第三轮德尔菲法	将第三轮问卷再次征询专家意见，对返回的意见进行收集、归纳、整理、分析，经过第三轮征询意见所有结果均收敛，获得新建绿色建筑全寿命周期碳排放审定指标体系

　　本书所建立的新建绿色建筑全寿命期碳排放审定指标体系如表7-3所示。

新建绿色建筑全寿命期碳排放审定指标体系　　　　　　　　　　　　　　　　　　　　　　　　　　表 7-3

一级指标	二级指标	三级指标
规划与设计阶段 C_{gh}	投入人员数量 C_{gh1}	人员数量 C_{gh11}
		平均工作时间 C_{gh12}
		人均工作单位面积电耗 C_{gh13}
建材生产阶段 C_{js}	各原材料消耗量 C_{js1}	各原材料的开采、生产过程产生的碳排放 C_{js11}
	原材料运输 C_{js2}	运输方式 C_{js21}
		运输距离 C_{js22}
	建材生产能源消耗 C_{js3}	能源消耗种类 C_{js31}
		能源消耗量 C_{js32}
建材运输阶段 C_{ys}	建材消耗量 C_{ys1}	各类建材消耗重量 C_{ys11}
	平均运输距离 C_{ys2}	各类建材平均运输距离 C_{ys21}
	运输方式 C_{ys3}	各类建材运输方式 C_{ys31}
建筑建造阶段 C_{jz}	分部分项工程总能源用量 C_{jz1}	施工机械台班消耗量（台班）C_{jz11}
		施工机械单位台班的能源用量 C_{jz12}
		其他小型施工机具的能源消耗量 C_{jz13}
	措施项目总能源用量 C_{jz2}	施工机械台班消耗量（台班）C_{jz21}
		施工机械单位台班的能源用量 C_{jz22}
	施工临时设施能源消耗量 C_{jz3}	能源消耗种类 C_{jz31}
		能源消耗量 C_{jz32}
建筑运行阶段 C_{yx}	能源消耗量 C_{yx1}	建筑物用电量 C_{yx11}
		建筑物燃料消耗 C_{yx12}
		建筑物冷/热水消耗量 C_{yx13}
		可再生能源使用量 C_{yx14}
	制冷剂泄漏量 C_{yx2}	制冷剂初始填充量 C_{yx21}
		运行过程补充量 C_{yx22}
		制冷剂回收量 C_{yx23}

一级指标	二级指标	三级指标
建筑维护与改造阶段C_{wg}	建筑维护C_{wg1}	维护建材生产与运输C_{wg11}
		维护施工总能源用量C_{wg12}
	建筑改造C_{wg2}	改造建材生产与运输C_{wg21}
		改造施工总能源用量C_{wg22}
建筑拆除阶段C_{cc}	能源消耗量C_{cc1}	能源消耗种类C_{cc11}
		能源消耗重量C_{cc12}
废弃物处置与再循环利用阶段C_{ly}	废弃物处置C_{ly1}	废弃物运输重量C_{ly11}
		运输距离C_{ly12}
		运输方式C_{ly13}
	废弃物再循环利用C_{ly2}	回收建材种类C_{ly21}
		回收建材重量C_{ly22}
碳汇C_{th}	绿化碳汇C_{th1}	绿地植被种类C_{th11}
		绿地面积C_{th12}
	碳捕集、利用与封存C_{th2}	碳捕集量C_{th21}
碳抵消C_{dx}	绿色电力交易抵消量C_{dx1}	绿色电力交易抵消量C_{dx1}
	碳排放权交易抵消量C_{dx2}	碳排放权交易抵消量C_{dx2}

7.2.1.4 全寿命周期新建绿色建筑碳排放审定指标体系的核算方法建立

本书的碳排放计算参考《建筑碳排放计算标准》GB/T 51366—2019并在此基础上补充绿色建筑特征的碳排放。根据新建绿色建筑碳排放审定指标体系的范围，绿色建筑全寿命期碳排放计算公式如（7-1）所示。

$$C = C_{gh} + C_{js} + C_{ys} + C_{jz} + C_{yx} + C_{wg} + C_{cc} + C_{ly} - C_{th} - C_{dx} \tag{7-1}$$

式中　C —— 绿色建筑全寿命期碳排放总量；

　　C_{gh} —— 规划与设计阶段碳排放量；

　　C_{js} —— 建材生产阶段碳排放量；

　　C_{ys} —— 建材运输阶段碳排放量；

　　C_{jz} —— 建筑建造阶段碳排放量；

　　C_{yx} —— 建筑运行阶段碳排放量；

　　C_{wg} —— 建筑维护与改造阶段碳排放量；

　　C_{cc} —— 建筑拆除阶段碳排放量；

　　C_{ly} —— 废弃物处置与再循环利用阶段碳排放量；

　　C_{th} —— 碳汇碳减排量；

　　C_{dx} —— 碳抵消。

碳排放计算结果均以千克二氧化碳当量（$kg\ CO_2eq$）表示。

1. 规划与设计阶段碳排放量，一般可按式（7-2）计算

$$C_{\text{gh}}=C_{\text{gh1}}$$ （7-2）

式中　C_{gh}——规划与设计阶段碳排放总量；

　　　C_{gh1}——规划与设计阶段投入人员工作产生的碳排放量。

其中：

$$C_{\text{gh1}}=\sum_{i=1}^{n}C_{\text{gh11}i}\times C_{\text{gh12}i}\times C_{\text{gh13}i}\times F_{\text{电}}$$ （7-3）

式中　$C_{\text{gh11}i}$——绿色建筑规划与设计阶段投入的第i项工作的人员数量；

　　　$C_{\text{gh12}i}$——第i项工作人员的平均工作时间；

　　　$C_{\text{gh13}i}$——第i项工作人员的人均工作单位面积电耗；

　　　$F_{\text{电}}$——电力的碳排放因子。

2. 建材生产阶段碳排放总量，一般可按式（7-4）计算

$$C_{\text{js}}=C_{\text{js1}}+C_{\text{js2}}+C_{\text{js3}}$$ （7-4）

式中　C_{js}——建材生产阶段碳排放总量；

　　　C_{js1}——各原材料消耗量开采与生产过程产生的碳排放量；

　　　C_{js2}——各原材料运输过程中产生的碳排放量；

　　　C_{js3}——各建材生产过程中由于能源消耗产生的碳排放量。

其中：

$$C_{\text{js1}}=\sum_{i=1}^{n}C_{\text{js1}i}$$ （7-5）

式中　$C_{\text{js1}i}$——第i种原材料消耗量的开采、生产过程产生的碳排放量。

其中：

$$C_{\text{js3}}=\sum_{i=1}^{n}C_{\text{js1}i}\times C_{\text{js21}i}\times C_{\text{js22}i}\times F_{i}$$ （7-6）

式中　$C_{\text{js21}i}$——第i种原材料的运输方式；

　　　$C_{\text{js22}i}$——第i种原材料的运输距离；

　　　F_{i}——第i种原材料的运输方式下，单位重量运输距离的碳排放因子。

其中：

$$C_{\text{js3}}=\sum_{i=1}^{n}C_{\text{js31}i}\times C_{\text{js32}i}\times EF_{i}$$ （7-7）

式中　$C_{\text{js31}i}$——第i种能源消耗种类；

　　　$C_{\text{js32}i}$——第i种能源消耗量；

　　　EF_{i}——第i类能源的碳排放因子。

其他计算说明：建材生产阶段的碳排放因子宜选用经第三方审核的建材碳足迹数据。当无第三方提供时，缺省值可按《建筑碳排放计算标准》GB/T 51366—2019附录D执行。若原材料为低价值废料，可忽略该原料上游过程的碳过程。若为再生原料，应按其所替代的初生原料50%计算其碳排放。建筑建造和拆除阶段产生的可再生建筑废料，可按其可替代的初生原料碳排放的50%计算，并应从建筑碳排放中扣除。

3. 建材运输阶段碳排放总量，一般可按式（**7-8**）计算

$$C_{ys}=\sum_{i=1}^{n}C_{ys1i}\times C_{ys2i}\times C_{ys3i}\times F_i \tag{7-8}$$

式中　C_{ys1i} —— 第i种原材料的消耗量；

$\quad\quad C_{ys2i}$ —— 第i种原材料的运输方式；

$\quad\quad C_{ys3i}$ —— 第i种原材料的运输距离；

$\quad\quad F_i$ —— 第i种原材料的运输方式下，单位重量运输距离的碳排放因子。

4. 建筑建造阶段碳排放总量，一般可按式（**7-9**）计算

$$C_{jz}=C_{jz1}\times C_{jz2}\times C_{jz3} \tag{7-9}$$

式中　$\quad C_{jz}$ —— 建筑建造阶段碳排放总量；

$\quad\quad C_{jz1}$ —— 分部分项工程总能源用量的碳排放量；

$\quad\quad C_{jz2}$ —— 措施项目总能源用量的碳排放量；

$\quad\quad C_{jz3}$ —— 施工临时设施能源消耗量的碳排放量。

其中：
$$C_{jz1}=\sum_{i=1}^{n}C_{jz11i}\times C_{jz12i}\times EF_i+\sum_{i=1}^{n}C_{jz13i}\times EF_i \tag{7-10}$$

式中　C_{jz11i} —— 分部分项工程第i种施工机械台班消耗量；

$\quad\quad C_{jz12i}$ —— 分部分项工程第i种施工机械单位台班的能源用量；

$\quad\quad C_{jz13i}$ —— 分部分项工程第i种其他小型施工机具的能源消耗量；

$\quad\quad EF_i$ —— 第i类能源的碳排放因子。

其中：
$$C_{jz2}=\sum_{i=1}^{n}C_{jz21i}\times C_{jz22i}\times EF_i \tag{7-11}$$

式中　C_{jz21i} —— 措施项目第i种施工机械台班消耗量；

$\quad\quad C_{jz22i}$ —— 措施项目第i种施工机械单位台班的能源用量；

$\quad\quad EF_i$ —— 第i类能源的碳排放因子。

其中：
$$C_{jz3}=\sum_{i=1}^{n}C_{jz31i}\times C_{jz32i}\times EF_i \tag{7-12}$$

式中　C_{jz31i} —— 第i种能源消耗种类；

$\quad\quad C_{jz32i}$ —— 第i种能源消耗量；

$\quad\quad EF_i$ —— 第i类能源的碳排放因子。

5. 建筑运行阶段碳排放总量，一般可按式（**7-13**）计算

$$C_{yx}=C_{yx1}+C_{yx2} \tag{7-13}$$

式中　$\quad C_{yx}$ —— 建筑运行阶段碳排放总量；

C_{yx1} —— 整个建筑运行阶段建筑的能源消耗量的总碳排放量；

C_{yx2} —— 建筑运行阶段由于制冷剂泄漏引发的碳排放总量。

其中：
$$C_{yx1}=C_{yx11}+C_{yx12}+C_{jz13}-C_{jz14} \tag{7-14}$$

式中　C_{yx11} —— 建筑物运行用电量的碳排放量；

C_{yx12} —— 建筑物各类燃料消耗用量的碳排放量；

C_{jz13} —— 建筑物冷/热水消耗量的碳排放量；

C_{jz14} —— 可再生能源使用量的碳减排量。

其中：
$$C_{yx2}=\left(\sum_{i=1}^{n}C_{yx21i}+C_{yx22i}-C_{yz23i}\right)\times GWP_i \tag{7-15}$$

式中　C_{yx21i} —— 建筑物运行过程中第i种制冷剂初始填充量；

C_{yx22i} —— 建筑物运行过程中第i种制冷剂的补充量；

C_{yz23i} —— 建筑物运行结束后第i种制冷剂的回收量；

GWP_i —— 第i种制冷剂的全球变暖潜值。

其他计算说明：本研究提出的运行计算适用于已有建筑运行的数据，这些数据可由运行单位提供。当进行绿色建筑运行阶段碳排放预计算时，可根据《建筑碳排放计算标准》GB/T 51366—2019第4节的规定进行。建筑物用电量、建筑物燃料消耗以及建筑物冷/热水消耗量计算可参考下面章节建筑运行碳减排方法学的方法。

6．建筑维护与改造阶段碳排放总量，一般可按式（7-16）计算

$$C_{wg}=C_{wg1}+C_{wg2} \tag{7-16}$$

式中　　C_{wg} —— 建筑维护与改造阶段碳排放总量；

C_{wg1} —— 整个建筑维护的总碳排放量；

C_{wg2} —— 建筑运行阶段由于制冷剂泄漏引发的碳排放总量。

其中：
$$C_{wg1}=C_{wg11}+C_{wg12} \tag{7-17}$$

式中　C_{wg11} —— 建筑维护时建材生产与运输的总碳排放量；

C_{wg12} —— 建筑维护施工时总能源用量的总碳排放量。

其中：
$$C_{wg2}=C_{wg21}+C_{wg22} \tag{7-18}$$

式中　C_{wg21} —— 建筑维护时建材生产与运输的总碳排放量；

C_{wg22} —— 建筑维护施工时总能源用量的总碳排放量。

其他计算说明：建筑维护与改造阶段碳排放的计算可分别参考建材生产阶段C_{js}、建材运输阶段C_{ys}与建筑建造阶段C_{jz}的计算方法。

7. 建筑拆除阶段碳排放总量，一般可按式（**7-19**）计算

$$C_{cc}=C_{cc1} \tag{7-19}$$

式中　　C_{cc} —— 建筑拆除阶段的碳排放总量；

　　　　C_{cc1} —— 建筑拆除阶段能源消耗总碳排放量。

　　其中：

$$C_{cc1}=\sum_{i=1}^{n}C_{cc11i}\times C_{cc12i}\times EF_i \tag{7-20}$$

式中　C_{cc11i} —— 第i种能源消耗种类；

　　　　C_{cc12i} —— 第i种能源消耗量；

　　　　EF_i —— 第i类能源的碳排放因子。

　　其他计算说明：本研究提出的建筑拆除计算适用于已经进行拆除的建筑计算或者根据既有的拆除经验数据进行估算。当进行绿色建筑运行阶段碳排放预计算时，也可根据《建筑碳排放计算标准》GB/T 51366—2019第5.3节的规定计算。

8. 废弃物处置与再循环利用阶段碳排放总量，一般可按式（**7-21**）计算

$$C_{ly}=C_{ly1}+C_{ly2} \tag{7-21}$$

式中　　C_{ly} —— 建筑维护与改造阶段的碳排放总量；

　　　　C_{ly1} —— 废弃物处置阶段的总碳排放量；

　　　　C_{ly2} —— 废弃物再循环利用的碳回收量。

　　其中：

$$C_{ly1}=\sum_{i=1}^{n}C_{ly11i}\times C_{ly12i}\times C_{ly13i}\times F_i \tag{7-22}$$

式中　C_{ly11i} —— 第i种废弃物的运输重量；

　　　　C_{ly12i} —— 第i种废弃物的运输距离；

　　　　C_{ly13i} —— 第i种废弃物的运输方式；

　　　　F_i —— 第i种废弃物的运输方式下，单位重量运输距离的碳排放因子。

　　其中：

$$C_{ly2}=\sum_{i=1}^{n}C_{ly21i}\times C_{ly22i}\times \eta_i\times F_i \tag{7-23}$$

式中　C_{ly21i} —— 第i种回收建材种类；

　　　　C_{ly22i} —— 第i种回收建材重量；

　　　　η_i —— 第i种回收建材的回收系数；

　　　　F_i —— 第i种回收建材的碳排放系数。

9. 碳汇的碳排放回收总量，一般可按式（**7-24**）计算

$$C_{th}=C_{th1}+C_{th2} \tag{7-24}$$

式中　　C_{th} —— 碳汇的碳排放回收总量；

C_{th1} —— 废弃物处置阶段的总碳排放量；

C_{th2} —— 废弃物再循环利用的碳回收量。

其中：
$$C_{th1}=\sum_{i=1}^{n}C_{th11i}\times C_{th12i}\times \omega_i \qquad (7\text{-}25)$$

式中　C_{th11i} —— 第i种绿地植被种类；

　　　C_{th12i} —— 第i种绿地面积；

　　　ω_i —— 第i种绿植的碳吸收系数。

其中：
$$C_{th2}=\sum_{i=1}^{n}C_{th21i} \qquad (7\text{-}26)$$

式中　C_{th21i} —— 第i种碳捕集、利用与封存技术所捕获的碳回收量。

10．碳抵消总量，一般可按式（**7-27**）计算
$$C_{dx}=C_{dx1}+C_{dx2} \qquad (7\text{-}27)$$

式中　C_{dx} —— 碳抵消总量；

　　　C_{dx1} —— 通过购买绿色电力交易的碳排放抵消量；

　　　C_{dx2} —— 通过进行碳排放权交易的碳排放抵消量。

7.2.2 基于排放源／场景的既有绿色建筑碳排放核查方法

7.2.2.1 国家核证自愿减排量（CCER）与既有绿色建筑碳排放方法学

2005年，国务院发布实施《清洁发展机制项目运行管理办法》，中国开始成为CDM项目市场的主要输出国，但其后由于欧盟这一国际主要买方变化了CDM政策，导致CDM逐渐衰退，其后CCER体系应运而生。2012年开始，CCER项目在工业、产品、林业等多个领域发布证书，但建筑领域碳排放方法学操作性较差、碳排放交易市场需求量较大等问题日益凸显。以既有绿色建筑项目进行核查方法学的研究具有重要意义。

7.2.2.2 绿色建筑碳减排计算方法及核查要求的建立

1．确定核查原则

既有绿色建筑碳减排计算方法及核查原则如表7-4所示。

核查原则　　　　　　　　　　　　　　　　　　　　　　　　　　　　　　　　　　　　　　　表 7-4

核查原则	原则内容解释
项目相关性	根据绿色建筑审定/核查项目，选择适当的温室气体源、数据和方法
完整性	应对既有绿色建筑项目所有相关的温室气体排放进行核查
一致性	能够对绿色建筑审定/核查项目的有关温室气体信息进行有意义的比较。采用相同的标准、准则和程序，在间隔的时间内进行两次碳排量审核，两次的结果可以进行比较

核查原则	原则内容解释
准确性	要尽量减少数据偏差和不确定性
透明性	在满足相关要求的前提下，根据公布的信息，可还原项目的温室气体排放情况，并满足内部或外部核查的要求
保守性	核查机构在对估算和处理的数据进行核查时，均应确保相关估算和处理方式方法"不会低估履约年度的排放量或不应导致碳排放量过大"

2．确定既有绿色建筑项目边界及排放源

（1）温室气体减排活动的项目边界是覆盖所有项目活动和基准线建筑单元的管理边界。

（2）为项目活动和基准建筑单元提供能源的电力系统可采取国家或省级行政管理边界。

（3）温室气体减排活动的项目边界内包含或排除的排放源应符合表7-5的规定。

（4）碳排放因子应以国家主管部门或 IPCC 公布的数据为依据。

项目边界内包含或排除的排放源　　　　　　　　　　　　　　　　　　　　　　　表 7-5

来源		温室气体	是否包含	理由/解释
基准线	建筑物用电量	CO_2	包含	主要排放源
		CH_4	不包含	非主要排放源
		N_2O	不包含	非主要排放源
	建筑物燃料消耗	CO_2	包含	主要排放源
		CH_4	不包含	非主要排放源
		N_2O	不包含	非主要排放源
	建筑物冷/热水消耗量	CO_2	包含	主要排放源
		CH_4	不包含	非主要排放源
		N_2O	不包含	非主要排放源
		制冷剂	不包含	非主要排放源
	建筑物内制冷剂泄漏	制冷剂	包含	非主要排放源
项目活动	建筑物用电量	CO_2	包含	主要排放源
		CH_4	不包含	非主要排放源
		N_2O	不包含	非主要排放源
	建筑物燃料消耗	CO_2	包含	主要排放源
		CH_4	不包含	非主要排放源
		N_2O	不包含	非主要排放源
	建筑物冷/热水消耗量	CO_2	包含	主要排放源
		CH_4	不包含	非主要排放源
		N_2O	不包含	非主要排放源
		制冷剂	不包含	非主要排放源
	建筑物内制冷剂泄漏	制冷剂	包含	非主要排放源

3．建立减排量核算方法

1）对基准线情景进行识别

建筑项目竣工且投入运行不超过5年或对既有建筑进行改造、更新的情景，以不低于项目立项时的法规规定的强制性标准现行《建筑节能与可再生能源利用通用规范》GB 55015设定的情景，或通过计入期内样本群中前40%最佳能效建筑物的监测计算基准排放。优先采用政府部门、行业协会、第三方机构发布的基准排放值，或通过模型计算基准线排放。

2）额外性论证

碳减排项目活动实施单位应证明项目活动不是国家法律法规要求下项目活动和项目活动与碳减排目标的相关性，可以采用以下方式予以证明：障碍分析、投资分析、市场惯例分析。

年减排量少于$10000tCO_2e$的项目可免于论证。

3）基准排放计算

对于能够按照基准线情景识别项目获取的碳排放数据，可直接采用；对于无法直接获取碳排放数据的可按照下式计算：

$$BE_{i,j,y}=BE_{EC,i,j,y}\times BE_{FC,i,j,y}\times BE_{WC,i,j,y} \tag{7-28}$$

式中　$BE_{i,j,y}$——y年i类建筑单元中基准建筑单元j的基准排放量；

$BE_{EC,i,j,y}$——y年i类建筑单元中基准建筑单元j的电力消耗基准排放量；

$BE_{FC,i,j,y}$——y年i类建筑单元中基准建筑单元j化石燃料消耗的基准排放量；

$BE_{WC,i,j,y}$——y年i类建筑单元中基准建筑单元j的冷/热水消耗的基准排放量。

（1）电力消耗基准排放量（$BE_{EC,i,j,y}$）的计算：

$$BE_{EC,i,j,y}=B_{EC,i,j,y}\times CO_{EE,y} \tag{7-29}$$

式中　$BE_{EC,i,j,y}$——y年i类建筑中基准建筑单元j的电力消耗基准排放量；

$B_{EC,i,j,y}$——y年i类建筑中基准建筑单元j的电力消耗量；

$CO_{EE,y}$——y年当地电网电力的CO_2排放系数。

（2）化石燃料消耗基准排放量（$BE_{FC,i,j,y}$）的计算：

$$BE_{FC,i,j,y}=\sum^k B_{FC,i,j,k,y}\times CO_{EF,k,y} \tag{7-30}$$

式中　$BE_{FC,i,j,y}$——y年i类建筑中基准建筑单元j的化石燃料消耗基准排放量；

$B_{FC,i,j,k,y}$——y年i类建筑中基准建筑单元j的化石燃料类型k的消耗量；

$CO_{EF,k,y}$——y年燃料类型k的CO_2排放系数。

（3）化石燃料类型k的CO_2排放系数$CO_{EF,k,y}$的计算：

如果$FC_{BL,i,j,k,y}$以质量单位测量，则

$$CO_{\mathrm{EF,k,y}}=W_{\mathrm{C,k,y}}\times{44}\!\big/\!{12} \tag{7-31}$$

如果$FC_{\mathrm{BL},i,j,k,y}$以体积单位测量，则

$$CO_{\mathrm{EF,k,y}}=W_{\mathrm{C,k,y}}\times\rho_{\mathrm{k,y}}\times{44}\!\big/\!{12} \tag{7-32}$$

式中　$CO_{\mathrm{EF,k,y}}$——y年燃料类型k的CO_2排放系数；

　　　$W_{\mathrm{C,k,y}}$——y年燃料类型k中碳的质量分数；

　　　$\rho_{\mathrm{k,y}}$——y年燃料类型k的密度。

（4）燃料类型k的净热值和CO_2排放因子$CO_{\mathrm{EF,k,y}}$的计算：

$$CO_{\mathrm{EF,k,y}}=NCV_{\mathrm{k,y}}\times EF_{CO_2,\mathrm{k,y}} \tag{7-33}$$

式中　$CO_{\mathrm{EF,k,y}}$——y年燃料类型k的CO_2排放系数；

　　　$NCV_{\mathrm{k,y}}$——y年使用的化石燃料类型k的平均净热值；

　　　$EF_{CO_2,\mathrm{k,y}}$——y年化石燃料类型k的CO_2排放因子。

（5）冷/热水消耗的基准排放（$BE_{\mathrm{WC},i,j,y}$）的计算：

$$BE_{\mathrm{WC},i,j,y}=\frac{B_{\mathrm{WC},i,j,y}\times CO_{\mathrm{EW,y}}}{1-\eta_{\mathrm{y}}} \tag{7-34}$$

式中　$BE_{\mathrm{WC},i,j,y}$——y年i类建筑中基准建筑单元j的冷/热水消耗基准排放量；

　　　$B_{\mathrm{WC},i,j,y}$——y年i类建筑中基准建筑单元j的冷/热水消耗能量；

　　　$CO_{\mathrm{EW,y}}$——y年生产冷/热水的CO_2排放因子；

　　　η_{y}——y年冷/热水输配系统平均技术分配损失。

（6）基准排放计算涉及的电力消耗量、化石燃料消耗量、冷/热水消耗量的计算，执行现行《建筑碳排放计算标准》GB/T 51366规定的建筑运行阶段碳排放量方法。

4）项目排放计算

（1）建筑单元排放量（$PE_{i,j,y}$）的计算：

$$PE_{i,j,y}=PE_{\mathrm{EC},i,j,y}+PE_{\mathrm{FC},i,j,y}+PE_{\mathrm{WC},i,j,y} \tag{7-35}$$

式中　$PE_{i,j,y}$——y年i类建筑单元中项目建筑单元j的项目排放；

　　　$PE_{\mathrm{EC},i,j,y}$——y年i类建筑单元中项目建筑单元j电力消耗的项目排放；

　　　$PE_{\mathrm{FC},i,j,y}$——y年i类建筑单元中项目建筑单元j化石燃料消耗的项目排放；

　　　$PE_{\mathrm{WC},i,j,y}$——y年i类建筑单元中项目建筑单元j冷/热水消耗的项目排放。

（2）电力消耗的项目排放（$PE_{\mathrm{EC},i,j,y}$）的计算：

$$PE_{\mathrm{EC},i,j,y}=\left(P_{\mathrm{EC},i,j,y}-P_{\mathrm{EP},i,j,y}\right)\times CO_{\mathrm{EE,y}} \tag{7-36}$$

式中　$PE_{\mathrm{EC},i,j,y}$——y年i类建筑单元中项目建筑单元j电力消耗的项目排放；

$P_{EC,i,j,y}$ —— y年i类建筑单元中项目建筑单元j由项目边界外输入的电力消耗；

$P_{EP,i,j,y}$ —— y年i类建筑单元中项目建筑单元j向项目边界外输出的电力；

$CO_{EE,y}$ —— y年当地电网电力的CO_2排放系数。

（3）化石燃料消耗的项目排放（$PE_{FC,i,j,y}$）的计算：

$$PE_{FC,i,j,y}=\sum{}^{k}P_{FC,i,j,k,y}\times CO_{EF,k,y} \tag{7-37}$$

式中　$PE_{FC,i,j,y}$ —— y年i类建筑中项目建筑单元j化石燃料消耗的项目排放；

$P_{FC,i,j,k,y}$ —— y年i类建筑中项目建筑单元j化石燃料类型k的消耗；

$CO_{EF,k,y}$ —— y年燃料类型k的CO_2排放系数。

（4）冷/热水消耗的项目排放（$PE_{WC,i,j,y}$）的计算：

冷/热水计量工具应满足《饮用冷水水表和热水水表第1部分：计量要求和技术要求》GB/T 778.1/ISO 4064-1：2014的相关要求。

$$PE_{WC,i,j,y}=\left(P_{WC,i,j,y}-P_{WP,i,j,y}\right)\times CO_{EW,y}/\left(1-\eta_y\right) \tag{7-38}$$

式中　$PE_{WC,i,j,y}$ —— y年i类建筑中项目建筑单元j冷/热水消耗的项目排放；

$P_{WC,i,j,y}$ —— y年i类建筑中项目建筑单元j年由项目边界外输入的冷/热水消耗能量；

$P_{WP,i,j,y}$ —— y年i类建筑中项目建筑单元j年向项目边界外输出的冷/热水能量；

$CO_{EW,y}$ —— y年生产冷/热水的CO_2排放因子；

η_y —— y年冷/热水输配系统平均技术分配损失。

（5）项目排放（PE_y）的计算：

$$PE_y=\sum_i\sum_j PE_{i,j,y}\times DISC_{i,y} \tag{7-39}$$

式中　PE_y —— y年的项目排放；

$PE_{i,j,y}$ —— y年i类建筑单元中项目建筑单元j的项目排放；

$DISC_{i,y}$ —— y年i类建筑单元中重叠使用高效电器导致的排放减少量重复计算的折扣系数。

（6）项目排放计算涉及的电力消耗量、化石燃料消耗量、冷/热水消耗量，应采用实际消耗量。但在项目设计及审定阶段，可按《建筑碳排放计算标准》GB/T 51366—2019的规定计算预测建筑运行阶段有关消耗量。

5）项目泄漏量计算

项目泄漏量计算执行《建筑碳排放计算标准》GB/T 51366—2019规定的建筑运行阶段暖通空调系统由于制冷剂使用而产生的温室气体排放量计算方法。商业类建筑还应计算冷藏柜由于制冷剂使用而产生的温室气体排放量。

6）项目减排量计算

减排量为基准线排放和项目实际排放之间的能源使用和排放差异。

$$ER_y=BE_y-PE_y-LE_y \qquad (7\text{-}40)$$

式中　ER_y —— y 年减排量；

　　　BE_y —— y 年的基准排放量；

　　　PE_y —— y 年的项目排放量；

　　　LE_y —— y 年的泄漏排放量。

第 3 篇

示范篇

8

第 8 章　绿色建筑低碳与碳中和示范工程

8.1

近零碳设计示范工程——房山区燕房组团家园中心

8.1.1 项目简介

▶ 　　家园中心项目位于北京市房山区，按照建筑热工区划属于寒冷B区，是小区配套公建及增配商业，总建筑面积14104.88m²，地上共计11层，建筑面积9630.07m²，1～3层裙房为配套商业、物业及增配商业等，4层裙房为公共租赁住房项目管理处，塔楼4～11层为酒店式公寓，包括商业、办公及酒店；地下建筑面积4474.81m²，包括增配商业（超市）、机动车库、设备用房等。

　　示范工程为塔楼4～11层酒店客房部分，面积共计4132.6m²。项目设计中采用了多项绿色低碳设计方法与关键技术，目前处于初步设计阶段。模拟效果图如图8-1所示。

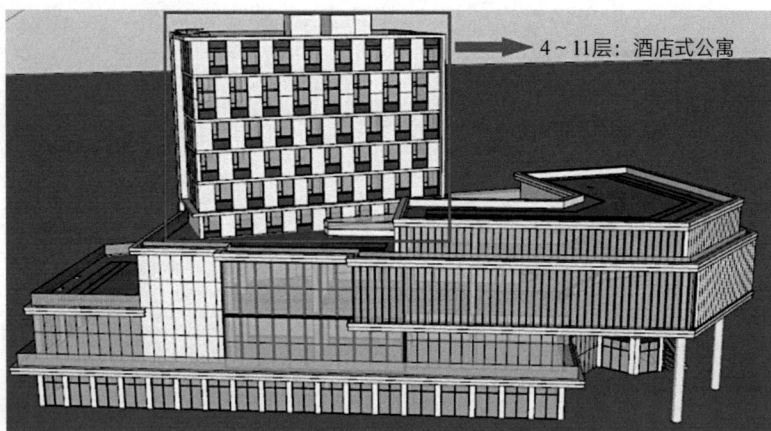

图8-1 模拟效果图

8.1.2 建设目标与关键技术指标

1．项目建设目标

　　按照《绿色建筑评价标准》GB/T 50378—2019，建设绿色建筑，打造近零能耗建筑，并开展近零碳建筑技术优化，打造近零碳装配式建筑典范。

2．关键技术指标

近零碳建筑示范关键技术指标包括建筑能效指标和减碳指标。

1）能效指标

为实现近零碳建筑目标，采用高性能围护结构、屋顶光伏等节能降碳技术，使示范工程各项能效指标满足《近零能耗建筑技术标准》GB/T 51350—2019要求，具体指标情况如表8-1所示。

家园中心能效指标   表 8-1

项目	示范工程	标准要求
建筑本体节能率	38.2%	≥30%
综合节能率	≥60%	≥60%
可再生能源利用率	49%	≥10%

2）减碳指标

为实现近零碳建筑目标，示范工程在《建筑节能与可再生能源利用通用规范》GB 55015—2021基础上，节碳量达到13.52kgCO$_2$/（m^2·a），碳排放强度低于国家标准《零碳建筑技术标准》（征求意见稿）规定的近零碳公共建筑碳排放强度限值要求，具体减碳指标如表8-2所示。

家园中心减碳指标   表 8-2

项目	示范工程	参照建筑（GB 55015）	《零碳建筑技术标准》（征求意见稿）
碳排放强度 [kgCO$_2$/（m^2·a）]	17.02	30.55	22（近零碳）
节碳量 [kgCO$_2$/（m^2·a）]	13.52	—	—
降碳率	44.27%	—	—
碳排放因子（kgCO$_2$/kWh）		0.5	

注：碳排放因子参照国家标准《零碳建筑技术标准》（征求意见稿）8.3.4条。

8.1.3 低碳技术应用

设计阶段采用高性能围护结构、高性能机电系统、可再生能源利用、智慧能源监管系统等技术降低能源消耗，示范工程典型低碳设计技术介绍如下。

1．高性能围护结构

围护结构综合考虑消防、热工性能以及装配式建筑工艺要求。由于可供贴附保温层的空间有限，故外墙保温采用导热系数极低的单层STP真空板，防火性能达到A级，结构示意如图8-2所示；选用传热系数1.0W/（m^2·K）、气密性达到8级的高性能外窗，有效提升建筑保温性能；南向外窗设置可调节外遮阳，夏季降低空调能耗，冬季充分利用太阳辐射降低供暖能耗，实现按需调节。

图8-2 高性能围护结构示意图

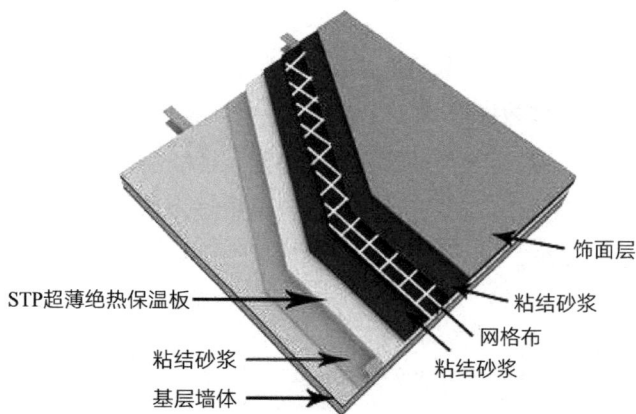

STP超薄绝热保温板
粘结砂浆
基层墙体
饰面层
粘结砂浆
网格布
粘结砂浆

2．规模化屋顶光伏

为使示范工程达到近零碳建设目标，采用太阳能光伏发电抵消部分建筑能源消耗。拟选用发电效率高、初投资较低的单晶硅面板，设置于塔楼屋面，按照当前常规单晶硅产品性能，装机容量约需36.7kWp，约需安装光伏板面积230m²以上。屋顶光伏示意如图8-3所示。此外，为避免光伏发电浪费，采用自发自用、余电上网模式。

图8-3 规模化屋顶光伏示意图

3．智慧能源监管系统

设置智慧能源监管系统，对建筑分类分项能耗、光伏发电量进行实时监控、采集、存储，实现空调、照明系统实时管理调节。该系统可细致模拟各项用能、逐时用能，并将模拟与实际数据结合，利用AI学习技术，实现模拟数据校准，寻找并优化实际运行问题，继而实现建筑运行碳排放持续降低。

8.1.4 减碳效果

示范工程采用高性能围护结构、规模化屋顶光伏等低碳设计技术，建筑终端能耗强度为34.04kWh/（m²·a），电力碳排放因子取值采用国家标准《零碳建筑技术标准》（征求意见稿），计算出示范工程碳排放强度为17.02kgCO₂/（m²·a），低于《零碳建筑技术标准》（征求意见稿）规定的近零碳公共建筑碳排放强度限值22 kgCO₂/（m²·a）的要求。以《建筑节能与可再生能源利用通用规范》GB 55015—2021为参照建筑，参照建筑终端能耗强度为61.09kWh/（m²·a），碳排放强度为30.55kgCO₂/（m²·a），由此计算出示范工程节碳量为13.52kgCO$_2$/（m^2·a），降碳率达到44.27%。

8.1.5 小结

示范工程通过高性能围护结构，实现本体节能率高于30%，最大程度降低建筑供暖供冷需求，通过规模化屋顶光伏利用，实现综合节能率高于60%，降碳率高于40%，碳排放强度低于《零碳建筑技术标准》（征求意见稿）中近零碳公共建筑碳排放强度限值的要求。同时，基于项目自身特点，与装配式工艺紧密结合，探索并实践一种平衡建筑美学、建筑性能及建筑工业化的新型装配式保温体系，实现装配式技术及近零碳技术的结合，为规模化推广装配式近零碳建筑作出了工程示范与探索。

8.2
近零碳施工示范工程——长三角低碳循环创研谷示范楼

8.2.1 项目简介

▶　低碳循环创研谷项目位于江苏省常州市武进区，该区域属于夏热冬冷地区。项目地块东侧为漕溪路，南侧为牛溪路，西侧为空地，北侧为横溪路。

示范工程为位于项目地块东北角的办公楼，钢筋混凝土框架结构，占地面积731.24m^2，总建筑面积3822.34m^2，其中，地上建筑4层，一层层高4.5m，二至四层层高4.0m，建筑高度21.0m，建筑面积2970.64m^2；地下建筑1层，建筑面积851.7m^2，为与其他空间相通的汽车库。示范工程主要功能为开敞办公，办公区位于每层东侧，西侧为交通核及卫生间等辅助用房。

示范工程在设计和施工过程中采用了多项低碳设计方法与绿色低碳施工技术，主体施工已完成。设计效果如图8-4所示。

图8-4 示范工程效果图

8.2.2 建设目标与关键技术指标

1．项目建设目标

建设《绿色建筑评价标准》GB/T 50378—2019三星级和近零能耗建筑，并开展低碳技术设计优化，采用绿色低碳施工技术，降低设计和施工阶段建筑碳排放，打造常州市绿建区首座近零碳建筑。

2．关键技术指标

近零碳建筑示范关键技术指标包括高性能围护结构指标、建筑能效指标和减碳指标。

1）围护结构指标

为实现近零碳建筑目标，提高外墙、屋面、外窗等围护结构性能，详细构造做法与性能指标如表8-3所示，传热系数均满足《近零能耗建筑技术标准》GB/T 51350—2019要求。

示范楼围护结构构造做法与性能指标 表 8-3

围护结构	构造	传热系数 [W/（m²·K）]	标准要求 [W/（m²·K）]
外墙	由外至内：铝（10mm）+抹面胶浆找平+岩棉板（90mm）+岩棉板（90mm）+胶粘剂+水泥砂浆（15mm）+界面剂+加气混凝土砌块B07（200mm）+水泥砂浆（10mm）	≤0.25	≤0.40
屋面	由上至下：C25混凝土（40mm）+水泥砂浆（10mm）+防水卷材（2mm）+水泥素浆粘结层（2mm）+水泥砂浆找平（20mm）+挤塑聚苯板（150mm）+水泥砂浆找平（20mm）+轻集料混凝土清捣（30mm）+钢筋混凝土（120mm）	≤0.20	≤0.35
外窗	铝木复合5+12Ar+5Low-E+12Ar+5Low-E	≤1.9	≤2.2

2）能效指标

为实现近零碳建筑目标，采用节能降碳技术，使示范工程各项能效指标满足《近零能耗建筑技术标准》GB/T 51350—2019要求，具体指标情况如表8-4所示。

建筑低碳建设关键技术

项目	示范工程	标准要求
建筑本体节能率	50.46%	≥20%
建筑综合节能率	76.1%	≥60%
可再生能源利用率	38.30%	≥10%

3）减碳指标

为实现近零碳建筑目标，示范工程以《建筑节能与可再生能源利用通用规范》GB 55015—2021为参照，降碳率为48.53%，高于国家标准《零碳建筑技术标准》（征求意见稿）规定的近零碳公共建筑碳排放降碳率要求，具体减碳指标如表8-5所示。

示范楼减碳指标   表 8-5

项目	示范工程	参照建筑（GB 55015）	《零碳建筑技术标准》（征求意见稿）
碳排放强度 [kgCO$_2$/（m^2·a）]	20.85	40.52	—
节碳量 [kgCO$_2$/（m^2·a）]	19.67	—	—
降碳率	48.53%	—	≥45%（近零碳）
碳排放因子（kgCO$_2$/kWh）	0.5		

注：碳排放因子参照国家标准《零碳建筑技术标准》（征求意见稿）8.3.4条。

8.2.3 低碳技术应用

项目遵循"绿色+低碳+舒适"理念，通过合理的技术投入，在保障建筑舒适性前提下降低建筑运行阶段碳排放水平。通过绿色建材、本地建材、高强度建材的应用，降低建筑材料及施工过程碳排放水平。示范建筑采用的主要低碳技术如图8-5所示。

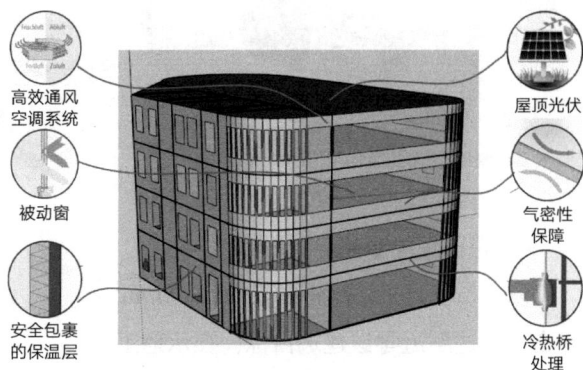

图8-5 示范工程主要低碳技术示意图

高效通风空调系统　屋顶光伏　被动窗　气密性保障　安全包裹的保温层　冷热桥处理

1．设计阶段

1）建筑优化设计

交通及辅助空间设置于示范工程西侧，主要房间设置于南、东、北三侧，避免"西晒"导致的不舒适感。主要出入口设置于西南方向，避开冬季主导风向（NE）及夏季主导风向（SE），减少上下班期间频繁开启外门导致的能耗损失。

原建筑方案大量采用落地玻璃幕墙，导致建筑能耗偏高。方案确定过程中通过能耗模拟试算与讨论，最终首层保留落地玻璃幕墙，二至四层在落地玻璃幕墙内衬1000mm高实心墙体，墙体采用夹芯保温做法，与幕墙接触处设置气密性保障措施，使得二至四层办公区域更易于贴墙设置固定办公家具，在保证建筑外观效果、最大限度利用自然采光的同时，提高示范工程整体节能降碳性能。

2）高性能围护结构

为实现近零碳目标，经过模拟仿真，外墙设置180mm厚岩棉保温板，屋面设置150mm厚挤塑聚苯板，同时最大限度处理线热桥、点热桥，确保外墙综合传热系数不大于0.25W/（m²·K），屋面综合传热系数不大于0.20 W/（m²·K）。采用被动房专用外窗，建筑南向外窗及幕墙设置电动可调节外遮阳，根据室外太阳辐射情况，调节百叶旋转角度，最大限度降低由太阳辐照带来的建筑耗冷量。

3）超高效机电设备

示范工程全楼功能房间设置*IPLV*（C）8.8、*APF*高于4.5的变频多联机作为空调冷源，弱电机房等电气房间设置能效1级的分体空调。办公区每层吊装全热回收效率高于70%的机组，超高效变频多联机及新风热回收机组示意如图8-6所示，机组自带旁通装置，在室外温湿度适宜时实现旁通运行，降低运行能耗带来的碳排放。卫生间机械排风由显热交换新风机组承担，显热回收效率高于75%，一方面保障了室内风量平衡，一方面回收排出空气的温度，降低空调系统耗能与碳排放。

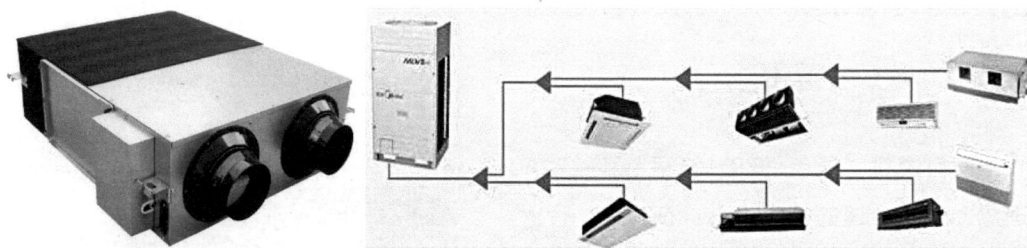

图8-6 超高效变频多联机及新风热回收机组

4）可再生能源应用

常州市年太阳辐照总量可达4700MJ/m²左右，为达到近零碳建筑目标，在示范工程屋顶设置太阳能光伏系统，屋顶光伏示意如图8-7所示，设置光伏发电装机容量34kWp，年发电量达到35000kWh以上。

5）智慧能源环境监管系统

设置能源监测控制系统，分别对空调、照明、插座等能耗进行计量，对太阳能光伏发电系统逐时发电量、累积发电量进行计量。设置智能照明控制系统，结合建筑使用条件及天然采光状况，合理进行分区、分组、按需照明控制，充分利用天

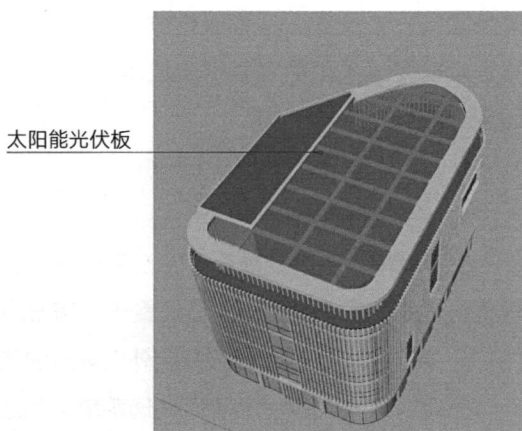

太阳能光伏板

图8-7 屋顶光伏

然光，降低照明能耗，实现建筑运行碳排放持续降低。

2．施工阶段

施工阶段应用了就地取材、优化下料、包装材料回收等节材技术，应用高强度钢等绿色建材、超强薄壁钢管脚手架等绿色低碳施工新技术，典型技术介绍如下。

1）绿色低碳施工新技术——超强薄壁钢管脚手架

超强薄壁钢管脚手架采用高强度直缝焊接钢管，该钢管强度高且重量轻，屈服强度是Q235级钢管屈服强度的4.26倍以上，相较于传统Q235脚手架钢管重量降低50%以上，可大幅降低劳动强度，提升施工效率。

2）绿色建材——高强度钢

项目在施工阶段采取措施降低建材损耗，并降低建材的隐含碳排放。首先，建筑所有区域均采取全装修交付，避免二次拆改增加碳排放；其次，采用高强度钢比例高于85%，有利于提升建筑寿命；选用绿色建材的比例高于70%，实现从源头减少建筑隐含碳排放。

8.2.4 减碳效果

示范工程采用高性能围护结构、超高效机电设备、规模化屋顶光伏等低碳设计技术，经过设计阶段能耗模拟，建筑终端能耗强度为41.71kWh/（$m^2 \cdot a$），采用国家标准《零碳建筑技术标准》（征求意见稿）电力碳排放因子取值，计算得到碳排放强度为20.85kgCO_2/（$m^2 \cdot a$）。以《建筑节能与可再生能源利用通用规范》GB 55015—2021为参照建筑标准，参照建筑终端能耗强度为81.04kWh/（$m^2 \cdot a$），碳排放强度为40.52kgCO_2/（$m^2 \cdot a$）。由此计算出，示范工程节碳量为19.67kgCO_2/（$m^2 \cdot a$），降碳率为48.53%，高于《零碳建筑技术标准》（征求意见稿）规定的近零碳公共建筑碳排放降碳率不低于45%的要求。

8.2.5 小结

示范工程兼顾近零碳与健康舒适目标，从方案阶段不断强化建筑性能，实施正向设计理念，实现节碳19.67kgCO_2/（$m^2 \cdot a$），降碳率达到48.53%，高于《零碳建筑技术标准》（征求意见稿）规定的近零碳公共建筑降碳率要求。该项目探索近零碳建筑在夏热冬冷地区的规模推广技术措施，经过模拟，即使冬季不使用采暖设施，绝大多数时间室内自然室温也可维持在20℃左右。未来项目落成后，依靠环境能源监控系统，将不断比对实际数据与模拟数据，寻求夏热冬冷地区既节能低碳又最大限度提升建筑室内热湿环境的途径。

8.3

近零碳施工示范工程——河北保定燕华城

8.3.1 项目简介

▶ 　　燕华城项目位于河北省保定市莲池区深圳园区内，该地区属于寒冷气候区。项目南邻规划道路纬二路，东邻规划经三路，北邻规划纬一路，西邻经二路；项目总用地面积114102m²，总建筑面积391528.37m²，建筑密度17.79%，容积率2.50，绿地率36.20%。

　　示范工程为燕华城项目的23、25号两栋居住建筑，位于场地西侧位置，地上建筑面积合计28785.37m²，为被动式低能耗住宅；地下为工具间和设备用房，结构类型为钢筋混凝土剪力墙结构。项目基本信息如表8-6所示。

项目基本信息表 表8-6

楼号	基底面积（m²）	建筑面积（m²）	地上建筑面积（m²）	地下建筑面积（m²）	建筑层数	建筑高度（m）
23号	748.30	18146.12	17185.67	960.45	23层/-2层	73.50
25号	707.13	12802.90	11599.70	1203.20	17层/-2层	54.60

　　示范工程设计和施工过程中采用了绿色低碳设计方法与施工技术，目前主体施工已完成。设计效果如图8-8所示。

图8-8 设计效果图

8.3.2 建设目标与关键技术指标

1．项目建设目标

建设《绿色建筑评价标准》GB/T 50378—2019一星级绿色建筑和超低能耗建筑，并开展低碳技术设计优化，采用绿色低碳施工技术，降低设计和施工阶段建筑碳排放，打造近零碳建筑示范。

2．关键技术指标

近零碳建筑示范关键技术指标包括高性能围护结构指标、建筑能效指标和减碳指标。

1）围护结构指标

为实现低碳建筑目标，提高外墙、外窗等围护结构性能，详细构造做法与性能指标如表8-7所示，传热系数均满足《被动式超低能耗居住建筑节能设计标准》DB13（J）/T 8359—2020（2021年版）要求。

燕华城围护结构构造做法与性能指标 表8-7

围护结构		构造	传热系数 [W/（m²·K）]	标准要求 [W/（m²·K）]
外墙	剪力墙	由内至外：钢筋混凝土（200mm）+石墨聚苯板（245mm）+自密实混凝土（50mm）+水泥砂浆（5mm）+聚合物抹面抗裂砂浆（5mm）	0.14	≤0.15
	填充墙	由内至外：钢筋混凝土墙（100mm）+石墨聚苯板（345mm）+自密实混凝土（50mm）+水泥砂浆（5mm）+聚合物抹面抗裂砂浆（5mm）	0.09	≤0.15
屋面		由上至下：细石混凝土（40mm）+水泥砂浆（20mm）+高密度石墨聚苯板（240mm）+水泥砂浆（20mm）+轻集料混凝土清捣（30mm）+钢筋混凝土（120mm）	0.13	≤0.15
外门		被动门	1.2	≤1.2
外窗		铝木复合5+12Ar+5Low-E +12Ar+5Low-E	1.0	≤1.0

2）能效指标

为实现近零碳建筑目标，采用被动式和主动式节能降碳技术，使示范工程各项能效指标满足《被动式超低能耗居住建筑节能设计标准》DB13（J）/T 8359—2020（2021年版）要求，具体指标情况如表8-8所示。

燕华城能效指标 表8-8

项目	23号楼	25号楼	标准要求
供暖年耗热量［kWh/（m²·a）］	4.75	3.45	≤13
供冷年耗冷量［kWh/（m²·a）］	17.76	19.29	≤22
年供暖、供冷和照明一次能源消耗量［kWh/（m²·a）］	33.37	36.90	≤60
建筑气密性（换气次数N_{50}）	0.6	0.6	≤0.6
可再生能源应用	太阳能热水应用比例100%		—

3）减碳指标

为实现近零碳建筑目标，示范工程碳排放强度低于国家标准《零碳建筑技术标准》（征求意见稿）规定的近零碳居住建筑碳排放强度限值要求，以《建筑节能与可再生能源利用通用规范》GB 55015—2021为参照，示范工程节碳量达到13kgCO$_2$/（m^2·a）以上，具体减碳指标如表8-9所示。

燕华城减碳指标 表 8-9

项目	示范工程		参照建筑	《零碳建筑技术标准》（征求意见稿）
	23号	25号	GB 55015	近零碳居住建筑
碳排放强度［kgCO$_2$/（m^2·a）］	8.65	9.55	22.55	14
节碳量［kgCO$_2$/（m^2·a）］	13.90	13.00	—	—
降碳率	61.65%	57.63%	—	—
碳排放因子（kgCO$_2$/kWh）	0.5			

注：碳排放因子参照国家标准《零碳建筑技术标准》（征求意见稿）8.3.4条。

8.3.3 低碳技术应用

1．设计阶段

设计阶段采用自然通风与采光、高性能围护结构、完整气密性设计等被动式技术降低建筑能耗需求，采用高能效机电系统、高效照明与电梯、可再生能源利用等主动式技术降低能源消耗，选取具有示范工程特点的低碳设计技术介绍如下。

1）高性能围护结构

（1）外墙保温优化设计

外墙采用剪力墙和填充墙构造，参考《被动式超低能耗建筑节能构造（二）现浇混凝土钢筋桁架内置保温构造图集》J20J222，采用现浇混凝土不锈钢桁架内置保温体系，构造示意图如图8-9所示，通过不锈钢桁架将保温层内外两侧连接为一个整体，避免保温层脱落、开裂，有效减少穿透保温层造成的热损失，最大程度提升外墙节能性能，降低由热损失造成的碳排放。

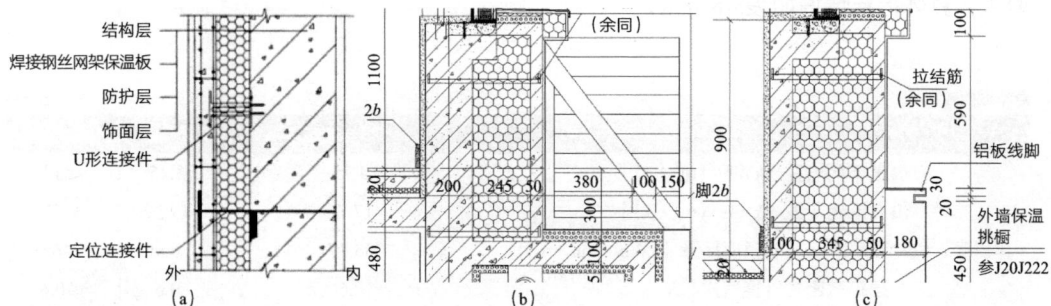

图8-9 外墙构造示意图
（a）现浇混凝土不锈钢桁架内置保温体系；（b）剪力墙；（c）填充墙

（2）高性能节能外窗

外窗采用铝木复合型内开窗，如图8-10（a）所示，为外窗构造剖面，该类型窗具有良好的气密性、水密性和抗风压性能，传热系数1.0 W/（m²·K）。建筑东、西、南向外窗设置可调节电动卷帘外遮阳，相比百叶遮阳抗风压性能更好，外遮阳节点做法如图8-10（b）所示，遮阳与墙体连接处，采用隔热垫块，有效减小热桥。

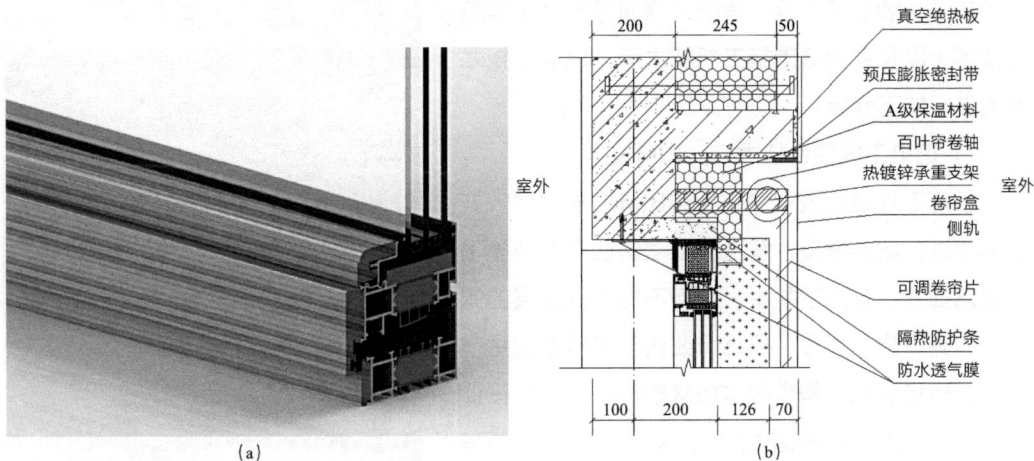

图8-10 高性能节能外窗
(a) 高性能外窗；(b) 外遮阳节点做法

2）高能效机电系统

采用环控一体机进行供暖、供冷、供新风，系统示意如图8-11所示，可根据室内外温度自动调节控制新风，具有热回收功能，降低运行能耗带来的碳排放，同时实现$PM_{2.5}$高效过滤，充分保证送入室内新风的清洁度，提高室内舒适度。

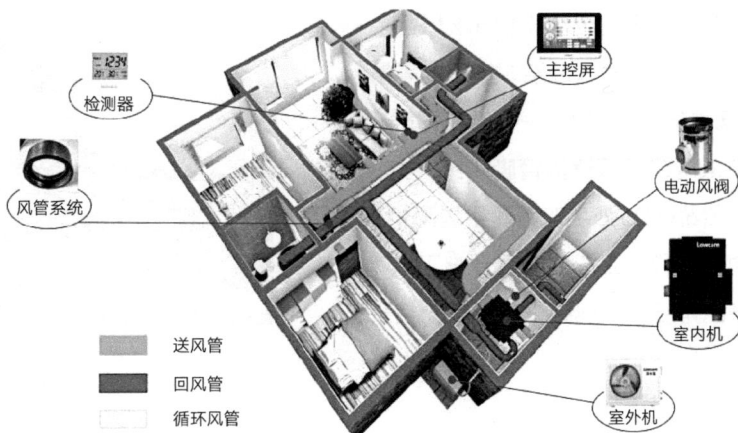

图8-11 环境一体机系统示意图

3）可再生能源利用

23、25号楼共有住户160户，每户均设置阳台壁挂式太阳能热水系统，太阳能热水系统使用比例达到100%。集热器壁挂在阳台外，水箱布置在阳台上，水箱内设置电辅助加热，热水系统供水温度60℃，水质、水温符合国家现行标准。

2．施工阶段

施工阶段应用了节能设备机具、节能灯具等施工节能技术，装配式支吊架、BIM技术等机电工程综合技术，装配式隔墙、装配式墙面等装修工程综合技术，以及绿色低碳施工新技术等，以典型技术为例进行如下介绍。

1）机电工程综合技术——BIM技术

示范工程建造过程中，利用BIM技术对建筑施工顺序进行数字模拟，解决了工程建造产业链上下游彼此独立、数据不共享、业务不能同步开展的问题。为确保施工质量、提高精细化管理程度和生产效率，现场装配式构件经过BIM模型排板深化设计后，由工厂进行规模化生产、运输，每个构件都有独立的二维码身份标识，便于追溯从生产到安装的全过程，确保与设计图纸一致。

2）装修工程综合技术——装配式墙面

示范工程采用装配式施工，装配式墙面如图8-12所示，所用结构构件在工厂预制，在现场进行精细化拼装，整体装配率达54%，单层安装施工工期5～6d，较传统建筑缩短工期30%、减少能耗30%以上、减少现场建筑垃圾排放50%以上，降低了传统施工所产生的噪声、污染、废弃物等影响。

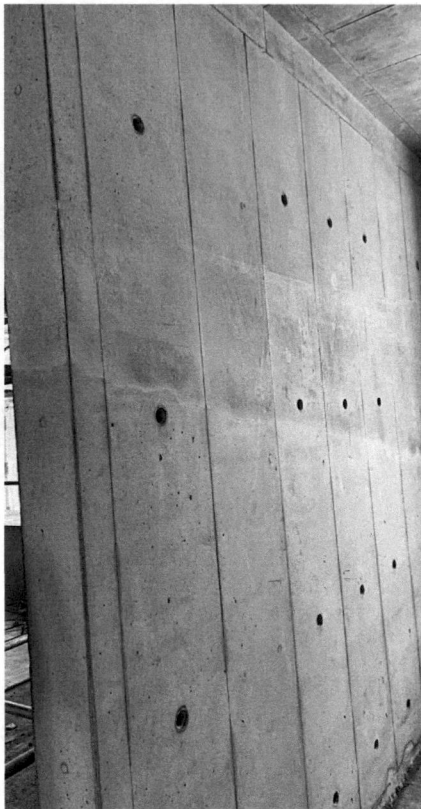

图8-12 装配式墙面

3）绿色低碳施工新技术——超薄钢管脚手架

施工现场采用超强薄壁钢管脚手架，如图8-13所示，相较于传统Q235脚手架钢管重量降低50%以上，降低劳动强度和施工成本，提升施工效率。从节省钢材生产的角度，实现碳排放降低的目标。

图8-13 超薄钢管脚手架

8.3.4 减碳效果

示范工程采用高性能围护结构、高能效机电系统等低碳设计技术和绿色低碳施工技术，23、25号楼建筑终端能耗强度分别为17.30、19.11kWh/（m²·a），采用国家标准《零碳建筑技术标准》（征求意见稿）电力碳排放因子取值，计算出23、25号楼碳排放强度分别为8.65、9.55kgCO$_2$/（m^2·a），低于《零碳建筑技术标准》（征求意见稿）规定的近零碳居住建筑碳排放强度限值14 kgCO$_2$/（m^2·a）的要求。以《建筑节能与可再生能源利用通用规范》GB 55015—2021为参照建筑，参照建筑终端碳排放强度为22.55kgCO$_2$/（m^2·a），计算出23、25号楼节碳量分别为13.90、13.00kgCO$_2$/（m^2·a），降碳率分别为61.65%、57.63%。

8.3.5 小结

示范工程通过高性能围护结构、高能效机电系统，最大程度降低建筑供暖供冷需求，并充分利用可再生能源，以更少的能源消耗提供更舒适的室内环境；建造过程中，利用BIM技术对建筑施工顺序进行数字模拟，采用装配式建造方式，实现工期缩短30%、能耗降低30%，减少施工现场建筑垃圾50%，示范工程碳排放强度低于《零碳建筑技术标准》（征求意见稿）规定的近零碳居住建筑要求，实现节碳13kgCO$_2$/（m^2·a）以上。

8.4
近零碳施工示范工程——河北保定春景苑

8.4.1 项目简介

▶ 春景苑项目位于河北省保定市竞秀区盛兴路北，恒天纤维集团南侧，项目位于寒冷气候区，总用地面积37180.20m^2，总建筑面积148890.93m^2，地上建筑面积104104.56m^2，地下建筑面积42619.00m^2，建筑密度14.82%，容积率2.80，绿地率为35.69%。

示范工程为春景苑5、9、10号楼，位于场地南侧位置，属于寒冷气候区居住建筑，均为地上建筑，结构类型为钢筋混凝土剪力墙结构，项目基本信息如表8-10所示。

项目基本信息表 表8-10

楼号	基底面积（m^2）	建筑面积（m^2）	建筑层数（层）	建筑高度（m）
5号	303.36	3266.15	11	34.45
9号	303.36	3266.15	11	34.45
10号	598.06	5243.02	9	28.25

示范工程设计和施工过程中，采用典型绿色低碳设计方法与施工技术，目前处于主体施工阶段。鸟瞰效果图如图8-14所示。

图8-14 春景苑项目效果图

8.4.2 建设目标与关键技术指标

1．项目建设目标

建设《绿色建筑评价标准》GB/T 50378—2019一星级和被动式超低能耗建筑，在此基础上，开展低碳技术设计优化，采用绿色低碳施工技术，降低设计和施工阶段建筑碳排放，打造近零碳建筑示范。

2．关键技术指标

近零碳建筑示范关键技术指标包括高性能围护结构指标、建筑能效指标和减碳指标。

1）围护结构指标

为实现近零碳建筑目标，提高外墙、外窗等围护结构性能，详细构造做法与性能指标如表8-11所示，传热系数均满足《被动式超低能耗居住建筑节能设计标准》DB13（J）/T 8359—2020（2021年版）要求。

春景苑围护结构构造做法与性能指标 表8-11

围护结构	构造	传热系数 [W/（m²·K）]	标准要求 [W/（m²·K）]
外墙	承重墙（由外至内）：混凝土（55mm）+石墨聚苯板（250mm）+钢筋混凝土（200mm）	0.149	≤0.15
	非承重墙（由外至内）：混凝土（55mm）+石墨聚苯板（330mm）+钢筋混凝土（120mm）	0.115	≤0.15

围护结构	构造	传热系数 [W/ (m² · K)]	标准要求 [W/ (m² · K)]
外墙	北侧真空板墙：轻质砂浆（20mm）+真空绝热板（30mm）+轻质保温砂浆（5mm）+钢筋混凝土（200mm）	0.127	≤0.15
屋面	由上至下：混凝土（50mm）+高密度石墨聚苯板（250mm）+钢筋混凝土（100mm）	0.141	≤0.15
外门	被动门	1.2	≤1.2
外窗	铝木复合型材5+16Ar暖边+5Low-E+16Ar暖边+5Low-E	≤1.0	≤1.0

2）能效指标

为实现近零碳建筑目标，采用绿色节能降碳技术，使示范工程各项能效指标满足《被动式超低能耗居住建筑节能设计标准》DB13（J）/T 8359—2020（2021年版）要求，具体指标情况如表8-12所示。

春景苑能效指标 表8-12

项目	5号楼	9号楼	10号楼	标准要求
供暖年耗热量 [kWh/ (m² · a)]	4.75	9.44	8.91	≤13
供冷年耗冷量 [kWh/ (m² · a)]	21.26	21.26	20.71	≤22
年供暖、供冷和照明一次能源消耗量 [kWh/ (m² · a)]	55.40	55.40	54.54	≤60
可再生能源应用	太阳能热水应用比例100%			—

3）减碳指标

为实现近零碳建筑目标，示范工程碳排放强度低于国家标准《零碳建筑技术标准》（征求意见稿）规定的近零碳居住建筑碳排放强度限值要求，以《建筑节能与可再生能源利用通用规范》GB 55015—2021为参照建筑，示范工程节碳量达到17kgCO_2/（m² · a）左右，具体减碳指标如表8-13所示。

春景苑减碳指标 表8-13

项目	示范工程			参照建筑	《零碳建筑技术标准》（征求意见稿）
	5号	9号	10号	GB 55015	近零碳居住建筑
碳排放强度 [kgCO_2/ (m² · a)]	13.11	13.11	12.72	29.97	14
节碳量 [kgCO_2/ (m² · a)]	16.86	16.86	17.25	—	—
降碳率	56.25%	56.25%	57.56%	—	—
碳排放因子（kgCO_2/kWh）	0.5				

注：碳排放因子参照国家标准《零碳建筑技术标准》（征求意见稿）8.3.4条。

8.4.3 低碳技术应用

1．设计阶段

设计阶段采用高性能围护结构、高效热回收新风系统、可再生能源应用技术等绿色低碳技术降低建筑能源消耗和碳排放，选取具有示范工程特点的低碳设计技术介绍如下。

1）高性能围护结构

（1）外墙保温优化设计

外墙由剪力墙和非剪力墙组成，参照《被动式超低能耗建筑节能构造（四）现浇混凝土外墙卡扣连接钢丝网内置保温体系》DBJT02-203—2021（图集号J21J250）设计外墙保温，构造示意图如图8-15所示，采用现浇混凝土钢筋卡扣连接钢丝网内置保温系统，面积加权平均后平均传热系数为0.137W/（m² · K），小于标准要求的0.15W/（m² · K）。该设计有助于提升外墙节能性能，降低由热损失造成的碳排放。

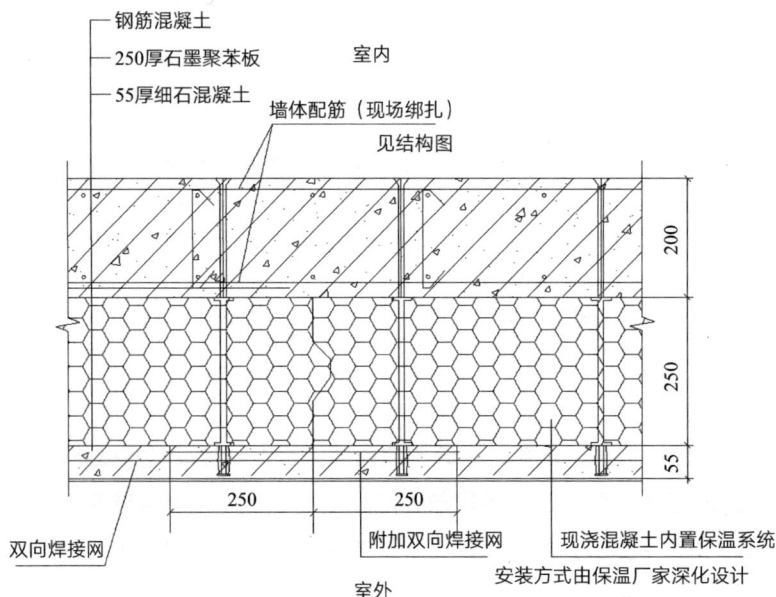

图8-15 外墙节点做法

（2）高性能节能外窗

外窗采用铝木复合结构，节点做法如图8-16（a）、图8-16（b）所示，气密性不低于《建筑幕墙、门窗通用技术条件》GB/T 31433—2015规定的8级水平。除东西侧卫生间外，东、西、南侧外窗均设置活动外遮阳，节点做法如图8-16（c）所示，满足个性化调节需求，降低由阳光辐射带来的能耗和碳排放，同时实现视觉和热环境的舒适性。

2）高效热回收新风系统

采用具备排风热回收功能的环境一体机，设计显热回收效率不低于75%。原理示意如图8-17所示。机组由初高效过滤段、热交换段、表冷段（加热段）及风机段等组成，其中初效过滤段净化级别达到G4、高效过滤器净化级别达到H11，提高室内舒适度的同时，有效降低运行能耗带来的碳排放。

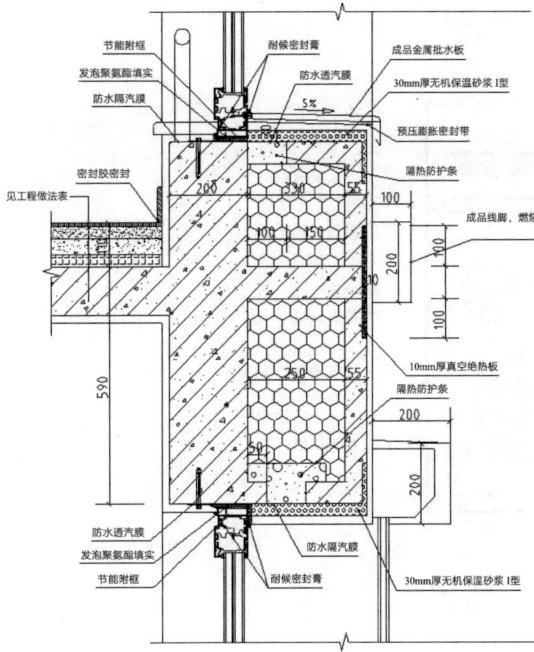

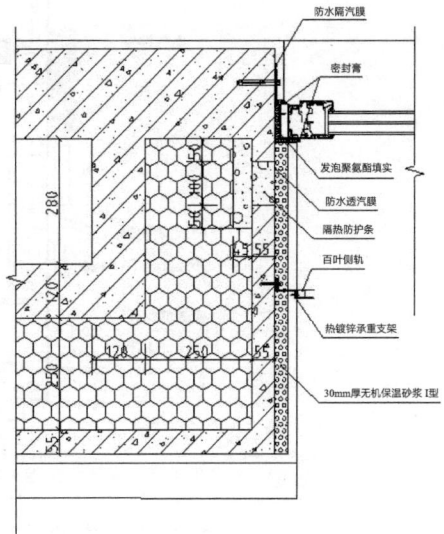

① 窗上下口构造节点详图 1:10
注：参J21J250-33
需结合门窗厂家进行二次深化设计
（a）

② 窗侧口节点详图一 1:10
注：参J21J250-33
需结合门窗厂家进行二次深化设计
（b）

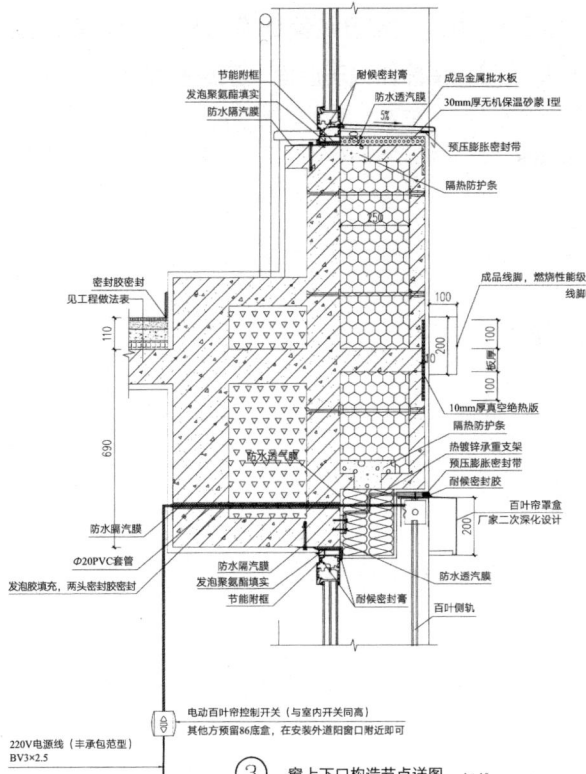

③ 窗上下口构造节点详图 1:10
注：参J21J250-34
需结合门窗厂家进行二次深化设计
（c）

图8-16 高性能节能外窗、遮阳做法节点图
（a）外窗上下口节点详图；（b）外窗侧口节点做法；
（c）遮阳安装节点做法

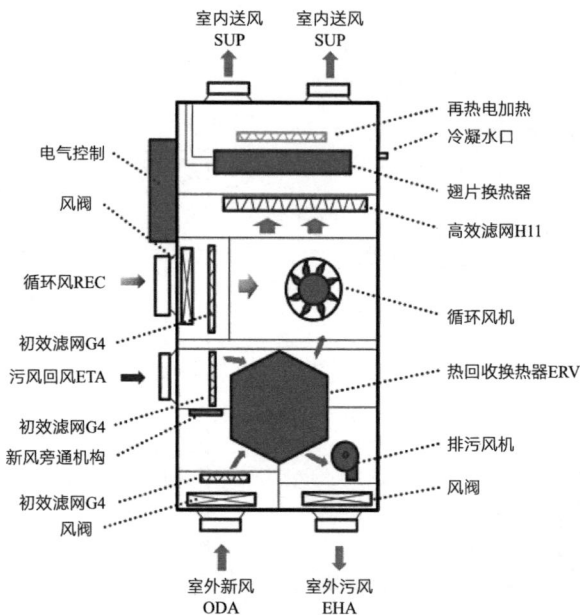

图8-17 环境一体机热回收系统

3）可再生能源应用技术

示范工程5、9、10号楼共计80户住户，每户均设置太阳能热水系统，用水定额为35L/（人·d），储热水箱容积为141L，集热器面积2.0m²，太阳能保证率为55%，预留电量为1500W，储热水箱内置电辅助加热，水箱及太阳能集热器设于屋面，系统图如图8-18所示。

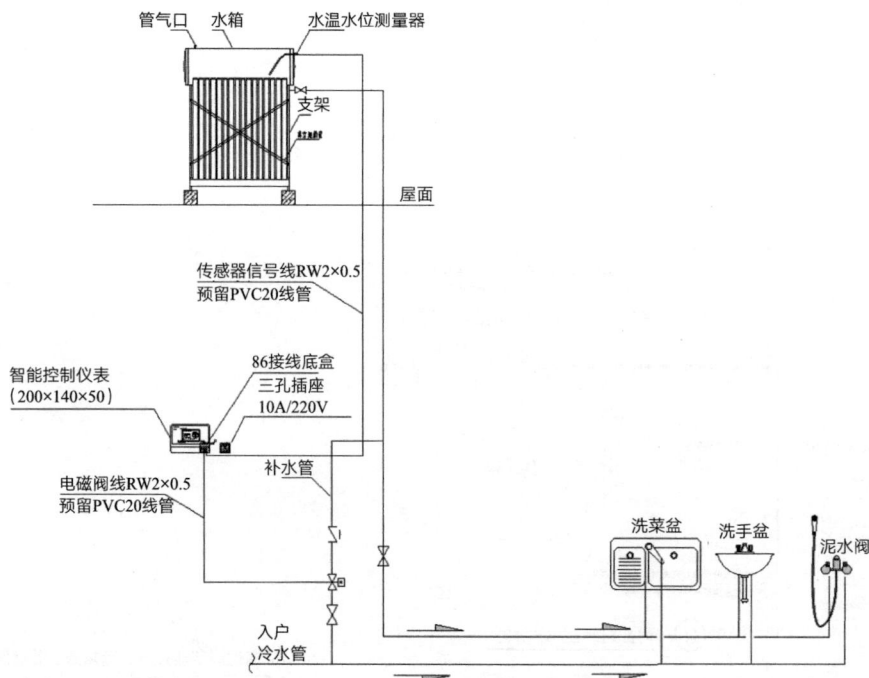

图8-18 太阳能热水系统图

2．施工阶段

施工阶段应用了节能设备机具、节能灯具等施工节能技术，临时设施定型化、标准化技术等绿色低碳施工新技术，以典型技术为例进行如下介绍。

1）绿色低碳施工技术——节能技术

示范工程施工过程中，临时用电优先选用节能电线和节能灯具，临电线路合理设计、布置，采用声控、光控等节能照明灯具。机电安装采用节电型机械设备，如逆变式电焊机和能耗低、效率高的手持电动工具等，实现施工过程节能降碳。

2）绿色低碳施工新技术——临时设施定型化、标准化技术

示范工程施工现场采用可周转装配式围墙，如图8-19所示，主要道路段不低于2.5m，一般路段不低于1.8m，安拆方便快捷，避免了砖砌围墙拆除后大量建筑垃圾的产生，降低建筑垃圾对施工碳排放的影响。

图8-19 施工现场围挡

8.4.4 减碳效果

示范工程采用高性能围护结构、可再生能源利用等低碳设计方法和绿色低碳施工技术，5、9、10号楼建筑终端能耗强度分别为26.22、26.22、25.44kWh/（m²·a），采用国家标准《零碳建筑技术标准》（征求意见稿）电力碳排放因子取值，计算出5、9、10号楼碳排放强度分别为13.11、13.11、12.72kgCO₂/（m²·a），低于《零碳建筑技术标准》（征求意见稿）规定的近零碳居住建筑碳排放强度限值14kgCO₂/（m²·a）的要求。按照《建筑节能与可再生能源利用通用规范》GB 55015—2021设计参照建筑，参照建筑终端碳排放强度为29.97kgCO₂/（m²·a），计算出5、9、10号楼节能量分别为16.86、16.86、17.25kgCO₂/（m²·a），降碳率分别为56.25%、56.25%、57.56%。

8.4.5 小结

示范工程通过高效保温系统、高性能门窗、高效环境一体机新风热回收系统，最大程

度降低建筑供暖供冷需求，并充分利用可再生能源，满足舒适性需求的同时，实现碳排放强度低于《零碳建筑技术标准》（征求意见稿）规定的近零碳居住建筑要求，节碳17kgCO$_2$/（m^2·a）左右。施工过程中，采用节能技术、临时设施定型化、标准化技术等绿色低碳施工技术，实现施工现场资源节约，降低施工过程碳排放。

8.5
碳中和运行示范工程——浙江"余村印象"

8.5.1 项目简介

▶   "余村印象"位于浙江省湖州市安吉县余村，该区域属于夏冷冬冷气候区，项目规划用地面积2789.00m^2，总建筑面积1622.80m^2，容积率0.45，建筑密度35%，绿地率23.00%。

"余村印象"是由老旧厂房改造而来的公共建筑，包括图书馆与展厅两个功能区域，项目实景如图8-20所示。图书馆为地上3层、地下1层，1~2层为阅览室，3层为吧台及观景层，地下1层为图书馆大厅；展厅为单层建筑，大空间展厅用于展示先锋艺术作品及当地特有文化艺术作品，并设有一个咖啡厅。

图8-20 "余村印象"实景图

"余村印象"设计于2021年，采用绿色低碳施工技术对施工过程进行指导，2022年9月完工，2022年12月通过中国城市科学研究会组织的碳中和建筑标识评价，获得国家级碳中和建筑铂金级认证，标识证书如图8-21所示。2023年1月，项目正式运行，运行中采用绿色低碳技术手段，实现了建筑运行碳排放持续降低。

图8-21 "余村印象"——铂金级碳中和建筑标识证书

8.5.2 建设目标与关键技术指标

1．项目建设目标

建设《绿色建筑评价标准》GB/T 50378—2019二星级绿色建筑，并围绕碳中和建筑理念进行设计、建造和运维，通过建筑节能及可再生能源应用等措施降低建筑碳排放，打造全寿命周期碳中和项目标杆。

2．关键技术指标

碳中和建筑示范关键技术指标包括建筑能效指标和减碳指标。

1）能效指标

为实现碳中和建筑目标，采用高性能围护结构和高能效机电系统、绿色建材、可再生能源等节能降碳技术，使示范工程各项能效指标满足《建筑节能与可再生能源利用通用规范》GB 55015—2021的要求，建筑运行能耗相对于《公共建筑节能设计标准》GB 50189—2015要求值，降低幅度达到41.75%。可再生能源电力替代率达到100%，绿色建材应用比例达到75%。

2）减碳指标

为实现碳中和建筑目标，示范工程采取碳抵消措施，建筑隐含碳排放、建筑全过程碳排放指标满足《零碳建筑技术标准》（征求意见稿）的要求，具体减碳指标如表8-14所示。

余村印象减碳指标 表8-14

碳排放阶段		示范工程		《零碳建筑技术标准》（征求意见稿）零碳建筑
		第一年运行阶段年均碳排放量［kgCO₂/（m²·a）］	全生命期碳排放总量（kgCO₂/m²）	
隐含碳排放	材料生产、建造、使用、报废	—	160.12	≤350（kgCO₂/m²）
运行碳排放	建筑运行	28.27	1413.44	
碳抵消	太阳能光伏发电、碳汇	−63.84	−2878.46	
建筑净碳排放量		−35.58	−1304.91	≤0

8.5.3 低碳技术应用

项目以全生命期实现"碳中和"为目标，围绕降低能源需求、提高能源效率、可再生能源补充、景观碳汇的减碳策略，通过设计、施工、运行阶段低碳技术应用，打造乡村碳中和建筑，选取典型低碳技术介绍如下。

1．施工阶段

1）绿色建材应用技术

示范工程绿色建材应用比例达到75%，绿色建材种类主要包括钢筋混凝土、砂浆、门窗玻璃、陶瓷地砖、加气混凝土砌块、木材、涂料等，如图8-22所示，实现从源头减少建筑隐含碳排放。

图8-22 绿色建材应用
(a) 门窗；(b) 陶瓷；(c) 加气混凝土砌块；(d) 木材；(e) 玻璃；(f) 涂料

2）垃圾减量利用技术

项目原始功能为拉丝厂、水泥厂办公楼，施工过程中，应用垃圾减量利用技术的再利用技术，保留了原有形体和架构，如图8-23所示，减少了钢筋、混凝土、水泥等主要建材的使用，降低了钢筋、混凝土等高能耗、高排放建材的碳排放量，降低比例分别达到32%、77%。

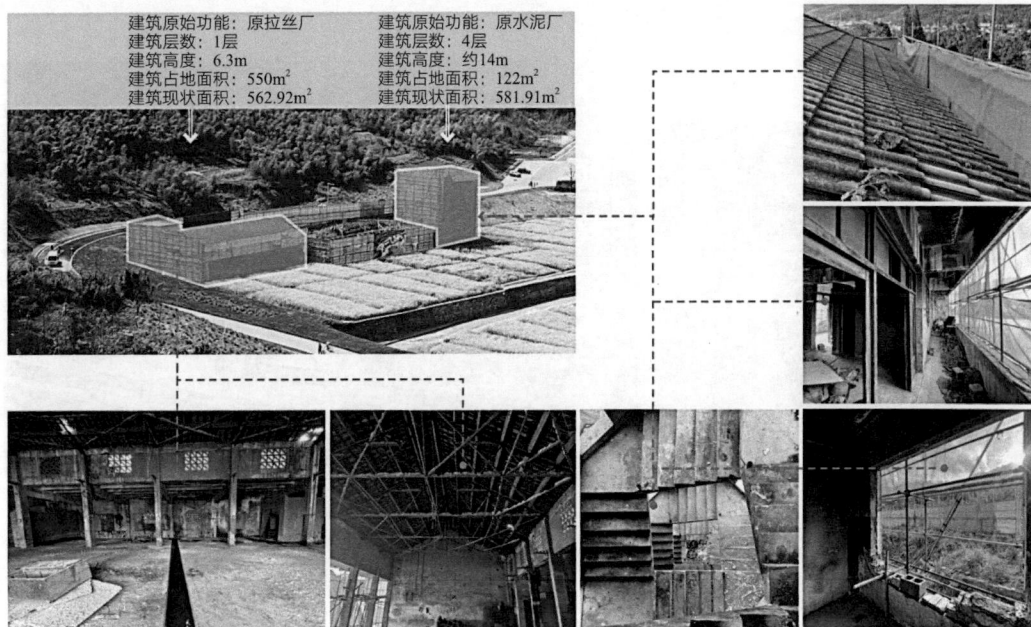

图8-23 垃圾减量利用

3）节材技术——就地取材

钢筋、混凝土、水泥、砌块、玻璃等主要材料均采用本地化材料，建筑内部装修材料使用本地化特色竹模清水混凝土和木质书架，如图8-24、图8-25所示，建材的运输距离基本在300km范围以内，减碳比例达到50%。

图8-24 竹模清水混凝土

图8-25 木质书架

2．运行阶段

1）建筑光储直柔系统优化控制策略

项目作为4A红色景区、绿水青山发源地，为在融入"双碳"元素的同时与景观相协调，引导游客对碳文化的认识，便于进行碳足迹管理，增加碳文化互动。项目采用光伏系统，在屋顶满铺碲化镉光伏板，如图8-26所示，光伏板面积共计605m²，年光伏发电量为118755.25kWh。

图8-26 碲化镉光伏板

运行阶段的柔性用电控制策略是实现低碳运行的关键，光伏发电系统配置了磷酸铁锂电池储能系统柔性调节，将光伏发电量就地储存，余电村庄共享，系统原理如图8-27所示。系统实现了与市电交互，保证前日闭馆至当日开馆前储能电量为图书馆日均用电量的1～1.5倍：若电量过低，则在夜间谷时由市电网充电；若电量过高，则在夜间峰时向市电网反向输电。该措施有效实现需求侧管理，消除昼夜峰谷价差，平衡用户用电负荷、降低用电成本。项目每日耗电176.12kWh，按照年光伏发电量平均值来考虑，光伏日产电约325.36kWh，储能电池储能256kWh，可实现项目100%的建筑负荷调节能力。

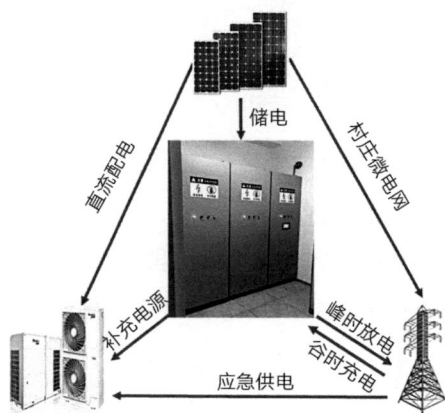

用电优先级：光伏发电＞储能电池＞市电提供电能
图8-27 光储直柔系统

2）光储直柔智慧管理系统

光储直柔智慧系统如图8-28所示，系统对光伏发电量、设备用电量以及运行状态进行连续监测与调控，实现异常报警功能，确保项目供电用电能够稳定、高效运行。其中，零碳设备间主要控制设备设置在图书馆地下一层，可视化大屏置于展览厅一楼大厅，便于对图书馆及展厅的能源运行情况进行实时监测与掌握。

3）景观碳汇

项目作为余村对外展示窗口，考虑后期场地内游客参观、举办活动等需求，设置了较

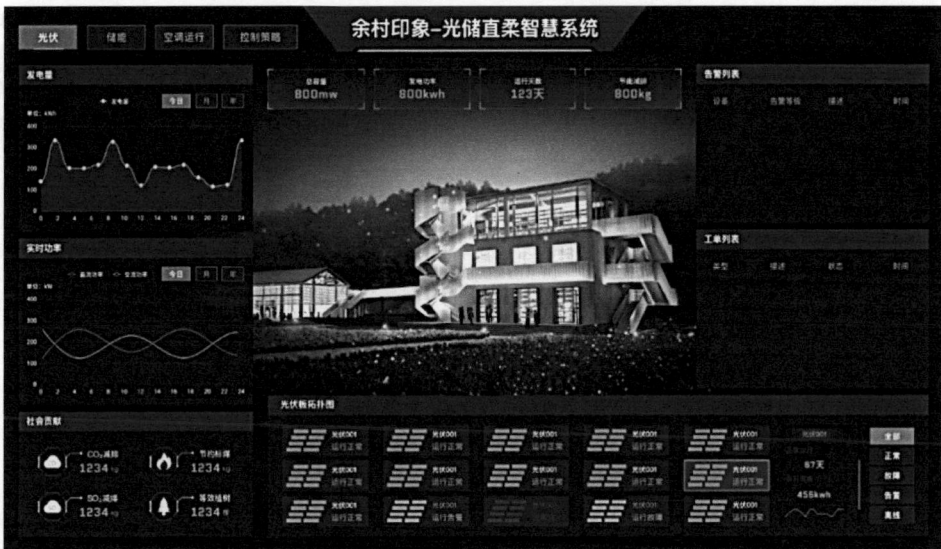

图8-28 光储直柔智慧系统
（a）智慧系统界面1；（b）智慧系统界面2

大面积的休憩场地和广场。项目场地边界内用地面积为2789m²，绿化面积630.31m²，绿容率达到1.1。按照乔灌草复层绿化的理念，种植高固碳植物，增加植物碳汇，有乔木10棵、灌木333m²、草地1294.2m²，构成变化适中、层次丰富的林冠线。植物种类及数量如表8-15所示，景观碳汇如图8-29所示。

碳汇植物种类 表8-15

序号	类别	名称	数量
1	乔木	榉树	4棵
		乌桕	6棵

序号	类别	名称	数量
2	灌木	云南黄馨	111.9m^2
		细叶芒	138.2m^2
		木贼	82.9m^2
3	草地	护坡草坪	102m^2
		护坡绿化	843.6m^2
		特色农作物	348.6m^2

图8-29 景观碳汇

8.5.4 减碳效果

项目应用建筑节能及可再生能源等低碳技术后，碳排放情况如下：

建筑隐含碳排放划分为建材生产阶段、建造阶段、拆除阶段和回收阶段碳排放，共计256.19tCO$_2$。其中，建材生产阶段碳排放368.75tCO$_2$；建造阶段包含建材运输与施工，共产生碳排放34.52tCO$_2$/a；拆除阶段包含建筑拆除与可循环材料回收，共产生碳排放—147.08tCO$_2$。运行阶段碳排放主要包括空调、照明及生活热水等能源消耗过程中产生的碳排放，共计产生碳45.23tCO$_2$/a。碳排放抵消措施包括可再生能源减碳、绿化固碳等，抵消能源消耗过程中产生的碳排放，共计碳减排102.15tCO$_2$/a。由此计算项目全生命期碳排放，如表8-16所示。

碳排放阶段		第一年运行阶段年均碳排放量 （tCO₂/a）	全生命期碳排放总量 （tCO₂）
隐含碳排放	材料生产、建造、使用、报废	—	256.19
运行碳排放	建筑运行	45.23	2261.50
碳抵消	太阳能光伏发电、碳汇	−102.15	−4605.54
建筑净碳排放量		−56.92	−2087.85

注：1. 碲化镉光伏发电系统，考虑组件第一年衰减幅度2%，后面每年衰减幅度不大于0.5%。

2. 碲化镉寿命25年，光伏发电考虑建筑生命期间完成一次更换。

项目通过低碳技术措施降低碳排放，建成使用后运行至第4年年末，建筑净碳排放总量将降至约7.08tCO₂；运行至第5年年末（2027年），建筑净碳排放强度为−4.93tCO₂/m²，项目将首次达到碳中和状态；至使用结束，项目将持续零碳排放或负碳排放运行，持续处于碳中和状态。

8.5.5 小结

项目在规划设计阶段制订了降低能源需求、提高能源效率、丰富可再生能源应用形式以及强化景观碳汇的四大减碳策略，通过被动式设计和高性能围护结构，实现了建筑用能强度比现行国家标准要求低41.75%；通过大比例的绿色建材、可再生能源光伏、"光储直柔"的应用，使项目负荷调节能力达到100%、可再生能源电力替代率达到100%，降低了建筑隐含碳排放和运行碳排放。特别是运行碳部分，由于发电量远超用电量，建筑运行阶段实现负碳排放，是项目能够实现全寿命期碳中和的核心技术措施。

8.6
近零碳运行示范工程——广州南沙新区明珠湾区公交办公项目

8.6.1 项目简介

▶　　示范工程位于广州市南沙新区明珠湾区起步区灵山岛尖，位于夏热冬暖气候区，东临飞沙路，其余三面均临雨洪公园。项目总用地面积3581m²，地上2层，无地下，建筑高度12m。总建筑面积

1352.4m^2，计容建筑面积784m^2（单位面积能耗指标均以计容面积为准），首层雨棚面积568.4m^2。建筑体形系数0.38。结构形式为钢筋混凝土框架结构。

项目获得中国建筑节能协会颁发的"近零能耗建筑"标识证书及绿色建筑二星级认证，如图8-30所示。

图8-30 "灵山岛尖公交站场"近零能耗建筑认证标识

当前示范工程已竣工投入运行，如图8-31所示，运行中采用绿色低碳技术手段，实现了建筑运行碳排放持续降低。

图8-31 "灵山岛尖公交站场"实景图

8.6.2 建设目标与关键技术指标

1．项目建设目标

建设《绿色建筑评价标准》GB/T 50378—2019二星级和近零能耗建筑，并采用近零碳运行技术手段，持续降低建筑运行碳排放，打造近零碳建筑示范。

2．关键技术指标

近零碳建筑示范关键技术指标包括建筑能效指标和减碳指标。

1）能效指标

为实现零碳建筑目标，采用高性能围护结构和高能效机电系统、可再生能源等节能降碳技术，使示范工程各项能效指标满足《近零能耗建筑技术标准》GB/T 51350—2019要求，具体指标情况如表8-17所示。

项目	示范工程	标准要求
建筑本体节能率	31.96%	≥20%
建筑综合节能率	86.29%	≥60%
可再生能源利用率	77%	≥10%

2）减碳指标

为实现近零碳建筑目标，示范工程相较于《建筑节能与可再生能源利用通用规范》GB 55015—2021要求水平，节碳量为58.27 $kgCO_2/（m^2·a）$，碳排放强度低于国家标准《零碳建筑技术标准》（征求意见稿）规定的近零碳公共建筑碳排放强度限值，降碳率高于45%，具体减碳指标如表8-18所示。

"灵山岛尖公交站场"减碳指标 表8-18

项目	示范工程	参照建筑（GB 55015）	《零碳建筑技术标准》（征求意见稿）
碳排放强度 $[kgCO_2/（m^2·a）]$	12.04	70.31	17（近零碳）
节碳量 $[kgCO_2/（m^2·a）]$	58.27	—	—
降碳率	82.87%	—	≥45%（近零碳）
碳排放因子（$kgCO_2/kWh$）		0.5	

注：碳排放因子参照国家标准《零碳建筑技术标准》（征求意见稿）8.3.4条。

8.6.3 低碳技术应用

灵山岛尖公交站场项目从设计、施工直至运营阶段，落实每项低碳技术，确保项目全寿命期贴合低碳理念。通过运行阶段低碳技术应用，打造近零碳建筑运行示范，采用的典型低碳运行技术为光伏发电、能源监测控制系统等。

1．建筑光储直柔系统优化控制策略

为实现近零碳建筑目标，示范项目公交车雨棚屋面设置的面积471m²单晶硅光伏发电系统，太阳能光伏装机容量72.01kWp，年平均发电量74880kWh，如图8-32所示。运营控制策略采用光储直柔系统，模式为自发自用、余量上网，有效抵消建筑运行能耗与碳排放。

图8-32 公交雨棚顶规模化光伏发电实景图

2．建筑智慧照明技术

示范工程运行中采用了智慧照明控制系统，结合建筑使用条件及天然采光状况，合理进行分区、分组、按需照明控制，充分利用天然光提高，照明效率的同时，降低建筑照明能耗和碳排放。

8.6.4 减碳效果

按照《建筑节能与可再生能源利用通用规范》GB 55015—2021设计参照建筑，参照建筑终端能耗强度为140.62 kWh/（m²·a），碳排放强度为70.31 kgCO₂/（m²·a），相比于其他公共建筑，由于公交站场建筑年运行时间长、电气发热房间多，参照建筑能耗和碳排放水平较高。为了实现示范工程近零碳目标，采用高性能围护结构和高能效机电系统、可再生能源等节能降碳技术，建筑终端能耗强度为24.09kWh/（m²·a），采用国家标准《零碳建筑技术标准》（征求意见稿）电力碳排放因子取值，计算出示范工程碳排放强度为12.04 kgCO₂/（m²·a），低于《零碳建筑技术标准》（征求意见稿）规定的近零碳公共建筑碳排放强度限值17kgCO₂/（m²·a）的要求。示范工程相比于参照建筑，节碳量为58.27kgCO₂/（m²·a），降碳率达到82.87%，高于《零碳建筑技术标准》（征求意见稿）规定的近零碳公共建筑降碳率45%的要求。

8.6.5 小结

示范工程遵循"被动优先，主动优化，可再生能源就地规模化应用"的原则，充分挖掘建筑节能潜力，实现碳排放强度低于《零碳建筑技术标准》（征求意见稿）规定的近零碳公共建筑要求，节碳58kgCO₂/（m²·a）以上，降碳率高于45%，实现近零碳建筑目标。运行中，采用光储直柔优化控制策略、建筑智慧照明等绿色低碳运行技术，实现了建筑运行能耗的持续降低，为明珠湾起步区打造近零碳建筑新名片。

▶ 参考文献 ◀

[1] 王琴，张基斌，赵丽坤．中国绿色建筑区域发展路径研究[J]．价值工程，2018，37（2）：31-33．

[2] 王清勤．标准引领绿色建筑发展 绿色建筑创造美好生活[J]．工程建设标准化，2022（11）：15-25．

[3] 海外各国绿色建筑评估系统对比报告[EB/OL]．（2024-01-17）[2024-01-23]．http://www.gbwindows.cn/news/3295.html.

[4] 汪鹏，袁艳平，邓高峰，等．中韩绿色建筑评价对比分析：（1）：GBCC 2011 与 ESGB 2006[J]．制冷与空调，2014，28（3）：380-385．

[5] 酒淼，胡炳熙，张川，等．世界银行EDGE评价体系及其对我国绿色建筑信贷的启示[J]．建设科技，2019（3）：37-40．

[6] UniDesignLab．硬核理论Active House 主动式建筑理念[EB/OL]．（2022-03-16）[2024-01-23]．https://zhuanlan.zhihu.com/p/481831063.

[7] 百度．绿色建筑认证体系中的LCA与EPD要求解读系列：（二）：英国BREEAM篇[EB/OL]．（2023-12-1）[2024-1-23]．https://baijiahao.baidu.com/s?id=1784061374086235758&wfr=spider&for=pc.

[8] 白明轩．中英绿色建筑评价标准比较研究[D]．西安：长安大学，2020．

[9] 百度．朗诗绿色生活获全球首个BREEAM In-Use V6住宅项目6星认证[EB/OL]．（2021-12-21）[2024-1-23]．https://baijiahao.baidu.com/s?id=1719722492936770295&wfr=spider&for=pc.

[10] 陈珂，胡睿博，胡广东，等．中美英绿色建筑运维评价体系的对比研究[J]．施工技术（中英文），2022，51（11）：1-6．

[11] BRE英国建筑研究院．BRE携手TÜV莱茵，创行业之先河，赴"净零"之未来[EB/OL]．（2023-01-13）[2024-02-04]．https://mp.weixin.qq.com/s/cxpRcD0FxsUs5UkYLCuvrw.

[12] TÜV莱茵．TÜV莱茵携手BRE为上海建科颁发国内首个办公楼净零碳建筑认证[EB/OL]．（2022-05-26）[2024-02-04]．https://mp.weixin.qq.com/s?__biz=MzA4NzQxMzkyMA==&mid=2651079420&idx=5&sn=0a583d808240bf0fb619a2b1e1999e53&scene=21#wechat_redirect.

[13] BRE英国建筑研究院．BREEAM V7进度更新：公众意见征询报告发布[EB/OL]．（2023-12-14）[2024-02-04]．https://mp.weixin.qq.com/s/T1gTJKx-tE1CW9Pq2dlM6A.

[14] 中国绿建标准和美国绿色建筑标准LEED和WELL区别[EB/OL]．（2021-01-17）[2024-01-23]．http://www.gbwindows.cn/news/14843.html.

[15] 杨秋波，南晗．国际工程承包中LEED 3.0的应用及思考[J]．国际经济合作，2010（3）：62-65．

[16] LEED能源与环境设计先锋，强化温室气体排放与气候变化问题，LEED v4 再升级！[EB/OL]．（2022-11-17）[2024-01-23]．https://mp.weixin.qq.com/s/hCLoCPSACseJ7HGQ0st0VQ.

[17] 关于LEED运维体系都有哪些重要更新？[EB/OL]．（2021-03-12）[2024-01-23]．https://baijiahao.baidu.com/s?id=1693993184198063886&wfr=spider&for=pc.

[18] 评价体系|看这一篇就够了：LEED&LEED Zero 认证[EB/OL]．（2023-06-10）[2024-02-04]．https://mp.weixin.qq.com/s/c4joeDIyFEzq7sYJywUOrg.

[19] 可昆零碳建筑．零碳建筑认证|LEED Zero[EB/OL]．（2022-03-03）[2024-02-04]．https://mp.weixin.qq.com/s/I-ZOArV8QAZgwWMJCscASw.

[20] 易碳．易碳大咖说|绿色建筑评价体系中的LCA与EPD要求解读系列：（一）：德国DGNB[EB/OL]．（2023-10-23）[2024-01-23]．https://mp.weixin.qq.com/s/UntZDcR9B2Jl8kHiDk-j0w.

[21] 绿建词汇：德国DGNB认证[EB/OL]．（2022-03-21）[2024-01-23]．https://mp.weixin.qq.com/s/vG-6pSDAItVuS5l67B179w.

[22] 易碳．易碳大咖说|绿色建筑认证体系中的LCA与EPD要求解读：（三）：日本CASBEE篇[EB/OL]．（2023-12-29）[2024-01-23]．https://mp.weixin.qq.com/s/KHYsqT3HkT1-0iyDH8ew2Q.

[23] 邓月超，李嘉耘，孟冲，等．新加坡Green Mark 2021标准解析及启示[J]．建筑科学，2023，39（4）：205-212．

[24] 郭振伟，王清勤，孟冲．加拿大零碳建筑实践与启示[J]．暖通空调，2023，53（2）：57-63．

[25] 杨佳鑫，高彩凤，于震．法国零碳建筑发展综述[J]．建设科技，2023（17）：55-59．

[26] 田慧峰，张欢，孙大明，等．中国大陆绿色建筑发展现状及前景[J]．建筑科学，2012，28（4）：1-7，68．

[27] 周海珠，王雯翡，魏慧娇，等．我国绿色建筑高品质发展需求分析与展望[J]．建筑科学，2018，39（4）：148-153．

[28] 中国建造：支柱产业的地位日益凸显[EB/OL]．（2023-02-16）[2024-1-23]．http://www.chinajsb.cn/html/202302/16/32060.html.

[29] 中华人民共和国中央人民政府．住房和城乡建设部关于印发"十四五"建筑节能与绿色建筑发展规划的通知[EB/OL]．（2022-03-01）[2024-01-23]．https://www.gov.cn/zhengce/zhengceku/2022-03/12/content_5678698.htm.

[30] 建筑节能，如何做好"加减法"[EB/OL]．（2022-09-15）[2024-1-23]．http://www.rmlt.com.cn/2022/0915/656208.shtml.

[31] 刘加平，王怡，王莹莹，等．绿色建筑设计标准体系发展面临的问题与建议[J]．中国科学基金，2023，37（3）：360-363．

[32] 中华人民共和国住房和城乡建设部．绿色建筑，擦亮"低碳环保"新名片[EB/OL]．（2022-07-27）[2024-01-23]．https://www.mohurd.gov.cn/xinwen/gzdt/202207/20220727_767350.html.

[33] 中华人民共和国住房和城乡建设部．住房城乡建设部关于印发建筑节能与绿色建筑发展"十三五"规划的通知[EB/OL]．（2017-03-14）[2024-01-23]．https://www.mohurd.gov.cn/gongkai/zhengce/zhengcefilelib/201703/20170314_230978.html.

[34] 行业现状：绿建运行标识仅占标识项目总量6%，重设计轻运营！[EB/OL]．（2023-03-07）[2024-01-23]．https://baijiahao.baidu.com/s?id=1759708820544589241&wfr=spider&for=pc.

[35] 中华人民共和国住房和城乡建设部. 住房和城乡建设部　国家发展改革委关于印发城乡建设领域碳达峰实施方案的通知[EB/OL].（2022-07-13）[2024-01-23]. https://www.mohurd.gov.cn/gongkai/zhengce/zhengcefilelib/202207/20220713_767161.html.

[36] 韩冬青, 顾震弘, 吴国栋. 以空间形态为核心的公共建筑气候适应性设计方法研究[J]. 建筑科学, 2019, 4（11）: 78-84.

[37] 韩冬青, 顾震弘, 等. 气候适应型绿色公共建筑集成设计方法[M]. 南京: 东南大学出版社, 2021.

[38] 垣建筑设计工作室. 陕西乡村的低碳校园图书馆[EB/OL]. https://mp.weixin.qq.com/s/tgCrCBFdllQmTFgbvTUt0w.

[39] AKSAMIJA A, PERKINS W. Sustainable façade: high performance building envelopes[M]. New Jersey: John Wiley&Sons, Inc., 2013.

[40] 超低能耗摩天大楼: 珠江城大厦[EB/OL]. https://mp.weixin.qq.com/s/CeAKrxt20AVMoftoMR9duA.

[41] 崇明体育训练基地: 生态岛背景下的建筑生态实验[EB/OL]. https://www.sohu.com/a/304828233_120051257.

[42] 阮帅. 低碳建设视角下的乡村景观规划设计研究[D]. 杭州: 浙江农林大学, 2019.

[43] 韦玮. "双碳"目标下绿色建筑雨水系统碳排放核算与减排路径研究[J]. 建筑节能, 2023, 10（6）: 91-93.

[44] 聂梅生, 秦佑国, 江亿. 中国绿色低碳住区技术评估手册[M]. 北京: 中国建筑工业出版社, 2011.

[45] 深度聚焦 | 城市景观的8个低碳设计策略: 以光明文化艺术中心为例[EB/OL]. https://mp.weixin.qq.com/s/puc04wuOx0RwNCwDbnDhSg.

[46] 《严寒和寒冷地区居住建筑节能设计标准》(JGJ 26—2018).

[47] 低碳建筑设计指南[EB/OL]. https://www.sohu.com/a/611990602_121123888.

[48] 王载. 高层结构全寿命周期碳排放评估及低碳设计方法研究[D]. 哈尔滨: 哈尔滨工业大学, 2021.

[49] 赵彦革, 孙倩, 韦婉, 等. 建筑结构设计对碳排放的影响研究[J]. 建筑结构, 2023, 53（17）: 19-23.

[50] 王载, 武岳, 沈世钊, 等. 高层结构低碳设计方法研究[J]. 建筑结构, 2023, 44（44）: 38-47.

[51] 蔡嘉. 绿色建筑设计理念在工业建筑设计中的体现[J]. 佛山陶瓷, 2022, 32（9）: 100-102.

[52] 孙宏飞. 绿色建筑设计方法在建筑中的应用研究[J]. 佛山陶瓷, 2022, 32（9）: 115-117.

[53] 张晓欣. "双碳"背景下基于BIPV的应用场景分析[J]. 科技创新与应用, 2023, 1（32）: 6-9.

[54] 赵铮. 太阳能光伏在建筑中的应用研究[D]. 北京: 清华大学, 2012.

[55] 王东. 分布式光伏发电建筑一体化系统设计与研究[D]. 北京: 华北电力大学, 2017.

[56] 吴东兴, 邓宫昊, 王金雄. 空气源热泵供暖系统能效分析及系统配置探讨[J]. 暖通空调, 2024, 54（2）: 2-5.

[57] 熊帝战, 杨玲, 等. 不同气候特征下空气源热泵高效应用策略探讨[J]. 暖通空调, 2023, 53（11）: 7-14.

[58] GENG Y, LIN B, et al. An intelligent IEQ monitoring and feedback system: development and applications[J]. Engineering, 2022, 18(11): 218-231.

[59] 李彩宇, 林波荣, 等. 基于CO_2浓度的非侵入式办公人员作息识别方法与空调智能启停策略研究[J]. 建筑科学, 2022, 38（6）: 1-7.

[60] WANG Z, CALAUTIT J, WEL S, et al.Real-time building heat gains prediction and optimization of HVAC setpoint: an integrated framework[J]. Journal of building engineering, 2022, 49: 103-104.

[61] LIU Y, LIN B, et al. Non-invasive measurements of thermal discomfort for thermal preference prediction based on occupants' adaptive behavior recognition[J]. Building and environment, 2023, 228: 109889. 1-109889.14.

[62] 中国科学院过程工程研究所. 室内空气污染物多参数动态识别、高效低碳净化与病原体消杀技术[EB/OL]. [2023-02-02]. http://www.ipe.cas.cn/xwdt_/zhxw/202302/t20230202_6670353.html.

[63] ZHANG C, LU J, ZHAO Y. Generative pre-trained transformers (GPT)-based automated data mining for building energy management: advantages, limitations and the future[J]. Energy and built environment, 2024, 5(1): 143-169.

[64] WU D, LIN B, et al. Computer vision-based intelligent elevator information system for efficient demand-based operation and optimization[J]. Journal of building engineering, 2024, 81: 108-126.